D1726341

Aus Bauschäden lernen
Band 3

Institut für Baustoff-Forschung

Aus Bauschäden lernen

Analysen typischer Bauschäden aus der Praxis
Schadensbild – Schadensursache – Sanierung

Band 3

Mit Beiträgen von
Horst Eickhoff, Hans-Wolfram Glatzel, Edvard B. Grunau, Manfred Hirler, Heinz Höffmann, Richard Honold, Institut für Baustoff-Forschung, Klaus-Jürgen Jahn, Wolfgang Klein, Johann Köster, Gert Lücken, Ilke Mixtaki, Klaus Nord, Günther Petri, Wolfgang Weiß

mit 376 Abbildungen

Verlagsgesellschaft Rudolf Müller · Köln-Braunsfeld

CIP Kurztitelaufnahme der Deutschen Bibliothek

Aus Bauschäden lernen:
Analysen typischer Bauschäden aus der Praxis;
Schadensbild, Schadensursache, Sanierung.
Institut für Baustoff-Forschung.
Köln-Braunsfeld: R. Müller, 1984

NE: Institut für Baustoff-Forschung, Erftstadt
Bd. 3. Mit Beiträgen von Edvard B. Grunau . . . — 1984

ISBN 3-481-14141-6

NE: *Grunau, Edvard B.,* [Mitverf.]

ISBN 3-481-14141-6

Umschlaggestaltung: Hanswalter Herrbold, Opladen
Satz: Fotosatz Rolf Böhm, Köln
Druck- und Bindearbeiten: Druckerei Engelhardt, Troisdorf
Printed in Germany

Vorwort

Der Band 3 dieser Serie liegt vor. Es war ursprünglich daran gedacht, auch bei diesem Band eine Statistik der Bauschadenursachen vorzugeben. Da sich aber keine wesentliche Verschiebung zu den bisherigen Darstellungen ergibt, auch wenn das zur Verfügung stehende statistische Material wesentlich umfangreicher geworden ist, wird eine Statistik erst wieder in einem späteren Band veröffentlicht werden.

Auf eine gewisse Verschiebung sei allerdings hingewiesen. Die Mängel und Schäden, welche als Folge nachlässiger, handwerklicher Arbeit entstehen, nehmen zu. Es nehmen auch die Schäden zu, die auf bewußt schlechte Ausführung zurückzuführen sind. So z. B. durch Verwendung schlechter, billiger Dichtstoffe, zu flacher Fugenverfüllung, Einsparen von Dichtungsschichten bei der Flächenabdichtung unter der Erde, bei zu geringer Betondeckung von Stahl im Beton und hier insbesondere durch Zudecken nicht von Beton überdeckter Stahlteile mit Mörtel. Man hätte hoffen dürfen, daß solche Dinge mit der Zeit aufhören, was aber leider nicht der Fall ist.

Auf zwei Punkte sollte in der Zukunft noch mehr Wert gelegt werden:

— die Bauforschung zur Verhinderung späterer Bauschäden und

— die Ausbildung von Fachleuten, welche Instandsetzungsarbeiten richtig ausschreiben und überwachen können.

Neu in diesem Band sind Berichte über die Instandhaltung und Sanierung historischer Bauten und neu ist auch der besondere Hinweis auf die zerstörende Wirkung der aggressiven Abgase der Feuerungen, die sich als saurer Regen niederschlagen.

Wenn dieser Band mehr aufgelockerte Darstellungen enthält und sich nicht so sehr an dem bisherigen Schema orientiert, so kann das meiner Meinung nach nur ein Vorteil sein.

Erftstadt, im Februar 1984

Dr. Edv. B. Grunau

Inhalts-verzeichnis

Autoren-verzeichnis

Horst Eickhoff (H. E.)
Büngeler Straße 69a
4220 Dinslaken

Hans-Wolfram Glatzel (H. W. G.)
An der Trift 67
6072 Dreieich

Dr. Edvard B. Grunau (E. B. G.)
Martin-Luther-Straße 8
5024 Erftstadt

Manfred Hirler (M. H.)
Am Berg 7a
6082 Mörfelden

Heinz Höffmann (H. H.)
Eintrachtstraße 94
4330 Mülheim/Ruhr

Richard Honold (R. H.)
Thieboldsgasse 69
5000 Köln 1

Institut für Baustoff-Forschung (IBF)
Martin-Luther-Straße 8
5042 Erftstadt

Klaus-Jürgen Jahn (K.J.J.)
Thyssenstraße 7—17
1000 Berlin 51

Prof. Dr. Wolfgang Klein (W.K.)
Karl-Ernst-Osthaus-Straße 24
5800 Hagen

Johann Köster (J. K.)
Fischteichweg 2
2960 Aurich

Gert Lücken (G. L.)
Plückersburg 12
5600 Wuppertal 2

Ilke Mixtaki (I.M.)
Institut für Baustoff-Forschung
Martin-Luther-Straße 8
5042 Erftstadt

Klaus Nord (K. N.)
Reinbeker Redder 96
2050 Hamburg 80

Wolfgang Weiß (W. W.)
Wiener Straße 120—124
6000 Frankfurt 70

Bauforschung will Bauschäden reduzieren

Forschung und Entwicklung erhalten eine ständig wachsende Bedeutung, werden immer unentbehrlicher, um zur Lösung vielfältiger Probleme unserer Welt beizutragen.
Auch im Bauwesen werden von Jahr zu Jahr mehr Fragen aufgeworfen, als zufriedenstellend beantwortet werden können. Die Bauforschung will bei der Beantwortung dieser Fragen und bei Problemlösungen der unterschiedlichsten Art helfen. Als Stichworte seien genannt:

Sicherheit und Gesundheit
Baukostendämpfung
Energieeinsparung
Vermeidung von Bauschäden

Der folgende Beitrag konzentriert auf das an letzter Stelle genannte Thema.

1. Vermeidung von Bauschäden; Sanierung bereits aufgetretener Bauschäden

Die Beiträge der Bauforschung zur Eindämmung von Risiken sind aus volkswirtschaftlicher Sicht ganz besonders wichtig.
Die zahlreichen Einzelprojekte aufzuzählen, ist hier nicht möglich (vgl. auch »Bericht 1982 der Arbeitsgemeinschaft Bauwerkserneuerung und Bauwerkerhaltung e.V.«, Seite 56 bis 58). So seien hier nur Sachgebiete genannt, in denen die Bauforschung besonders aktiv ist:

- Baukonstruktion,
- Gebäudeausbau
- Haustechnik
- Brandschutz
- Schallschutz
- Wärmedämmung und Feuchtigkeitsschutz
- Erd- und Grundbau, Erschütterungsschutz
- Mauerwerksbau
- Beton- und Stahlbetonbau
- Holzbau
- Stahlbau
- Kunststoffe
- Putz, Außenbekleidung und Anstriche

In diesen Bereichen hat man aus aufgetretenen Mängeln und Schäden gelernt, nach eingehenden Analysen (z.B. im Zuge von Forschungsarbeiten) Verbesserungen vorgenommen und neue Entwicklungen forciert. Sie haben sich teilweise in Normen, Vorschriften und anderen Regelwerken niedergeschlagen. Vielfach wurden auch an die Eigentümer von Gebäuden bzw. an die mit Betrieb und Unterhaltung beauftragten Stellen Empfehlungen gegeben, die Bauschäden vorbeugen sollen.

2. Forscher und Förderer

Die Zahl der Forschungsinstitute und der Einzelforscher, die im Bauwesen tätig sind, ist groß. In Anbetracht der Nahtstellen zu anderen Forschungsgebieten ist sie zahlenmäßig auch nur schwer anzugeben*). Die technischen Universitäten, die Fachhochschulen, aber auch private, halbstaatliche oder staatliche Institute spielen eine dominierende Rolle. Besonders wichtig sind die Forschungs- und Entwicklungsbüros bei Firmen der Baustoff- und der Bauwirtschaft.
In der Bundesrepublik gibt es etwa 80 bauforschungsfördernde Stellen. Zu den Förderern einer übergeordneten (d.h. nicht auf Produktions- oder Verfahrensentwicklung gerichteten) Bauforschung gehören Bundes- und Länderministerien, Körperschaften des öffentlichen Rechts einschließlich der Hochschulen, Stiftungen und Gesellschaften, Verbände der Bau- und Wohnungswirtschaft, der Baustoffindustrie sowie berufsständische Verbände. Die meisten dieser Stellen können nur relativ geringe Summen für die Bauforschung aufbringen. Insgesamt ergibt sich jedoch eine beachtliche Förderaktivität.

*) In dem »Verzeichnis der Bauforschungsinstitute der Bundesrepublik« des Informationszentrums Raum und Bau (Nobelstraße 12, 7000 Stuttgart 80) sind über 600 Bauforschungsinstitute aufgeführt.

3. Umsetzung der Forschungsergebnisse

Trotz der Vielzahl meist kleiner Forschungsprojekte bestehen gute Möglichkeiten, sich über die Forschungsergebnisse, sogar noch über laufende Forschungsarbeiten zu unterrichten. Das Informationszentrum Raum und Bau (Nobelstraße 12, 7000 Stuttgart 80) betreibt eine Bauforschungsdatenbank, in der die wichtigsten deutschen Bauforschungsaktivitäten gespeichert sind. Darüber hinaus werden auch zahlreiche ausländische Forschungsergebnisse erfaßt. Der Speicher gibt auf gezielte Fragen Auskunft darüber, wer welches Thema mit welchem Ergebnis bearbeitet hat und wo man den Bericht beziehen kann. Die gleichen Informationen wie die Bauforschungsdatenbank enthalten die mehrmals jährlich erscheinenden Mitteilungsblätter der Arbeitsgemeinschaft für Bauforschung. Sie können von der beim Bundesminister für Raumordnung, Bauwesen und Städtebau geführten Geschäftsstelle der Arbeitsgemeinschaft (Deichmannsaue, 5300 Bonn 2) kostenlos bezogen werden.
In der Schriftenreihe »Kurzberichte aus der Bauforschung« (zu beziehen beim Informationszentrum Raum und Bau) wird über sehr zahlreiche Forschungsarbeiten in einem Umfang von jeweils 2 bis 10 Seiten berichtet. Oft reichen diese Berichtsfassungen für die Information der Bau- und Planungspraxis völlig aus.
Viele Abschlußberichte (insbesondere die vom Bundesminister für Raumordnung, Bauwesen und Städtebau geförderten Berichte) sind in vollem Text ebenfalls beim Informationszentrum Raum und Bau dokumentiert. Gegen Erstattung der Unkosten kann man Kopien erhalten.
An dieser Stelle sei ausdrücklich noch einmal darauf hingewiesen, daß das mehrfach erwähnte Informationszentrum Raum und Bau in Stuttgart nicht nur Auskunftsstelle für die Bauforschung, sondern zentrale Auskunftsstelle für Literatur, Normen, Patente, Prüfbescheide, Bauprodukte und Zulassungen ist.

Günther Petri,
Ministerialrat
bei dem Bundesministerium
für Raumordnung,
Bauwesen und Städtebau

Wiederherstellung und Schutz kulturhistorischer Baudenkmäler

Kulturhistorisch wertvolle Baudenkmäler, wie alte Kirchen, werden im europäischen Raum zunehmend schneller zerstört. Ungefähr kennt man die Ursachen, die zu den Zerstörungen führen. Man ist sich jedoch nicht sicher, wie solche Zerstörungen verhindert werden können. Dabei haben die letzten 30 Jahre mehr an Zerstörungen bewirkt als die vorangegangenen Jahrhunderte.

Das ist verständlich, denn unsere Vorfahren konnten nicht wissen, daß viele Jahrhunderte später die Umwelteinwirkungen derart intensiv und unheilvoll werden. Sie wählten zu Recht Steine und Mörtel, die unter den damaligen Verhältnissen sehr lange Zeit beständig geblieben wären. Erlebenszeiten von Marmor, Travertin, amorphen Kalksteinen, von Standsteinen silicatischer und calcitischer Bindung und von Mörtel ist im Buch »Grunau, Lebenserwartung von Baustoffen« (Vieweg 1979) beschrieben. Diese Aussagen sind jedoch insofern begrenzt, als neue, aggressive Einflüsse die Erlebenszeiten um mehr als eine Zehnerpotenz verkürzen.

Wenn unsere Vorfahren den damaligen Umwelteinflüssen mit den verwendeten Baustoffen Rechnung trugen und man andererseits heute gezwungen ist, diese Baudenkmäler instandzusetzen und zu schützen, so muß man die Bau- und Schutzstoffe den heutigen Verhältnissen anpassen und das ist zunächst eine erhebliche Schwierigkeit. Die neuen Stoffe müssen gegenüber den Schadstoffen in der Atmosphäre wesentlich resistenter sein. Sie müssen auch in Farbe und Habitus den alten Baustoffen entsprechen und ihnen zum Verwechseln ähnlich sehen.

Dabei sind schädliche Ideologien zu meiden. Man darf nicht auf der Wiederherstellung mit den alten, gleichen Baustoffen bestehen. Man darf sich auch nicht auf Schlagworte zurückziehen und von den natürlichen Baustoffen reden. Solche Gedanken führen in der praktischen Auswirkung nur zu weiteren Schäden und zu sich ständig wiederholenden Reparaturen und Wartungsarbeiten.

Man muß sich auch darüber im klaren sein, daß es bei der vorhandenen und ständig zunehmenden Schadstoffbelastung der Luft — der zivilisatorisch bedingten Schadstoffbelastung — nicht mehr möglich sein wird, Baudenkmäler ohne Schutz, ohne teilweise Erneuerung und Wartung stehenzulassen. Es geht heute mehr darum, wie man die Wartungsperioden so weit wie möglich auseinanderzieht, d.h. Baustoffe und Schutzstoffe entwickelt, die eine hohe Beständigkeit aufweisen und ihre Funktion lange Zeit erfüllen.

Schadensursachen

In den vergangenen Jahrhunderten haben sich die Baustoffe gegenüber den Witterungseinflüssen verschieden verhalten, durchweg aber als recht beständig erwiesen. Man weiß, welchen Einwirkungen sie zu widerstehen hatten, es sind:

- Regenwasserbelastung mit pH-Werten um 6 (5,6 bis 6,5),
- thermischen Bewegungen und Spannungen,
- Quell- und Schwindbewegungen und den daraus folgenden Spannungen.

1

2

3

Abb. 1 Erhaltungszustand eines Kalksteines nach 2400 Jahren. Die Säulen waren ursprünglich durch einen weißen Feinputz geschützt gewesen. Standort Sizilien.

Abb. 2 Grabmal von Scipio Africanus aus Kalkstein. Hier ist der Erhaltungszustand nach rund 2000 Jahren noch recht gut, allerdings ist keine Industrie in der Nähe.

Abb. 3 Marmorfries in Aquilea — heute rund 1900 Jahre alt. Der Erhaltungszustand ist vorzüglich, wenn man von den Zerstörungen durch Menschenhand aufgrund religiöser Fanatiker absieht.

Abb. 4 Triumphbogen in Rom. Material vorwiegend Marmor und dazu Kalkstein. Der Marmor ist trotz der starken Umweltbelastung in noch relativ gutem Zustand.

Abb. 5 Marmorfläche des Domes von Mailand in gereinigtem Zustand.

Heute muß man jedoch mit noch ganz anderen Risiken rechnen, die dann zu den genannten Einflüssen noch hinzukommen:

- der Säureangriff durch Abgase, wie das Schwefeldioxid, die Stickoxide und die aus den Abgasen in Verbindung mit Wasser entstehenden Säuren. Durch die Aufoxidation in der Atmosphäre entstehen regelmäßig Schwefelsäure und Salpetersäure.

Dabei ist die Einwirkung der Kohlensäure ganz normal, sie führt auch nicht zu Schäden. Lediglich bei Stahlbeton mit nicht ausreichender Betondeckung kann der Angriff der Kohlensäure für die äußeren Schichten zum Risiko werden.

- Die Bildung von sperrenden Schmutzkrusten ist ein weiteres Risiko, das zu Schäden führt. Ruß und Industriestäube entstehen heute in etwa 1,5 Zehnerpotenzen mehr als vor 100 Jahren. Daran sind Zivilisation, steigende Bevölkerungsdichte und zunehmende Industrialisierung schuld. Unter der Schmutzschicht sammelt sich das Wasser an, es wird im Winter zu Eis und sprengt Schichten des Baustoffes ab.

Dieses sind die wesentlichen neuen Einflüsse auf Baustoffe, die sie angreifen und zerstören. Sie tun es unerwartet intensiv, und pH Werte um 3 sind heute in den Niederschlägen nicht selten.

Die Resistenz der Baustoffe

Dem Säureangriff widerstehen nur silicatisch gebundene Baustoffe. Die karbonatgebundenen Baustoffe werden alle angegriffen, wobei die Intensität des Angriffs (Standort und Wetterseiten) und auch die Dichtheit des Materials eine Rolle spielen. Das Calciumkarbonat (Kalkstein) wird von der Oberseite her angegriffen. Schwefelsäure und Salpetersäure wirken in die gleiche Richtung. Die entstandenen Nitrate werden ausgewaschen, und das Reaktionsprodukt der Schwefelsäure mit dem Kalk, der Gips, bleibt zurück. Er ist dann im Baustoff nachweisbar.

Es gibt aber erhebliche Unterschiede zwischen dem Verhalten von kristallinem, dichtem Calciumkarbonat und weniger dichtem, amorphem Calciumkarbonat. Marmor als kristallines Material widersteht dem Säureangriff sehr viel besser als Kalksteine, calcitisch gebundene Sandsteine oder gar Mörtel.

Man kann diese Erfahrung sehr gut nachvollziehen und die Zerstörung sowohl vom Gesichtspunkt der Materialresistenz wie auch vom Einfluß der aggressiven Medien studieren. Wir finden viele rund 2000 Jahre alte Bauwerke als praktische Beispiele vor.

Abb. 1 zeigt einen griechischen Tempel aus Kalksteinen. Seine Oberfläche weist eine deutliche Zerstörung auf, die überwiegend auf den Einfluß von Regen und Auswaschungen zurückzuführen sind. Nur in geringem Umfang können hier Säureeinflüsse mitgewirkt haben, weil dieser Bau weitab von jeder Industrie und Großstadt steht.

In *Abb. 2* wird der Grabstein von Scipio Africanus, der aus dichtem Kalkstein besteht, dargestellt. Er ist zwar auch angegriffen, doch weniger als das Material des Tempels. *Abb. 3* zeigt einen Marmorfries in Aquilea. Dieser ist in vorzüglichem Zustand, wenn man von den religiös bedingten mechanischen Zerstörungen absieht.

Gehen wir in der Zeit etwas voran, dann können wir an einem römischen Triumphbogen, der teils aus Marmor, teils aus dichteren Kalksteinen gebaut ist, sehen, wie in der Großstadt Verschmutzungen und Angriff auf das Baumaterial schon stärker sind *(Abb. 4)*. Dagegen ist der Dom zu Mailand noch in vorzüglichem Zustand. Die Marmorfiguren sind nicht angegriffen. Allerdings wird der Dom auch regelmäßig gründlich gereinigt. *Abb. 5* zeigt den Dom in gereinigtem Zustand im Jahre 1980.

4

5

Man könnte an dieser Stelle eine lange Reihe von Beispielen bringen, doch sollten diese genügen, denn der Zustand der dichten Kalksteine ist überall gleich und der Zustand weniger dichter Kalksteine fast überall ähnlich schlecht. *Abb. 6* zeigt ein Beispiel für den Zerfall von Sandsteinen in einer Großstadt, hier in Gent. Es ist erstaunlich, daß die calcitisch gebundenen Sandsteine ähnlich schnell zerfallen wie die silicatisch zusammengesinterten Sandsteine, die nur eine geringe Kalkbildung aufweisen. Hier erzeugen verschiedene Ursachen den gleichen Effekt.

Dieser kurze Abriß über die Resistenz mineralischer Baustoffe alter Baudenkmäler kann durch einige Hinweise auf das Verhalten metallischer Baustoffe ergänzt werden. Diese sollen in dem Bericht aber nur am Rande erwähnt werden. Blei hat sich als sehr dauerhaft erwiesen, ebenso Bronze. Bronzestatuen beginnen aber im mitteleuropäischen Raum durch die Schadstoffe der Atmosphäre bereits zu korrodieren, ein Vorgang, den man zunächst nicht erwartet hatte.

Auch die früher als dauerhaft angesehenen Verzinkungen oder auch Zinkbleche korrodieren schnell unter der heutigen Umweltbelastung. Das gleiche gilt für Eisen und Stahl. Lediglich die Eisen-Chrom-Nickel- und die Kupfer-Nickel-Legierungen haben sich als sehr dauerhaft erwiesen und widerstehen auch starken Angriffen. Diese Werkstoffe sind aber neu und bei alten Baudenkmälern nicht vorzufinden.

Kupfer und Messing finden wir zuweilen vor, sie sind jedoch weniger resistent als Bronzen.

Ein sehr wichtiger Baustoff ist der Mauer- bzw. Fugenmörtel. In der Antike unterschied man nicht zwischen Mauer- und Fugenmörtel, man mauerte die Wand hoch und strich dann die Fugen glatt. Das ist ein sehr nützliches Verfahren und sehr viel besser als die seit ca. 1930 bei uns heimisch gewordene Methode, die Fugen auszukratzen und dann mit einem Fugenmörtel zu verfüllen.

Auch die vielfachen Wandputze, speziell die Dekorputze, der Griechen und Römer waren sorgfältig hergestellte Baustoffe, die wie die Ziegelformate später durch die römische Bauordnung streng geregelt wurden.

Diese Mörtel und Putze wurden im Laufe der Jahrhunderte immer fester, härter und kristalliner. Durch den ständigen Umkristallisationsprozeß, durch Bildung von Calciumbikarbonat und neue Bildung von Calciumkarbonat wurden die Mörtel ständig fester und dichter. Alle die normalen Umwelteinflüsse beeinträchtigten diesen Vorgang nicht. Erst

6

7

Abb. 6 Schmutzkruste auf dem Sandstein einer alten Kirche in Gent. Die Schmutzbeladung schützt nicht. Sie begünstigt eine Wasseransammlung unter der Schmutzkruste und die Zerstörung.

Abb. 7 Oberfläche des alten Kalkmörtels in den Fugen — wahrscheinlich noch aus dem 14. Jahrhundert — an der Stiftskirche zu Enger. Vergrößerung 50-fach. Man erkennt die Schmutzbeladung, die sich hier aus Ruß und mineralischen Stäuben zusammensetzt.

8

Abb. 8 Der Sandstein der Fassade dieser Kirche wird unter der Schmutzbeladung schichtenweise abgesprengt. Dadurch erscheinen immer wieder neue saubere Flächen, doch wird der Baustoff dadurch vernichtet.

Abb. 9 Sandstein, Bruchsteine verschiedener Färbung und Herkunft, grauwacke-ähnliche Steine und alter Fugenmörtel, teilweise mit späteren Ausbesserungen. Man sieht, daß unter der Schmutzkruste die Absprengungen stattfinden. Ein Vorgang, der nicht sehr alt ist. Diese Art der Zerstörung beginnt jetzt erst. Apostelkirche in Münster Ende 1983.

9

als die zivilisatorischen Schadstoffe, wie $SO_2/H_2SO_3/H_2SO_4$ und die Stickoxide sowie schließlich HNO_3 auftraten, wurde der Mörtel bzw. der Putz »aufgefressen«. Er wurde zu $CaSO_4$ (Gips) umgewandelt oder zu $Ca(NO_3)^2$, das dann der Regen auswusch. Den Gips findet man heute fast überall in den äußeren Zonen der alten Baustoffe. Dieser Vorgriff auf den Abschnitt Schadensursachen war notwendig, um die Resistenz der kalkgebundenen Putze und Mörtel darzustellen.

Aus diesen wenigen Beispielen ersieht man, daß die normalen, von unseren Vorfahren benutzten Baustoffe an sich gegen die Witterungseinwirkungen beständig sind. Nur der Mensch hat die Umweltbedingungen derart verändert und für Baustoffe (auch für Menschen, Tiere und Pflanzen) riskant gemacht, so daß man sich heute mit der Frage beschäftigt, wie man dieser Entwicklung Einhalt gebieten und wie man die historischen Baudenkmäler vor diesen Risiken schützen kann.

Schadensmechanismen

Kennt man die Schadensabläufe, dann ist man in der Lage zu beurteilen, wie man ihnen begegnen, sie bremsen oder stoppen kann.

1. Der Korrosionsprozeß

Die Korrosionsmechanismen sind die Angriffe der Säure, welche wieder aus den Schadstoffen in den Abgasen, vornehmlich den Schwefel- und Stickoxiden, zusammen mit Wasser entstehen. Die Schadstoffe in Gasform werden hier nicht genauer benannt, weil man bei den Stickoxiden verschiedene Oxidationsstufen vorfindet. Bei den Oxidationsstufen des Schwefels herrscht als Gas das SO_2 vor, dann nach Aufoxidation in der Atmosphäre das SO_3 und damit zwangsläufig dessen stabile Form, die Schwefelsäure. Die Stickoxide gehen in der Luft in Gegenwart von Wasser alle in die entsprechenden Säuren über.

Es ist im Prinzip gleich, welche Säuren angreifen, sie greifen alle das Karbonat (Ca- oder MG-CO_3) an und setzen es dann in die entsprechenden Reaktionsprodukte um, die alle entweder löslich, wie bei den Nitraten, oder weich und wenig als Bindemittel geeignet sind, wie bei den Sulfaten.

Die normale Säureeinwirkung ist die der Kohlensäure, wobei sich die entstehenden Karbonate gut als Bindemittel eignen und sich im Laufe der Zeit infolge der Löslichkeit des Bikarbonats und wieder der Umwandlung in das Karbonat durch Kristallisation verfestigen. Die zivilisatorisch entstandenen Säuren, so z.B. die Schwefelsäure, verdrängen dann die Kohlensäure, setzen sie frei und bilden ihre eigenen Reaktionsprodukte.

Dieser Korrosionsprozeß verläuft linear über die Zeit in die Tiefe eines karbonatgebundenen Baustoffes. Er ist damit unaufhaltsam, sofern man die Bedingungen im Baustoff nicht ändert. Das wird das anschließende Thema sein.

Wir haben es grundsätzlich bei den kalkgebundenen Baustoffen mit einer die ganze Oberfläche umfassenden Korrosion zu tun, einer Flächenkorrosion. Bei den metallischen Baustoffen, die in ähnlicher Weise diesen Risiken ausgesetzt sind, setzt zunächst die punktförmige Lochfraßkorrosion ein, der dann später die Flächenkorrosion folgen kann.

So beginnt die Lochfraßkorrosion bei dem Stahl im Betonbereich ab etwa pH 10, während die Flächenkorrosion erst ab pH 8,8 einsetzen sollte. Hier wirken dann sowohl die Ionen der oben genannten aggressiven Stoffe mit der zusammenbrechenden Passivierung der Stahloberfläche ab pH 10 zusammen. Es ist sogar noch komplizierter. Schon kleine Mengen an Rost (Eisenoxide) kumulieren diese Fremdionen, und dadurch kann die Korrosion auch schon bei pH-Werten ab ca. 11 beginnen, insbesondere wenn Chloridionen anwesend sind.

2. Die Bildung sperrender Krusten

Damit ist einfach die Verschmutzung gemeint. Während man in den Jahrhunderten vor Beginn des Industriezeitalters nur mit der Verschmutzung durch Staub und Hausbrand (Ruß) zu rechnen hatte und auch diese Rußbeladung der Oberflächen lokal begrenzt blieb, sind heute derartige Schmutzmengen in der Luft, daß man schon nach 10 oder 15 Jahren dicke Schmutzkrusten auf den Baustoffoberflächen beobachten kann. Mineralische Stäube und Metallabrieb, dazu organische Partikel vermengen

Daten atmosphärischer Schadstoffe

Schadstoff	*Angaben in Ångström*			*gemessene μ-Werte Methacrylcopolymerfilme*		
	Wirkungs-querschnitte	*Radien*	*Atomkern-abstände*	*ungefüllt*	*pigmentiert + gefüllt*	*mit Silicon-zusatz*
H_2O	4,56	1,4	0,958	4300	1000	4100
CO_2	4,63		1,432	5400	1100	5000
CO	3,75	1,6				
SO_2	5,55		1,163	6500	1600	6200
NO	3,7					
NO_2				2800	400	1900
HCl	4,5			3100	700	3700

Literatur und Berichter: Dáns-Lax Band III S. 262 ff. Messreihen des IBF (1982/83) Baughan, Struc. Bonding 15 (1973) S. 53–71

10

11

Abb. 10 Eine harte und dichte Sinterschicht, vornehmlich aus Ruß, liegt auf der Steinoberfläche. Dazu sind dort eingeschlossen mineralische Stäube und auch Metallstaub. Die Schicht hat sich fest mit der Steinoberfläche verbunden. Vergrößerung 75-fach.

Abb. 11 Links im Bild ist die Ruß-Schmutz-Aufsinterung von dem weichen Naturstein abgesäuert worden, dabei wurde der Stein merklich angegriffen.

sich mit verkokten Bestandteilen wie z.B. Ruß, mit Fasern und noch anderen Schmutzteilchen. Dieser kombinierte Schmutz wird von Wasser genetzt und bei saugenden Baustoffen in deren Porenöffnungen eingesaugt. Er lagert sich auch als dichte Kruste auf der Oberfläche ab, die dann auch regelrecht zusammensintern kann.

Abb. 7 zeigt eine solche ganz normale Schmutzbeladung auf einem Sandstein einer alten Kirche. Man erkennt in 50-facher Vergrößerung gut die Schmutzteilchen. Hier reinigen Regen und die Säuren in der Luft derart, daß sie die Kalkmatrix von der Oberfläche her zerstören, und sie platzt dann schichtenweise mit dem Schmutz zusammen ab. Die *Abbildungen 8 und 9* zeigen diesen Vorgang in der Praxis; hierbei ist auch der Hinweis auf *Abbildung 6* angebracht.

Es ist sinnvoll, noch weitere Beispiele für diesen Vorgang zu zeigen. *Abb. 10* stellt eine festgesinterte Schmutzkruste auf einer Steinoberfläche dar, die weniger porös ist als ein Sandstein; hier liegt eine feste, schwarze Sinterschicht auf. Die Entfernung dieser Sinterschicht mit starker Säure (Gemisch von Flußsäure und Salzsäure) zeigt dann die *Abb. 11*. Man hat weit in die gesunde Steinschicht hineingeätzt und damit auch die Dreckschicht entfernt.

Auch Ziegel unterliegen diesem Mechanismus, wie es *Abb. 12* zeigt. Diese Ziegel, wahrscheinlich aus dem 14. Jahrhundert, an der Apostelkirche in Münster sind infolge der sperrenden Schmutzkrusten zerstört worden.

Nach Absprengen der härter gebrannten Außenschichten zerfällt der weiche Stein innen allein schon durch die Witterungseinflüsse.

In *Abb. 13* sieht man als Gegenbeispiel ein noch viel älteres, römisches Ziegelmauerwerk. Hier ist der Brand vollkommener, es fehlen aber die Schmutzkrusten und damit entfällt eine der Ursachen für die Zerstörung der Steine. Dabei ist die Schadstoffbelastung der Luft in der Umgebung von Rom sicher nicht geringer, als sie in Münster ist. Abgesehen von den mechanischen Zerstörungen ist jedoch der Erhaltungszustand dieser Steine wesentlich besser.

Auch alte, kalkgebundene Mörtel werden durch Säureangriff in Kombination mit Schmutzkrusten zerstört. *Abb. 7* bringt dafür ein Beispiel, und zwar in 50-facher Vergrößerung die Oberfläche des Fugenmörtels aus dem 14. Jahrhundert an der Kirche zu Enger. Sehr gut erkennt man die Beladung mit den Schmutzpartikeln. *Abb.14* zeigt den gleichen Angriff an einer anderen, mehr von der Witterung beaufschlagten Stelle (Südwestseite). Die Schmutzbeladung ist noch deutlicher zu sehen, und man erkennt auch die Substitution der Kalkmatrix durch Gips. Typisch sind auch die tiefen Ausfressungen im Mörtel durch die Säuren.

Man kann zusammenfassen:
Schmutzkrusten und Säureangriff können jeder für sich die Zerstörung von Baustoffen bewirken, und beide sind zivilisatorisch bedingte, zerstörende Einwirkungen. Zusammen potenzieren sie ihre Wirkung. Das können wir an vielen alten Bauten studieren, so am Kölner Dom und in ganz Europa an vielen anderen noch älteren Baudenkmälern. Der Schmutz- und Säureangriff ist heute von Bergen bis Rom und von Gent bis Moskau gleich intensiv geworden.

Dazu noch eine Anmerkung: Bei diesen Betrachtungen darf man nicht nur den Sandstein im Auge behalten, obwohl dieser ein im Mittelalter häufig verwendeter Baustoff war. Zwar zerfallen Sandsteine am schnellsten, doch werden auch alle anderen Baustoffe einschließlich der modernen wie Beton und Aluminium in ähnlicher Weise zerstört.

Vielfach wird die zerstörende Wirkung der Schmutzbeladung nicht erkannt, und man spricht von Patinabildung. Patina ist etwas ganz anderes. Unter Patina versteht man die natürlichen Zerfallsprodukte und Auswaschungen an der Oberfläche von Steinen, Putzen und kalkgebundenen Anstrichen auf Putzen.

12

13

14

Abb. 12 Zustand von Ziegelmauerwerk nach rund 600 Jahren. Es sind alte Ziegel der Apostelkirche in Münster. Unter der hart gewordenen Schmutzkruste ist der Ziegel weich und bröckelt ab.

Abb. 13 Römisches Mauerwerk aus dem zweiten Jahrhundert vor Christus. Die Steine sind noch relativ gut erhalten, ebenso die Mörtelfugen. Die Zerstörungen waren fast durchweg mechanischer Art.

Abb. 14 Dieses Bild zeigt die Oberfläche des alten Fugenmörtels in 50-facher Vergrößerung. Man erkennt die tiefen Auspressungen und Auswaschungen im Mörtel und sieht die hellen, etwas gelblich gefärbten Gipsflächen. Sehr gut sind auch die noch aufliegenden Schmutzpartikel erkennbar.

Diese changieren dann in vielen Farben, meist in hellen Tönen. Hierbei entsteht jedoch keine Dampfbremse auf der Oberfläche der Baustoffe, und es gibt als Folge auch keine Schäden. Patina kann man sehr gut und in vielen Variationen an den römischen Bauten in Nordafrika studieren. Nur aus mangelndem technischem Verständnis kann die Verwechslung von Dreck und Patina herrühren.

Andere Schadenseinflüsse

Hier sind zunächst die thermischen Bewegungen, die Spannungen in den Baustoffen erzeugen, zu erwähnen. Diese Ursachen führen dort zur Sprengung und Zerkleinerung der Baustoffe, wo ein ständiger Temperaturwechsel mit erheblichen Temperaturunterschieden stattfindet. Das ist in unseren Breiten weniger der Fall, in erheblichem Umfang jedoch bei den Siedlungen zwischen dem 3. und 10. Jahrhundert in dem Raum zwischen Kaukasus und Nordindien.
Auch aus den Quell- und Schwindbebewegungen entstehende Spannungen führen auf die Dauer zur Zerkleinerung der Baustoffe. Doch dieser Prozeß ist so langsam, daß er bei unseren Betrachtungen nicht in Rechnung zu setzen ist — er ist auch einfach zu verhindern.
Andere Ursachen wie Abrasionen durch Sand, Regen und Wind sowie Erdbewegungen sind alles natürliche Ursachen, die stets auftreten werden und die man auch nicht verhindern kann. Nicht verschweigen darf man die mutwilligen Zerstörungen durch Menschenhand, sei es aus religiösem Fanatismus oder einfach als Verwertung eines billigen Steinbruchs.
Damit ist die Diskussion der Schadensursachen ausreichend geführt worden, und man sollte sich den Methoden der Instandsetzung und des Schutzes zuwenden.

Instandsetzung und Schutz

Grundsätzliche Forderungen
Wenn man die Schadensursachen und den Zerstörungsmechanismus kennt, kann man die Instandsetzungs- und Schutzarbeiten besser beurteilen. Auf folgendes kommt es an:

1. Den Baustoff gegen das Eindringen der aggressiven Gase und Säuren zu schützen. Das bedeutet einmal eine Sperre gegen das Eindiffundieren der Gase und gegen das Eindiffundieren von flüssigem Wasser, in dem sich die Säuren gelöst befinden. Daraus entsteht die Forderung nach Gasdichte und Wasserabweisung.

2. Die Bildung der dichten, dampfsperrenden Schmutzschichten muß verhindert oder vermindert werden.

Einschließlich der Instandsetzungsarbeiten und des Schutzes kommen dazu noch die folgenden Forderungen:

3. Es dürfen nur solche Bau- und Schutzstoffe eingesetzt werden, die gegenüber den heutigen Schadstoffen in der Luft resistent oder zumindest sehr viel beständiger sind als die ursprünglichen Baustoffe.

4. Alle Wiederherstellungsarbeiten und Schutzmaßnahmen müssen optisch das Bild wiederbringen, welches das Bauwerk über Jahrhunderte hatte. Dabei ist dieses alte Bild der Maßstab und nicht das durch Zerstörung und Verschmutzung im Jahre 1984 vorliegende Bild.

Das sind im Grunde einfache und verständliche Forderungen, die vom Material nicht so ganz leicht zu erfüllen sind. Viel einfacher ist es mit der handwerklichen Arbeit. Stehen die richtigen Materialien zur Verfügung und kennt das Unternehmen sein Metier, gibt es keine Schwierigkeiten. Manche Firmen, die sich »Denkmalschützer« nennen, verfügen nicht über das Grundwissen und scheuen sich nicht, ein altes Netz von Kalkmörtelfugen mit grauem Zementmörtel auszubessern, wobei sie auch nicht belehrbar sind und nicht erkennen, was sie falsch gemacht hatten. Derartig anspruchsvolle Arbeiten darf man grundsätzlich nur einem erfahrenen Bautenschutzunternehmen übergeben.

Instandsetzungsarbeiten
Die Fassaden alter, historischer Bauwerke befinden sich oft in einem sehr schlechten Zustand. Vernachlässigte oder auch unsachgemäße Arbeiten führten zur weitgehenden Zerstörung. Als Beispiel dafür soll ein Fassadenausschnitt in *Abb. 15* dienen. Man sieht hier mindestens fünf verschiedene Steintypen, daneben den alten Fugen- bzw. Mauermörtel aus dem 14. Jahrhundert und Ausbesserungen dieser Fugen ebenfalls mit Kalkmörtel. Dieses Bild ist typisch für die Aufgaben, die an eine Instandsetzung gestellt werden.

15

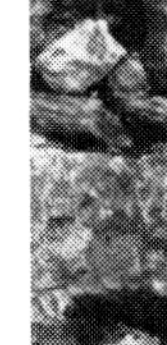

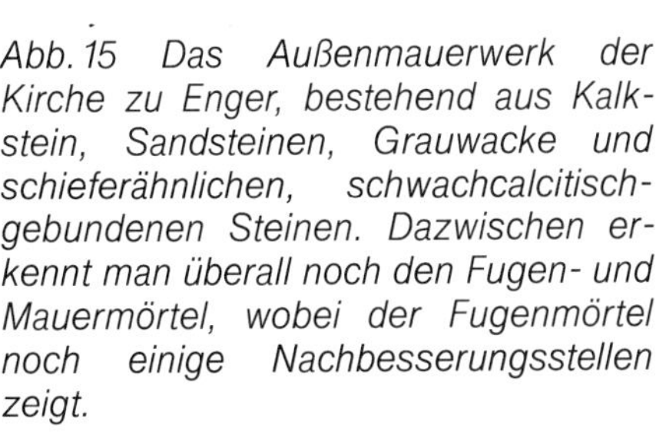

Abb. 15 Das Außenmauerwerk der Kirche zu Enger, bestehend aus Kalkstein, Sandsteinen, Grauwacke und schieferähnlichen, schwachcalcitischgebundenen Steinen. Dazwischen erkennt man überall noch den Fugen- und Mauermörtel, wobei der Fugenmörtel noch einige Nachbesserungsstellen zeigt.

Abb. 16 Der Fugenmörtel und insbesondere der zu späteren Zeiten als Nachbesserung aufgebrachte Fugenmörtel löst sich ab. Er hat mit den Steinen kaum noch Haftung und enthält bereits erhebliche Gipsanteile.

16

Man wird zunächst reinigen müssen, um alle losen (d.h. bereits zerstörten) Teile zu entfernen und auch die gesamte Schmutzbeladung abzuwaschen. Diese Reinigung kann nicht einfach im Berieselungsverfahren oder durch Dampfstrahlen erfolgen, sie würde zu schwach sein. Man muß zunächst den Versuch unternehmen, durch Heißwasserdruckstrahlen lose Teile und Schmutz zu entfernen. Das gelingt auch in den meisten Fällen, und man läßt allenfalls etwas Sand oder anderes Strahlgut im Wasserdruckstrahl mitlaufen.
Verboten ist die Anwendung von Säuren der Flußsäure, dann andere starke, organische Säuren wie Schwefel- oder Salzsäure, weil diese unsichtbar und unkontrolliert in die Tiefe wirken würden. Der mechanische Abtrag ist die sicherste und gut kontrollierbare Methode. Nach der Reinigung kann erst im Detail beurteilt werden, wie groß oder wie fortgeschritten der Schaden ist. In manchen Fällen wird man noch mechanisch etwas nachhelfen müssen und Steine durch Schleifen oder Charieren begradigen oder einebnen.
Man sieht in *Abb. 16*, welche Anteile an losen Mörteln, insbesondere in der Fuge noch liegen können. Wenn diese losen Teile nicht durch das Druckstrahlen mitentfernt werden, wird man deren Reste mechanisch entfernen müssen. Auch Anschlußfugen, die inzwischen ausgebrochen oder ausgewaschen worden sind, müssen freigelegt und teilweise nachgestemmt oder nachgeschnitten werden, damit eine gute kraftschlüssige Verfüllung mit Mörtel möglich wird. *Abb. 17* zeigt einen solchen Anschluß zwischen einem Sandsteingewand und Bruchsteinmauerwerk.

Das Verfüllen der Mörtelfugen
Das Ausfüllen der wie zuvor beschriebenen vorbereiteten Fugen sowohl in Natursteinmauerwerk wie in Ziegel- oder Klinkermauerwerk könnte unter normalen Umständen mit einem allein durch Kalk gebundenen Mörtel erfolgen, wenn es die schädigenden Säuren in der Atmosphäre nicht gäbe. Es wurde eingangs schon festgestellt, daß Kalkmörtel im Laufe der Jahre immer fester wird, sofern ihn die Säuren nicht zerstören.
Da sie es aber tun, kann man sich auf den Kalkmörtel nur wenig verlassen, und man muß ihn, so weit es möglich ist, durch Zementmörtel ersetzen. Dessen CaO- bzw. Kalkanteil wird zwar ebenfalls dem Angriff der Säuren unterliegen, doch bleibt die nicht karbonatische Bindung erhalten.
Es steht auch optisch nichts dagegen, sofern man die Einfärbung des zementgebundenen Mörtels ausreichend genau vornimmt, was durchaus und ohne große Umstände möglich ist. Man wird vor allen Dingen die Helligkeit durch den Zusatz von Titandioxid (weniger durch Weißzement) erreichen. Entscheidend ist auch die dichte Kornpakkung. Es müssen Sieblinien verwendet werden, die eine solche dichte Kornpakkung der Zuschläge (Sande) gewährleisten. Sieblinie I stammt von einem Mörtel (siehe *Abb. 16*) aus dem 14. Jahrhundert und Sieblinie II stellt einen zementgebundenen Mörtel dar, der eine dichte Kornpackung ergibt.
Die Haftfestigkeit eines zement- oder auch kalkgebundenen Mörtels an den Steinflanken beruht nur auf einer einfachen Verklammerung, eine echte Adhäsion findet nicht statt. Die Mörtelfuge sitzt nur so fest im Mauerwerk, wie die Steinflanken der Fugen fest und von Schadstoffen nicht zerstört sind. Aus diesem Grunde wird auch der Schutz der Steine notwendig.
Soll die Dauerhaftigkeit des Fugenmörtels und auch die Festigkeit des Verbundes von Mörtel zu Steinen verbessert werden, so gibt es eine zusätzliche Möglichkeit. Es ist die Verwendung der mit Epoxidharz vergüteten, zementgebundenen Mörtel, die man heute als ECC- oder 3-K-Epoxidharzmörtel bezeichnet. Sie enthalten ungefähr 5% Epoxidharz in wasserverträglicher, emulgierbarer Form. Ihre Dichtheit ist sehr viel besser als bei den nicht vergüteten Mörteln, wobei die Voraussetzung wieder eine richtige Sieblinie mit dichter Kornpackung ist. Das Epoxidharz verläuft in alle verbleibenden feinen Poren und füllt diese aus.
Das Epoxidharz verleiht dem Material bessere Dichtheit und Zähigkeit. Diese wirkt sich im Anstieg der Biegezugfestigkeit und Erniedrigung des Elastizitätsmoduls aus. Vor allem aber wird die Haftfestigkeit des Mörtels an den Steinflanken erheblich verstärkt. Sie steigt von etwa 1 N/mm² auf 6 N/mm² oder noch höhere Werte an. *Abb. 18* zeigt in 50-facher Vergrößerung einen Schliff durch einen solchen ECC-Fugenmörtel; man erkennt die sehr dichte Matrix und Kornpackung. Auch hier läßt sich jeder gewünschte Farbton einstellen, und man hat den Vorteil, daß fein verteilte Pigmente nicht mehr herausgeschwemmt werden können, weil das Epoxidharz diese gut fixiert.

Zu der Mörtelerneuerung noch einige handwerkliche Hinweise:
Selbstverständlich sollte man den neu eingebrachten Fugenmörtel so tief wie möglich in die Fuge einbringen und einbügeln. Flaches Überschmieren programmiert späteres Abplatzen. Es versteht sich, daß die umgebenden Steine nicht mit Mörtel verunreinigt und verschmiert werden dürfen, der eingebrachte Mörtel muß exakt auf die Fuge beschränkt bleiben. Verunreinigte Steine sind sogleich und gründlich vom Mörtel zu befreien. So selbstverständlich diese Dinge sind, so oft wird auch von Firmen dagegen verstoßen, die sich auf ihrem Briefkopf als Fachfirmen für Denkmalschutz ausweisen.

17

18

Abb. 17 Die Anschlußfuge zwischen dem Sandsteingewände und dem Mauerwerk ist teilweise offen, so daß Wasser ungehindert eindringen kann. Sie ist zu reinigen, zu begradigen und muß anschließend mit einem dichten Mörtel gefüllt werden.

Abb. 18 Diese Aufnahme zeigt in 50-facher Vergrößerung im Grobschliff die Struktur eines epoxidharzvergüteten ECC-Mörtels. Man erkennt die Dichtheit des Gefüges.

Instandsetzen der Steine

In den meisten Fällen genügt es, die Steinoberfläche gut zu reinigen und von anhaftenden losen Teilen zu befreien, wie schon vorher beschrieben. Den mechanischen Verfahren ist dabei gegenüber den chemischen immer der Vorzug zu geben. Dieses gilt für normales Steinmaterial, nicht aber für kalkgebundene, poröse Sandsteine. Man muß immer damit rechnen, daß Sandsteine oder andere poröse Steine schnell und tief Wasser mit den Säuren aus der Luft aufnehmen. Das mag bei silicatischem Sedimentgestein ohne Kalkanteil kein besonderes Risiko darstellen.

Auf jeden Fall aber müssen abgewitterte Krusten beseitigt werden. Diese Krusten sind oft relativ dick und reichen im Einzelfall bis zu 40 mm in den Stein hinein. Das bedeutet in der Praxis, daß der Stein weitgehend zerstört ist, und das gilt insbesondere für Ornamente und Statuen. Man kann solche Zerstörungen dem Grunde nach nicht wiederherstellen, es sei denn mit speziellen Spachtelmassen und gleichzeitig einem intensiven Schutz.

In den meisten Fällen wird es besser sein, die zerstörten Steine in der Fassade zu entfernen und durch silicatisch gebundenes Material, wie z.B. Lavasteine, zu substituieren. Einzelne Ausbesserungen wie auch das Wiederherstellen von Ornamenten oder Teilen von Statuen kann man mit dem oben beschriebenen ECC-Mörtel ausführen. Die Voraussetzung dabei ist ein sattes und tiefes Grundieren mit sehr dünnflüssigen Epoxidharzlösungen (um 150 cp).

Allerdings darf man eine solche Ausbesserung nur dann vornehmen, wenn sichergestellt ist,

- daß der Verbund mit dem gut gereinigten Untergrund, der, sofern notwendig auch noch mit Sandsteinverfestiger vorbehandelt wurde, ausreichend fest wird und
- daß kein Unterlaufen der Steine unter der Ausbesserung durch Wasser (Poren, Lunker, Risse und offene Anschlüsse) möglich ist, so daß Wasseransammlungen im Stein und Frostsprengungen ausgeschlossen sind.

Man sollte jedoch nicht immer von Sandsteinen reden und alle Überlegungen auf Sandsteine beziehen, vor allem muß man erkennen, daß es sich um ein sehr riskantes Material handelt, das den heutigen Schadstoffeinwirkungen nicht gewachsen ist, aus dem aber leider viele Kunstdenkmäler bestehen. Auf gar keinen Fall sollte man zerstörte Sandsteine mit Sandsteinen wieder ergänzen oder ersetzen, dafür bieten sich silicatisch gebundene Steine, so auch Lavasteine, an.

Abschließend einige ergänzende Untersuchungen zu zerstörten Sandsteinen. Diese Untersuchungen lassen sehr gut erkennen, welche Einflüsse einwirken, was diese anrichten und welche grundsätzlichen (wenn bei Sandsteinen auch ohne Zweifel nur beschränkte) Möglichkeiten bestehen, diesen entgegenzuwirken.

Abb. 19 zeigt die stark abgebaute Oberfläche eines grau-roten Sandsteines in 20-facher Vergrößerung. Dieser Stein ist im 12. oder 14. Jahrhundert verbaut worden. Die Oberfläche ist durch den Säureangriff stark angegriffen und die Reaktionsprodukte ausgewaschen. Man schon in Gips umgesetzt. Die Sieblinie III zeigt einen normalen Kornaufbau.

In *Abb. 20* ist ein anderer Sandsteintypus zu sehen. Auch dieser Stein ist nur schwach calcitisch gebunden gewesen, es ist ein gelb-roter Sandstein von der

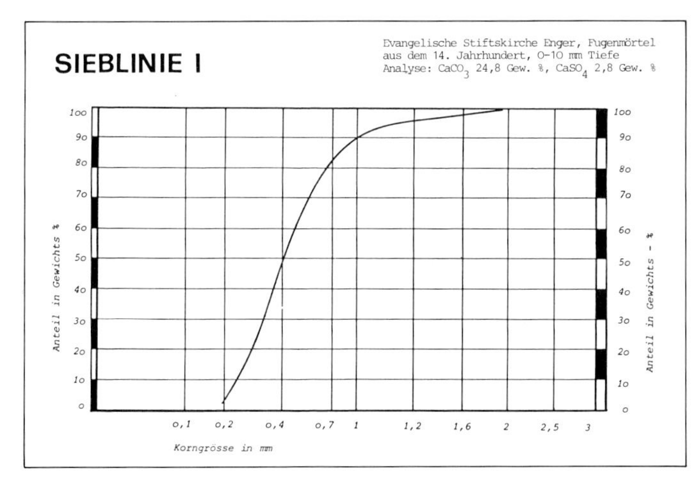

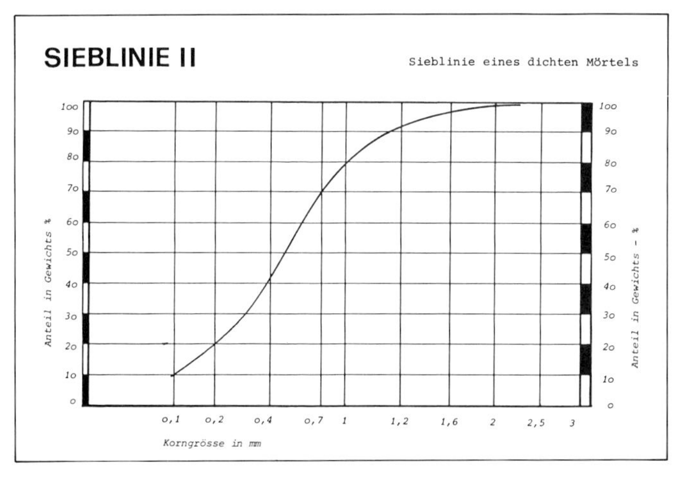

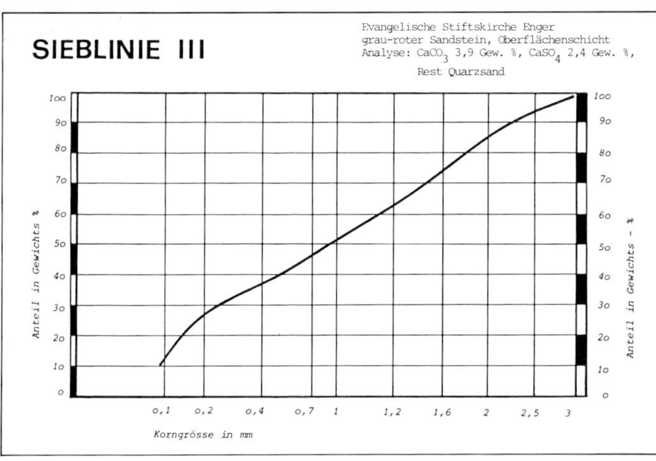

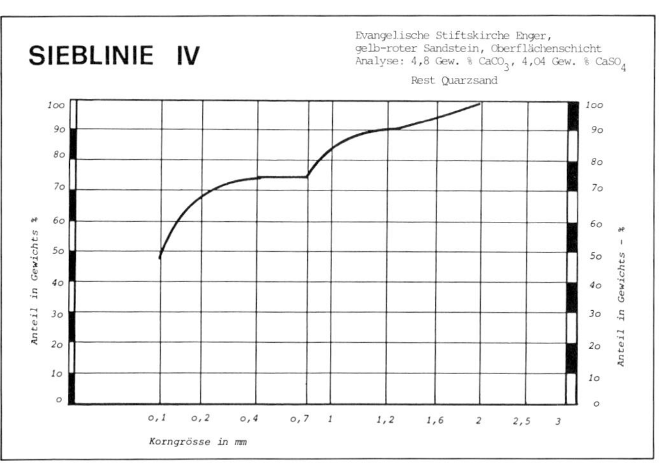

gleichen Kirche. Das Bild zeigt die stark abgebaute Oberfläche in 50-facher Vergrößerung.

Zu diesem Stein gehört die Sieblinie IV. Die Sieblinien der zwei Sandsteine unterscheiden sich sehr, sowohl im Aufbau wie auch in den Korngrößen. Die Sieblinie IV zeigt unverwechselbare Sprünge im Aufbau und kann so gut zur Identifizierung des Steinvorkommens, sozusagen als Typenabdruck, dienen.

Bei beiden Sandsteintypen war die calcitische Bindung relativ schwach, reichte aber aus für die Bindung. Sie lag, unter Berücksichtigung der ausgewaschenen Reaktionsprodukte, bei etwa 8 und 10 Gewichtsprozenten $CaCO_3$. Jetzt enthalten die oberen Schichten (in 0 bis 15 mm Tiefe) nur noch rund 4 und 5% $CaCO_3$, dafür 2,4 und 4% Gips.

Das Sandkorn besteht aus Quarz und Silicaten. Der grau-rote Stein zeigt mehr dunkle Einschlüsse, und auch diese Besonderheit kann zusammen mit der Sieblinie zur Feststellung des Steinvorkommens dienen.

Diese wenigen analytischen Hinweise sollten ausreichen. Man kann sich durch solche einfachen Untersuchungen ein gutes Bild verschaffen über den Zustand des Verfalls, den Angriffsmechanismus, die Eigenschaften der Steine und auch die Notwendigkeiten für bestimmte Schutzbehandlungen, die auf die Eigenschaften der Steine abgestimmt werden müssen. Ohne eine solche Untersuchung darf man nie eine Schutzbehandlung vorschreiben oder gar ausführen, jedes Steinmaterial erfordert andere Schutzstoffe und Methoden.

Abschließend zum Thema Sandsteine eine restaurierte und gut geschützte Sandsteinoberfläche in Bremen. Dieser Stein hat eine calcitische Bindung von 16% und ist damit gut gebunden. Zum Zeitpunkt der Instandsetzung (1961) enthielt er nur 0,7% Gips in der Oberfläche, er war allerdings mit einer schwarzen Schmutzkruste beladen. Heute, 23 Jahre nach der Reinigung und Schutzbehandlung, ist er noch sauber und zeigt keine Zerstörung durch die Schadstoffe in der Großstadt. *Abb. 21* zeigt die Oberfläche dieser Sandsteinfassade.

Bei festen Steinen ist die Ausbesserung problemloser. So gibt es z.B. für Travertin handelsmäßig spezielle Epoxidharzspachtelmassen. Weiche, zerstörte Ziegel müssen ersetzt werden, man kann sie nicht mit festem Material ausbessern. Über die Möglichkeiten der Ausbesserung des Steinmaterials kann man noch viele Details berichten, doch fehlt hier dafür der Raum. Jetzt zur allgemeinen Schutzbehandlung.

Die Flächenschutzbehandlung

Eine solche Schutzbehandlung kann sowohl Mauerwerk mit allen seinen Bestandteilen wie auch Putzflächen betreffen. Bei Putzflächen wird man in ähnlicher Weise verfahren, diese reinigen und dann wie das Mauerwerk mit einer tief eindringenden, wasserabweisenden Versiegelung versehen. Im Gegensatz zu dem Schutz des Stahlbetons darf eine solche Versiegelung nicht eine hohe Dampf- und Gassperre aufweisen. Diese Sperre wäre zwar sehr nützlich, weil sie die schädigenden Gase und Säuren nicht in die Steine, den Mörtel und den Putz hineinläßt, doch würde ein weiches und poröses Material gegen eine Gas- und Dampfsperre empfindlich reagieren.

Sperrschichten, auch von 10 mm Dicke, würden von Wasser unterlaufen und bei Frost abgesprengt. Man muß daher einem Interessengegensatz gerecht werden, und das kann man nach Lage der Dinge nicht vollständig. Einmal muß die Schutzbehandlung die Schadstoffe und das Wasser nicht in den Baustoff hineinlassen, aber dieser Schutz darf andererseits nicht zu stark sperren.

In Unkenntnis dieses Zusammenhangs ist schon viel falsch gemacht worden, und es ist auch einiger Schaden an weichen Steinen — und hier schon wieder die riskanten Sandsteine — entstanden. Wenn man nur eine begrenzte Sperrwirkung haben darf, damit eingedrungene Feuchtigkeit noch in der Menge abdampfen kann, muß die Schutzschicht dick sein. Da man nicht beschichten will und auch nicht darf, muß die Schutzschicht in den Stein gelegt werden, und zwar so tief wie möglich.

Durch die Dicke der Schutzschicht wird das Produkt von $\mu \cdot s$ (Wasserdampfdiffusionswiderstandsfaktor mal Strecke oder Dicke in m) ausreichend hoch, um den Schutz zu bewirken, und stellt doch keine gefährliche Dampfbremse dar. Das soll an einem praktischen Beispiel und an einer Rechnung erläutert werden.

Abb. 22 zeigt den weichen Stein des Turmes der Nikolaikirche in Hamburg. Die Kirche ist zerstört, und Teile der Ruine stehen noch neben dem erhalten gebliebenen Turm. Der Turm ist durch die Explosionen und den Brand in Mitleidenschaft gezogen, das Mauerwerk hat viele feine Risse. Hätte man auf einen Schutz gegen das eindringende Wasser verzichtet, wäre dieses eingedrungen und hätte durch Eisbildung den Turm in 30 oder 40 Jahren endgültig zerstört.

1965 entschloß man sich nach Untersuchung und Planung durch den Berichter, den Turm mit einer Schutzlösung zu fluten und tiefenzuversiegeln. 1980 und 1983 hatte der Berichter den Turm dann überprüft, keine fortschreitenden Schäden mehr festgestellt und Proben der Steine entnommen, um die Eindringtiefe der Schutzlösung und ihre Wirkung im Stein zu überprüfen. *Abb. 22* zeigt die exakte Wasserabweisung in der Tiefe der Steine. Man hat hier mit 1,8 bis 2 Liter Schutzlösung pro m^2 gearbeitet, und die Eindringtiefe liegt knapp unter 50 mm. Die Wirkung ist einwandfrei, Schäden treten nicht mehr auf.

19

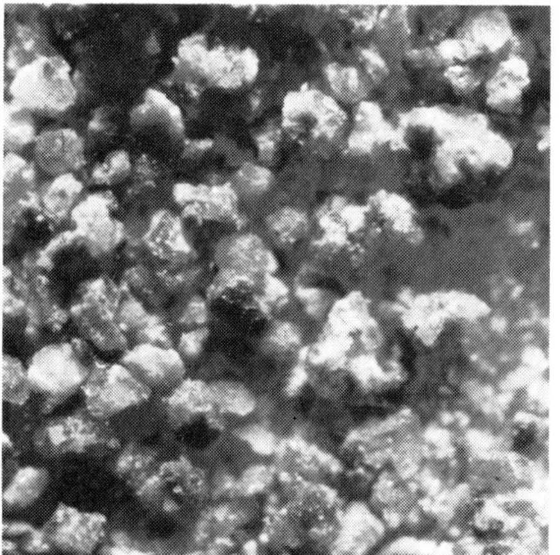

20

Abb. 19 Oberfläche eines grau-roten Sandsteins in 20-facher Vergrößerung. Man erkennt nur noch Reste der Matrix, die weitgehend in Gips umgewandelt ist. Die Sande liegen frei.

Abb. 20 Oberfläche eines gelb-roten Sandsteins in 20-facher Vergrößerung. Die Matrix ist aufgezehrt, ausgewaschen, und die Sandsteine liegen frei. Es ist keine Bindung mehr vorhanden, der Stein sandet ab.

Die Modellrechnung:
Produkt von $\mu \cdot s$ eines dichten Acrylklarlacks von 0,1 mm Dicke:
$\mu = 15.000 \cdot 0{,}0001 = 1{,}5$
Produkt von $\mu \cdot s$ der Tiefenversiegelung von jetzt 50 mm Dicke:
$\mu = 10.000 \cdot 0{,}05 = 500$.
Wir sehen, daß trotz noch möglicher Dampfdiffusion = Austrocknung des Mauerwerks die Gesamtsperre gegen Gase sehr viel höher ist. Es kommt hinzu, daß auch so kein Wasser durch diese 50 mm dringen kann und damit auch keine Säuren aus der Luft eindringen.
Diese praktische Erfahrung wird genutzt. Es sind Spezialimprägnierlösungen entstanden, die in die Baustoffe eindringen, danach auf dem Baustoff nicht mehr sichtbar sind, die zudem sandende Teile festigen und, wie auch in der Praxis nachgewiesen, nach rund 20 Jahren noch eine Wirkung haben wie am ersten Tag. Es ist zunächst auch nicht abzusehen, wann diese Wirkung geringer würde. Die Fassade bleibt wartungsfrei.
Diese Lösungen bestehen aus speziellen hochmolekularen Siliconharzen, die sehr stabil und langzeitbeständig sind; sie sind mit einem Methacrylcopolymerharz kombiniert, das eine gute Diffusionssperre gegen Gase ergibt.
Man muß diese Dinge noch theoretisch vertiefen, und dazu dient die Tabelle mit den wichtigsten physikalischen Daten der Schadgase und der Wirkung von Schutzmitteln gegen diese Gase, d.h. ihre µ-Werte. Es sei ausdrücklich davor gewarnt, höhere µ-Werte einzusetzen, diese sind nicht realistisch, wie bereits ein Blick auf die Daten der Moleküle der Schadgase zeigt. Diese sind in den Daten annähernd dimensionsgleich, und so müssen es auch die µ-Werte der Schutzstoffe gegenüber diesen Gasen sein. Sie liegen alle zwischen 5000 und im Extremfall 20000, höhere Werte beruhen auf Meßfehlern oder falschen Meßmethoden. Man muß auch Wege finden, diese Werte aus den Moleküldaten zu errechnen; das ist erfahrungsgemäß in solchen Fällen immer sicherer, als ständig neu zu messen.
Nach diesen Erkenntnissen, die schon rund 20 Jahre alt sind und ständig weiter vertieft werden, zumal die Stoffe auch verbessert wurden, gibt es keine vernünftige Alternative für den beständigen Schutz der gereinigten und ausgebesserten Baustoffoberflächen, sofern diese optisch unverändert in dem ursprünglichen Zustand bleiben sollen. Man hat noch den zusätzlichen Vorteil, daß sie durch die Wasserabweisung sauber bleiben.
Die Ausführung dieser Versiegelung erfolgt grundsätzlich durch Fluten. Rollen, Bürsten und Spritzdüsen dürfen niemals verwendet werden. Der Turm der Nikolaikirche wurde durch Breitschlitzdüsen geflutet. Man kann auch mit Flutbürsten die Lösung in den Baustoff bringen, wenn diese Flutung lokal begrenzt bleiben muß, so z.B. dann, wenn die Fläche durch viele Öffnungen und Fenster durchbrochen ist und man die Scheiben nicht verschmutzen will.
Andere Schutzbehandlungen entfallen damit vollständig, weil sie überflüssig sind. Vor allem sollte man unbedingt alle Arten der Wasserglasbehandlung meiden, weil sich dadurch Krusten bilden, die das Aussehen der Steine verändern. Wasserglaspräparate (oft fälschlich mit Mineralfarben verwechselt, die ja rein auf Kalkbasis aufgebaut sind) dichten nicht, und sie sind auch nicht wasserabweisend. Die wasserabweisenden Zusätze, die man ihnen beifügen kann, haben nur eine minimale Wirkung. Ihre Grenzflächenspannung zum Wasser übersteigt nicht 15 bis 20 mN/m, die der hochmolekularen Siliconharze dagegen 50 bis 52 mN/m.
Dazu muß man wissen, daß erst ab einer Grenzflächenspannung von 45 mN/m die Kapillarität eines Baustoffes in die Kapillardepression (Kapillarwiderstand) umschlägt. Deshalb sollte die Wirkung deutlich über 45 mN/m liegen, was einem Mindestrandwinkel von ca. 100° entspricht.

Zusammenfassung
Auf wenig Raum sind die Grundsätze für eine schonende Reinigung, Instandsetzung und langfristig wirkende Schutzbehandlung nach dem heutigen Stand der Technik beschrieben worden. Man muß teilweise alte Vorstellungen fallen lassen, wenn eine optisch nicht sichtbare und langzeitwirksame Schutzbehandlung gewünscht wird.
Der Sinn einer Instandsetzung und des Schutzes ist es, das Bauwerk so erscheinen zu lassen, wie es vor 50 Jahren oder vor 400 Jahren gewesen ist, sauber, in den ursprünglichen Farben und frei von Schäden. Das ist heute technisch möglich, wenn auch nur sehr wenige Unternehmen solche Arbeiten fachgerecht ausführen können. Es gehört dazu viel detailliertes Ingenieurwissen und ein gutes Herstellerwerk für die Schutzstoffe, welches die Anforderungen erkannt hat und in der Lage ist, diesen gerecht zu werden.
Es sind leider keine Massenprodukte, die benötigt werden, so daß der wirtschaftliche Anreiz zur Entwicklung und Herstellung gering ist. Diese Produktforschung wird auch nicht gefördert, so daß es eigentlich mehr oder weniger engagierten Fachleuten überlassen bleibt, solche Arbeiten auszuführen und Methoden und Stoffe zu entwickeln.

E.B.G.

21

Abb. 21 Sandsteinfläche, Standort Bremen, Innenstadt. Diese Steinflächen sind 1961 gründlich gereinigt und tief eindringend durch wasserabweisende Harzmischungen geschützt worden. Das Bild zeigt den Zustand im Jahre 1984. Die mechanische Aufarbeitung nach der Reinigung diente der Entfernung starker Verfall- und Schmutzkrusten.

22

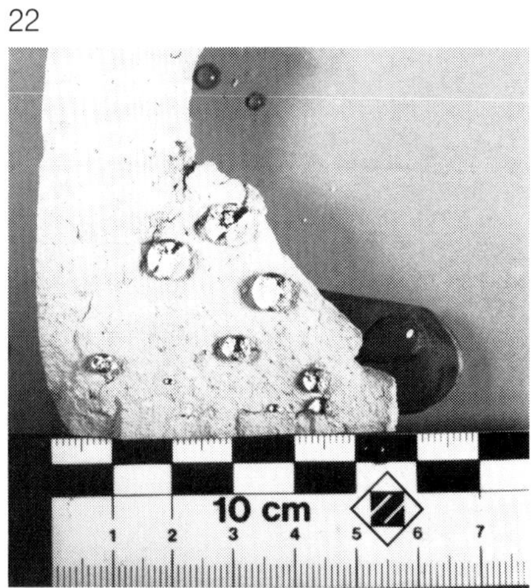

Abb. 22 Turm der Nikolaikirche in Hamburg. Der Turm besteht aus einem weichen, hellen Stein, aus roten Steinen und aus Sandstein. Die Kirche wurde 1965 einer Schutzbehandlung gegen weiteren Verfall, einer Flutung mit wasserabweisender Tiefenversiegelung unterzogen. Das Bild zeigt die Eindringtiefe des schützenden Stoffes (45 bis 50 mm) und die Wirkung im Jahre 1983.

Verschmutzungen von Fassaden

Verschmutzungen von Fassaden sind eine lästige Erscheinung, doch wir haben uns mehr oder weniger an sie gewöhnt. Die Fassadenbaustoffe verschmutzen alle in unterschiedlicher Weise, manche von ihnen sehr intensiv und schnell, andere dagegen kaum oder gar nicht. Die Fassadenverschmutzung ist für Reinigungsfirmen ein dankbares Arbeitsgebiet, man muß sich dabei aber immer dessen bewußt sein, daß nach dem heutigen Stand der Technik Verschmutzungen an Fassaden keineswegs notwendig sind.
Es ist schwierig, eine Rangordnung in der Intensität der Verschmutzung zu finden und man muß auch zwischen den einzelnen Arten der Verschmutzung unterscheiden können. Was wir als Verschmutzung bezeichnen, hat verschiedene Ursachen. Diese sind

— die normale Staubauflagerung, bestehend aus feinsten Kornanteilen, Abrieben der Reifen von Fahrzeugen und der Bremsen und auch der silicatische Staub,

— die sogenannten Fettruße; das sind verkokte und halb verkokte Bestandteile der Feuerungen, die sich sehr stark festsetzen und nicht einfach zu entfernen sind,

— auch die aggressiven Bestandteile der Luft, die Schwefeldioxide, die Schwefelsäure im sauren Regen und die Stickoxide, die bei der Verbrennung in den Kraftfahrzeugen frei werden, bewirken eine besondere Art der Verschmutzung. Diese Verschmutzung stellt sich dann als ein Ausbluten der Bestandteile der Fassadenbaustoffe dar. Je nachdem, ob es sich um Salze handelt, diese nennt man Ausblühungen, oder um Bestandteile aus Bindemitteln der Baustoffe, man nennt sie Ausblutungen, sie sind unterschiedlich beständig.
Diese Art der Verschmutzungen zeigt sich als ein weißer Belag auf den Steinen und Fugen von Ziegel- und Verblendmauerwerk oder als weiße Läufer, die ebenfalls von den Fugen ausgehen können, aber auch Betonflächen in erheblichem Umfang verschmutzen. Wir finden auf Betonflächen oft dunkel gefärbte Läufer sowie auch helle Kalkausblutungen, wie es eine der nachfolgenden Abbildungen zeigen wird.

Nach einer Statistik aus dem Jahre 1978, bezogen auf das Ruhrgebiet, ergeben sich hier die folgenden Anteile in Prozenten, sofern man alle diese zivilisatorischen Verschmutzungen zu 100% annimmt:

— Schwefeldioxid	26%
— Stickoxide	13%
— verkokte Kohlenwasserstoffe	7%
— Staub aller Art	6%

Der Rest von etwa 48% setzt sich aus Kohlenmonoxid und kleineren Mengen noch anderer Bestandteile zusammen.
Es sei auch bemerkt, daß Metallflächen und Natursteinflächen prinzipiell in der gleichen Weise verschmutzen, wobei Metallflächen noch zusätzlich verätzt werden können.

Zunächst sei das Erscheinungsbild solcher Verschmutzungen — das sogenannte Schadensbild — nachstehend beschrieben und im Bild gezeigt.
Die *Abbildungen 1* und *2* zeigen verschmutzte Putzfassaden in Essen und Köln, etwa in dem Zustand, in dem wir uns an diese inzwischen gewöhnt haben. *Abb. 3* zeigt die in *Abb. 2* dargestellten Fassaden in gereinigtem und restauriertem Zustand.
Es seien zunächst noch einige Beispiele gezeigt. So zeigt *Abb. 4* den Verschmutzungszustand von Travertinfassadenflächen in einer Großstadt. Hier wird besonders stark der Fettruß gebunden.
Die *Abbildungen 5, 6* und *7* zeigen einen sehr häufigen Verschmutzungsfall. Rauhe und wasserfreundliche helle Putzflächen verschmutzen regelmäßig. So lange sich diese Verschmutzung über die gesamte Oberfläche regelmäßig verteilt, wird der helle Farbton langsam in Grau und dann in Dunkelgrau übergehen. Wird jedoch der Schmutz lokal fixiert, z. B. wenn er bevorzugt von ebenen Flächen abläuft, dann entstehen Schmutzläufer.

Abb. 1 Die verputzten Fassaden einer Straßenzeile nehmen den Schmutz auf, wobei dieser in unterschiedlicher Intensität eingelagert wird.

Abb. 2 Eine stark verschmutzte Fassadenfront im Stadtzentrum von Köln. Hier ist zu erkennen, daß der Regen Teile der Verschmutzung wieder abgewaschen hatte und außerdem ist die Fassade stellenweise ausgeflickt worden.

1

2

Sehr schön ist auf *Abb. 5* zu erkennen, wie von einem Ast Schmutz an die helle Putzwand gewaschen wird und dort mit dem Wasser, das in die Poren eindringt, mit fixiert wird. Die *Abbildungen 6* und *7* zeigen dann solche bevorzugten Schmutzläufer von den Fensterbankekken aus.

Derartige Schmutzläufer können konstruktiv teilweise vermindert werden; ganz verhindern kann man sie nicht, nur den Schmutz flächiger verteilen. Wir werden dann in der Folge noch darüber diskutieren, wie man grundsätzlich einen solchen Putz daran hindert, Schmutz einzulagern.

Sehr ähnlich ist auch die Verschmutzung einer hellen, verputzten Giebelfläche zu deuten, wie sie *Abb. 8* zeigt. Hier haben sich bevorzugte Schmutzlaufbahnen von der darüber liegenden Asbestzement - Schieferimitation - Verkleidung gebildet. Die *Abb. 9* zeigt dann sehr eindringlich, wie man über lange Zeiträume jede derartige Verschmutzung verhindern kann, und zwar durch wasserabweisende Anstriche über rauhen Putzflächen.

Sehr ähnlich und physikalisch gleich sind die Verschmutzungen und Verschmutzungsverhinderungen auf hell gestrichenen Kalksandsteinflächen. Die Kunstharzdispersionsanstriche werden alle in der Wärme und bei Regen etwas weicher und binden dann die Schmutzpartikel im Film. Die Silicatfarben, welche auch zuweilen für Anstriche auf Kalksandsteinen verwendet werden, sind rauh und porös und fixieren ebenfalls den Schmutz in hohem Maße.

Das sind zwei verschiedene Ursachen, aber der gleiche Effekt. Versucht man den Silicatfarben eine bescheidene und nur wenige Jahre anhaltende Wasserabweisung durch Alkalisiliconate zu verleihen, so wird die Verschmutzung in den ersten zwei Jahren nur gering sein, aber nach Erlöschen der Wasserabweisung wieder voll einsetzen.

Abb. 10 zeigt eine solche Verschmutzung über Dispersionsanstrichen. Es gibt Beispiele dafür, daß durch eine wasserabweisende Anstrichausrüstung noch nach mehr als 20 Jahren auch eine helle Kalksandsteinfassade sauber und trocken bleibt.

Abb. 3 Die in Abb. 2 gezeigte Fassade nach erfolgter Restaurierung.

Abb. 4 Verschmutzung von Travertinfassaden in einer Großstadt.

Abb. 5 Diese Abbildung zeigt ein Beispiel für eine Verschmutzung, die wiederum auf der Rauhigkeit und Porosität eines Putzes beruht. Zunächst ist die ganze Fassade gleichmäßig verschmutzt. Eine besondere Verschmutzung tritt da ein, wo Staub und Schmutz von dem Zweig abgeschwemmt werden.

Abb. 6 Schmutzläufer, die sich an den Ecken der Fensterbänke ausbilden. Man wird solche Verschmutzungen konstruktiv nie lösen können. Es ist allenfalls möglich, den Schmutz über die Fläche besser zu verteilen. Die Verschmutzung ist grundsätzlich eine Frage der Rauhigkeit und Porosität des Fassadenmaterials.

Abb. 7 Normale Schmutzläufer, bestehend aus Staub und verkokten Rückständen aus der Atmosphäre lagern sich in einem nicht wasserabweisenden Putz ein. Das Wasser schwemmt diese Partikel in die Kapillaren und Poren.

3

4

5

6

7

Abb. 8 Diese Putzfläche ist ebenfalls rauh und wasseraufsaugend. Sie verschmutzt bevorzugt in sich längs ausbildenden Wasserbahnen auf der verkleideten Fläche.

Abb. 9 Diese verputzte Fassade ist im Jahre 1967/68 mit einem wasserabweisenden Siloxananstrich gestrichen worden. Sie bleibt intakt und verschmutzt nicht, wie es das Bild aus dem Jahre 1982 zeigt.

Abb. 10 Schmutzläufer über einer Kalksandsteinfläche, die mit einem wasserfreundlichen Dispersionsfarbenanstrich versehen ist. Auch dieser fixiert mit dem Wasser die Schmutzanteile.

Abb. 11 zeigt Betonbalken, die vor 2½ Jahren mit einem Silicatanstrich versehen wurden. Die Verschmutzung setzt vom Rande her ein, weil diese Anstriche wasserfreundlich und nicht dicht sind.

Abb. 12 Weiße Ausblutungsläufer, die aus dem wasserbelasteten Bereich stammen, über einer älteren und relativ wenig verschmutzten Betonfläche.

Ähnlich ist es bei Betonflächen, die sich unter den geschilderten Verhältnissen bei Anstrichen genau so wie Kalksandstein- oder Putzflächen verhalten. *Abb. 11* zeigt dafür ein Beispiel.
Fassen wir zusammen, nachdem einige Beispiele für Verschmutzungen gezeigt wurden. Die Ursachen sind:

— Einlagerung von Schmutzpartikeln in die Poren und Vertiefungen des Baustoffes wie z. B. Beton, Putz und Kalksandstein,

— Auflagerung von klebrigem Schmutz, so z. B. verkokten Bestandteilen der Feuerungen (Fettruß) auf die Baustoffe,

— Fixierung von Staub und Schmutz in weich werdende Anstrichmittel, besonders in Dispersionsfarbanstriche,

— Fixierung von Staub und Schmutz in wasserfreundliche Silicatanstriche und in den seltenen Ausnahmefällen auch in entsprechende Mineralfarbanstriche, worunter man die Zementschlämmen und Kalkanstriche versteht,

— Ausblühungen von Salzen aus Steinen und anderen Baustoffen wie zum Beispiel Gips ($CaSO_4$),

— Ausblutungen von Bindemitteln der Baustoffe wie z. B. Kalkhydrat, Alkalisilicate und Aluminiumhydrate,

— exotische Verschmutzungen, die willkürlich verursacht werden, so durch Teer, Bitumen, Farben, Ausblutungen von Siliconkautschuken etc.

Eine ganz typische und häufige Verschmutzung zeigt *Abb. 12.* Es ist eine ältere Betonfläche, die von oben her stark wasserbelastet ist, was zur Folge hat, daß erhebliche Ausblutungen stattfinden, welche sich optisch als Verschmutzungen abzeichnen. Die übrige Betonfläche befindet sich dagegen in einem normalen und noch verhältnismäßig wenig verschmutzten Zustand. Solche Bilder finden wir überall in zahlreichen Varianten.
Man sollte sich diese Schmutzteilchen selber auch einmal genau ansehen, damit man eine Vorstellung davon bekommt. Die *Abbildungen 14* und *15* zeigen in 100-facher Vergrößerung Schmutzpartikel von Fassaden. *Abb. 14* zeigt eingelagerte Rußteilchen, faserförmigen Schmutz und silicatische, helle Körner neben zusätzlichen Kalkversinterungen. Dieser Schmutz stammt

von einer Betonoberfläche in ca. 2 m Höhe mitten in einer Großstadt. *Abb. 15* zeigt sehr ähnlich etwa die gleiche Zusammensetzung des Schmutzes von einer Fensterbank in etwa 5 m Höhe in einer anderen Stadt. Auffallend ist immer der Faseranteil im Schmutz, der erst in größeren Höhen fast ganz verschwindet.

Man erkennt damit auch das unterschiedliche Verhalten der Staubbestandteile, ihre unterschiedliche Fixierung auf der Baustoffoberfläche oder im Baustoff, in dessen Poren und feinen Kapillaröffnungen. Entsprechend ist auch die Reinigungsmethode verschieden sowie die Vorsorge gegen Verschmutzungen.

Überblick über die Reinigungsmethoden

I. Entfernen von leichten Verschmutzungen; von Schmutzteilchen, die nur oben aufliegen:
a) Wasserberieseln,
b) Dampfstrahlen nach Vornetzen,
c) Heiß- oder Kaltwasserdruckstrahlen nach Vornetzen.

II. Entfernen von Schmutzteilchen, die sich bereits im Baustoff festgesetzt haben:
a) Vornetzen mit waschaktiven Stoffen, dann Strahlen von Heißwasser unter größerem Druck und gutes Nachwaschen,
b) Herausemulgieren der Schmutzteilchen durch alkalische Vornetzung und anschließend Abstrahlen nach einer der oben angeführten Methoden und Nachwaschen,
c) Im Einzelfall, wie bei Natursteinen u. a. saures Vornetzen und dann weitere Behandlung wie unter b).

III. Entfernen von festsitzenden Schmutzteilchen und Ausblutungen von Kalk oder Gips:
a) Saures Vornetzen, das Reinigungsmittel einwirken lassen, dann notfalls die Behandlung wiederholen und wie oben abstrahlen und Nachwaschen,
b) vorsichtiges Trockensandstrahlen unter ständiger Kontrolle des Abtrags,
c) vorsichtiges Naßsandstrahlen unter ständiger Kontrolle des Abtrags.

Dieses sind die wichtigsten Reinigungsmethoden und man sollte stets zunächst die mildere, den Baustoff am wenigsten angreifende Reinigungsmethode versuchen. Ohne einen Vorversuch wird man vernünftigerweise nie auskommen.

Vorsorglicher Schutz gegen Verschmutzung

Gegen die meisten Verschmutzungen und das sind solche, die in den Abbildungen gezeigt wurden, hilft eine wasserabweisende Ausrüstung der Fassade. Diese wasserabweisende Behandlung hat zum Ziel, daß die Grenzflächenspannung des Wassers, die normalerweise auf den silicatischen Baustoffen um 2 bis 5 mN/m liegt, auf ca. 50 mN/m erhöht wird.

Bei so ausgerüsteten Baustoffen wandelt sich die Kapillarität in eine Kapillardepression (Kapillarinaktivierung) um und auch die Oberfläche des Baustoffes saugt das Wasser nicht mehr auf. Damit kann auch kein Schmutz mehr in den Baustoff eingesaugt und dort deponiert werden.

Diesen Schutz erreicht man durch eine 5- bis 7%ige Siliconharzimprägnierung, die nach einem vorliegenden Forschungsbericht aus dem Jahre 1980 gut 20 Jahre anhält. Weniger geeignet sind Silane, Kieselsäureester und alle Stoffe mit kleinen Molekülen, weil diese in der Sonnenwärme wegdampfen.

Eine solche hydrophobierende Imprägnierung schützt den Baustoff auch vor Ausblutungen und Ausblühungen, denn wenn er nicht naß wird, kommen aus ihm auch keine Stoffe heraus.

In manchen Fällen wird man um einen Anstrich nicht herumkommen, so dann, wenn der Baustoffuntergrund fleckig oder auf eine andere Weise unansehnlich geworden ist. Streicht man eine Fassade an, so ist nicht gesagt, daß diese Anstrichfläche auch sauber bleibt; sie bleibt nur dann sauber, wenn auch der Anstrich unverändert wasserabweisend bleibt.

Keinen oder nur geringeren Schutz bieten diese Möglichkeiten gegen die Fettrußbeladung in den Industriegebieten; hier sollte man mit einer ständigen Wartung rechnen, mit periodischen und milden Reinigungen, welche auch Anstriche aushalten. R. H.

Abb. 13 Verschmutzungen von besandeten Verblendsteinen durch Ausblutungen von Kalkhydrat aus den Mörtelfugen.

Abb. 14 Dieses ist Schmutz von einer Betonfassade, etwa 2 m über dem Erdboden in einer Großstadt. Wir sehen hier Rußteilchen, verschiedenfarbige, teils weiße silicatische Kornanteile, etwa Kalkaussinterungen und auch reichlich Fasern (Vergrößerung 100-fach).

Abb. 15 Schmutz von einer Fensterbank in 5 m Höhe in einer Großstadt. Auch hier finden wir etwa die gleiche Zusammensetzung des Schmutzes, wie ihn die Abb. 14 schon gezeigt hatte (Vergrößerung 100-fach).

13

14

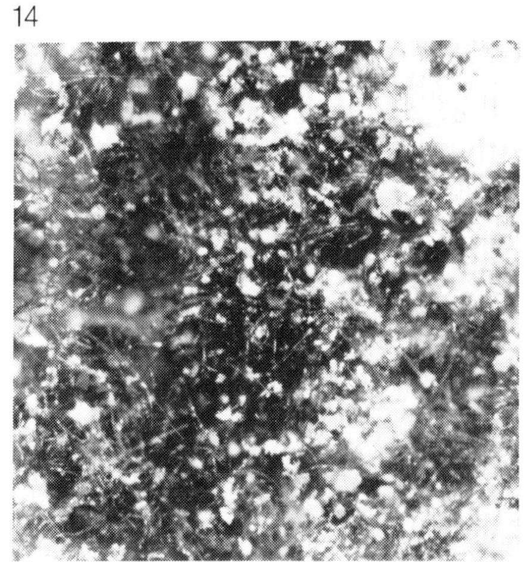

15

Behandlung von Baustoffuntergründen vor den nachfolgenden Schutzbehandlungen und Imprägnierungen

Vor der Sanierung von Bauschäden ist die Reinigung der Fassade bzw. des Schadensbereiches eine unbedingte Voraussetzung. Über die Möglichkeiten einer solchen Reinigung gibt es verschiedene Ansichten und auch verschiedene Notwendigkeiten. Diese sollen kurz dargestellt werden.

1. Reinigung mit Kaltwasser, Heißwasser oder Dampfstrahlen

Reinigung mit Wasser ohne chemische Zusätze: Natursteine, Kalksandsteine und nicht quarzitische Steine. Anwendung: Berieseln ohne Druck mit kaltem Wasser. Sollte diese Methode nicht funktionieren, (Zeitraum 4 Stunden) dann erst mit kaltem oder heißem Wasser unter Druck arbeiten. Die Folgeschäden sind relativ gering. Mauerwerk wird bei zu langer Dauer allerdings stark durchfeuchtet. Die Wirksamkeit ist besonders bei Kalksandsteinen und nicht quarzitischen Steinen, die Unwirksamkeit bei fett- und ölhaltigen Verunreinigungen gegeben.
Nachteile: Substanzverluste an der Oberfläche (dies besonders beim Heißdampfstrahlen).
Vorteile: Überhitzter Dampf verläßt die Poren des Baustoffes sofort – Mauerwerk wird nicht durchfeuchtet. Fettige und ölige Schmutzschichten können mit Heißdampf mühelos entfernt werden. Um die Dauer der Reinigung zu verkürzen und den mechanischen Abrieb zu verkleinern, kann man dem Wasser Netzmittel zusetzen, um die Schmutzschichten besser aufweichen zu können. Die Netzmittel aber bitte äußerst sparsam verwenden!

Zwischen Reinigung und einer anschließenden Hydrophobierung sollte ein Abstand von ca. 4 Wochen verstreichen, damit die Netzmittel abgebaut werden können, andernfalls verliert die Hydrophobierung an Wirksamkeit.

2. Reinigung mit Säuren

Die Reinigung geschieht folgendermaßen: Vornässen, Absäuern und gründliches Nachwaschen.
Materialien: Flußsäure, Salzsäure, Phosphorsäure.
Gesundheitsgefährdung: Hautverätzungen und Gefährdung der Atemwege.
Folgeschäden: Starke Bindemittelverluste an der Oberfläche, Bildung bauschädlicher Salze, Ausblühungen, Ausfärbungen und die enorme Erhöhung der hygroskopischen Feuchtigkeitsaufnahme.
Wirksamkeit: Guter Reinigungserfolg bei Natursteinen und Beton. Entfernung von Kalkschleiern und Baustoffausblutungen.
Es wird vor der wahllosen Verwendung von Säuren (Flußsäure, Salzsäure, Ameisensäure, Kieselflußsäure) bei der Reinigung von Baustoffen ausdrücklich gewarnt, da das Arbeitspersonal schwere Hautschäden bekommen kann, und die Fluß- und Ameisensäure die Atemwege angreift. Die Reinigungswirkung von Säuren ist nicht das Lösen der Schmutzkruste, sondern daß der darunterliegende Baustoff aufgelöst und dessen Bindemittel bis zu wenigen Millimetern zerstört wird. Bei Sandsteinen werden sogar Quarzkörper zerstört. Bei Salzsäure bilden sich lösliche Salze, die beim Austrocknen des Baustoffes zumeist ausblühen. Salzsprengungen sind die schlimmste Folge. Besonders kalkhaltige Bindemittel werden von Säuren zerstört. Die anorganischen Säuren lösen ölige und fettige Krusten nicht auf, sie durchdringen sie noch nicht einmal. Bei diesen Reinigern sollte man Netzmittel als notwendigen Bestandteil zusetzen. In der Praxis sollte man durch gründliches Vornässen verhindern, daß die Säurereiniger nicht allzutief in den Baustoff eindringen können. Gänzlich verhindern kann man es allerdings nicht.

3. Reinigen mit Alkalien

Ablauf: Vornässen des Mauerwerkes, Aufbringen der alkalischen Reiniger, Nachwaschen mit klarem Wasser, Neutralisieren der Säure und anschließendes gründliches Nachwaschen mit Wasser. Die gebräuchlichsten Laugen sind hierbei die Kali- und die Natronlauge. Gesundheitsgefährdung des Arbeitspersonals durch Verätzungsgefahr der Haut und besonders der Augen!
Die Folgeschäden: Bildung und starkes Ausblühen bauschädlicher Salze. Besonders wirksam sind alkalische Steinreiniger für das Behandeln von säureempfindlichen Baustoffen (glasierte Steine, Marmor, Muschelkalk, Sand- und Tuffsteine etc.). Ein besonderer Vorteil wird darin gesehen, daß diese Reiniger kalkige Bindemittel nicht angreifen. In der Praxis ist es wichtig, daß die Neutralisation des Reinigers sorgfältig durchgeführt wird. Wenn diese nicht genau erfolgt, dann verbleibt entweder die Säure oder die Lauge im Mauerwerk. Es muß aber festgestellt werden, daß die alkalische Reinigung keine besonderen Vorteile gegenüber der sauren Reinigung bringt. Das Verfahren ist vielmehr sehr umständlich und aufwendig und das Risiko, daß Reststoffe im Mauerwerk verbleiben, ist groß.

4. Reinigen mit speziellen Chemikalien

Fettlöser: Sie lösen nur fettige und ölige Bestandteile. Die Folgeschäden sind gering und die Gesundheitsgefährdung des Arbeitspersonals ist gegeben, weil Leber- und Nervengifte frei werden.
Netzmittel: Netzmittel werden anderen Reinigern zugesetzt. Die Wasseraufnahmefähigkeit des Mauerwerks wird kurzfristig erhöht. Das Arbeitspersonal wird nicht gefährdet.
Die Rostfleckenentferner: Oxal- oder Phosphor-Säure als Reiniger.

Reinigungspasten: Bauschädliche Salze werden eingebracht. Es können Ausblühungen entstehen, und das Absorptionsmittel verfärbt sehr leicht dunkle Baustoffe.

5. Sandstrahlverfahren

Die Bearbeitung von Oberflächen durch Strahlsand erfüllt die Doppelfunktion der Reinigung. Diese doppelte Wirkung wird durch die mit hoher Geschwindigkeit auf die Flächen aufschlagenden Teilchen des Strahlmittels erzielt. Je nach Art des verwendeten Strahlmittels wird dadurch die Oberfläche in der Art eines bestimmten Haftgrundmusters genarbt oder aufgerauht. Die so gereinigte Oberfläche ergibt dann einen einwandfreien Untergrund für die Haftung moderner Schutzbeschichtungen. Die maximale Lebensdauer der Beschichtung ist jedoch nur zu erreichen, wenn die Oberfläche durch Sandstrahlen vorbehandelt worden ist. Wenn nicht alle Anhaftungen restlos entfernt werden, ist es zwecklos, bessere Beschichtungsmaterialien zu verwenden, da sich dann der Korrosionsprozeß unter der Farbschicht und dem Haftgrund fortsetzt.
Die Vorbehandlung der Oberfläche durch Sandstrahlen ist bei ordnungsgemäßer Durchführung des Verfahrens die wirtschaftlichste Methode, um die notwendige Haftgrundlage für die nachfolgende Beschichtung zu erreichen. Jede Farbenfabrik stellt heute für ihre Produkte gewisse Richtlinien für die Vorbehandlung der zu beschichtenden Oberflächen auf. Es ist daher unbedingt zu empfehlen, sich darüber beraten zu lassen, welche Art der vorangehenden Sandstrahlreinigung in Verbindung mit der späteren Beschichtung empfohlen wird, bevor man selbst Vorschläge für das in Frage kommende Reinigungsobjekt macht.
Aus den langjährigen und ausführlichen Untersuchungen vieler Sandstrahlarbeiten ergab sich, daß die, für eine erfolgreiche Arbeit mit maximalem Nutzen notwendigen Voraussetzungen, nur ganz selten sorgfältig analysiert und beachtet werden. Das bezieht sich sowohl auf die Auftraggeber als auch auf die Auftragnehmer. Hier gilt für die Praxis des Sandstrahlbetriebes im besonderen Maße der Satz, daß eine Kette nur so stark ist, wie ihr schwächstes Glied. Der maximale Nutzeffekt läßt sich nur erreichen, wenn alle, für das Sandstrahlverfahren wichtigen Komponenten, miteinander in Einklang gebracht werden. Die Wahl des Reinigungsgrades sollte vorher im Verhältnis zu dem nachfolgend aufzubringenden Oberflächenschutz bestimmt werden, je nach dem, ob der Auftrag von Rostschutzfarben, von Lackfarben, Haftgrundierungen, Verzinkungen oder Kunststoffbeschichtungen in Frage kommt.

6. Naßsandstrahlverfahren

Aus Umweltschutzgründen wird heute oft das Naßstrahlverfahren benutzt, das zumeist für die Gebäudereinigung angewandt wird. Es ist uns allen hinlänglich bekannt, daß die Gewerbeaufsichtsämter besonders in Wohngegenden jegliche Staubentwicklung untersagen.
Mit allergrößter Sorgfalt hat zum Beispiel die Ruhrkohle an drei Musterhäusern in einer Bergmannsiedlung in Kamp-Lintfort alle erdenklichen Reinigungsmöglichkeiten ausprobieren lassen. Immerhin galt es, 100.000 m² Putz- und Mauerwerksflächen von Schmutzbeladungen, lose aufliegenden Schichten, zerstörten Außenputzen und Farbanstrichen zu reinigen. Völlig verschmutztes Ziegelsteinmauerwerk erstrahlt heute in seinem ursprünglichen Glanz wieder, ohne daß hier verschwiegen werden soll, daß gleich zwei Effekte durch das Naßsandstrahlverfahren erzielt wurden.

1. Durch den hohen Wasser- bzw. Luftdruck konnten die losen Fugenanteile fast zu 80% schon bei der Reinigung entfernt und diese Flächen relativ kostengünstig wieder nachgefugt werden;

2. wurde eine Millimeterschicht des vorhandenen, verschmutzten Ziegelsteines fast gleichmäßig und sauber abgetragen, so daß die Steine heute ihre Ursprungsfarbe wieder besitzen. Sie werden sorgfältig nach einer bestimmten Austrocknungszeit tiefenimprägniert.

7. Flammstrahlen

Ein weiteres interessantes Anwendungsgebiet ist die Oberflächenvorbereitung von Beton, Stahl und Natursteinen durch Flammstrahlen. Bei Betonoberflächen werden Verunreinigungen z. B. Gummiabrieb, Öl, Benzin, Fett sowie den im Winter vielfach verwendeten Tausalzen durch dieses Verfahren problemlos entfernt, da das Vorhandensein solcher Verunreinigungen das Aufbringen von Schutzbelägen mindert. Da aber die beste Beschichtung nur so gut sein kann, wie ihr Untergrund, muß dieser optimal vorbereitet werden. Bevor man dieses Verfahren überhaupt kannte, wurde bisher nur gesandstrahlt und gefräst. Beides konnte aber nicht befriedigen, da es mit ihnen unmöglich war, die Tausalze und sonstige schädliche Substanzen aus den Poren des Betons zu entfernen. Erst mit Hilfe des Flammstrahlens mit einer maximalen Flammentemperatur von 3200 Grad Celsius wurde eine optimale Vorbehandlung von Beton möglich. Bei diesem Verfahren gewährleisten zwei Faktoren den Erfolg.
1. Das Verbrennen der schädlichen Stoffe und
2. das Abplatzen der oberen Schlämmschicht durch den enormen Wärmeschock.
So wird mustergültiger Haftgrund für später aufzubringende Konservierung geschaffen. Als erfreulicher Aspekt erweist sich auch der Nebeneffekt des Flammstrahlens nicht nur als Oberflächenvorbereitungsverfahren zu dienen, sondern auch einen Beitrag zur Verschönerung der Umwelt zu leisten. Man kann mittels der thermischen Energie eine Verschönerung von Fassaden erreichen. Daß das Ganze eine Frage der Kosten ist, soll hier nicht unerwähnt bleiben, denn billig ist es nicht! Immerhin muß sich die Ausführungsfirma mit ihrem Arbeitspersonal einer komplizierten Ausbildung unterwerfen, in der dem Lehrgangsteilnehmer sowohl praktische, als auch theoretische Grundkenntnisse vermittelt werden. Sind alle Anforderungen erfüllt, so wird dem Unternehmen, in dem er als Flammstrahler tätig ist, eine Bescheinigung über die Eignung des Betriebes zur Ausführung von Flammstrahlarbeiten ausgestellt. Alles in allem ist das Flammstrahlen ein bedeutendes Verfahren der Korrosionstechnik, nicht nur, daß es eine optimale Oberflächenvorbereitung von Stahl oder Beton und Steinen ermöglicht, es stellt auch im Hinblick auf die Wirtschaftlichkeit und Umweltfreundlichkeit einen wichtigen Wegweiser für die Zukunft dar.

H. E.

Analyse einer Gebäudeverschmutzung

Es soll über die Analyse einer Gebäudeverschmutzung berichtet werden, die angeblich durch die Staubentwicklung bei einem Hausabbruch entstanden ist. Der Staub soll durch den Abbruch die in der Nähe liegenden Hausfassaden verschmutzt haben sowie die Innenräume in beträchtlichem Umfang durch Eindringen in die Fensterritzen.

Diese Behauptung stand lange Zeit unwidersprochen im Raum und alle Beteiligten gingen von dieser Voraussetzung auch aus. Eine Staubuntersuchung wurde nicht durchgeführt. Als diese dann nach etwa 18 Monaten durchgeführt wurde, war das Ergebnis überraschend. Die Untersuchung gab auch einen Aufschluß darüber, welche Art der Staubbelastung normal in einer Großstadt auftritt und wie sich dieser Staub zusammensetzt.

Schadensbild

Die Hausfassaden aus Natursteinen (Travertin und Kalkstein) sowie aus roten Verblendsteinen, die Hausvordächer, Markisen aus rotem Stoff und die Fensterbänke waren in einer Großstadt mehr oder weniger verschmutzt. Eine Reinigung der Fassade ist nachweislich seit mehr als 20 Jahren nicht vorgenommen worden.
Die inneren Fensterprofile und Fensterbänke zeigten eine gewisse dunkle Schmutzbeladung durch braunroten und braunschwarzen Staub. Auf den Böden der Regale lagen auch Staubreste.

Es wurde behauptet, daß vor ca. 18 Monaten durch den Abbruch eines direkt gegenüberliegenden großen Altbaues mit erheblicher und unvermeidbarer Staubentwicklung die vorgefundenen Verschmutzungen entstanden sind. Diese werden als Schaden geltend gemacht und es wird Schadensregulierung verlangt.
Ohne Zweifel steht fest, daß der Abbruch mit erheblicher Staubentwicklung verbunden war und daß sich dieser Staub auf alle umgebenden Flächen aufgelagert hatte. Damit ist jedoch nicht unbedingt gesagt, daß auch eine Verschmutzung der umgebenden Gebäudeflächen verbunden ist. Es wird daher zu untersuchen sein, ob es sich um einen grobkristallinen, mineralischen Staub handelt, wie er bei Abbrucharbeiten entsteht, oder um Verschmutzung durch normale atmosphärische Bestandteile und Straßenschmutz.

1

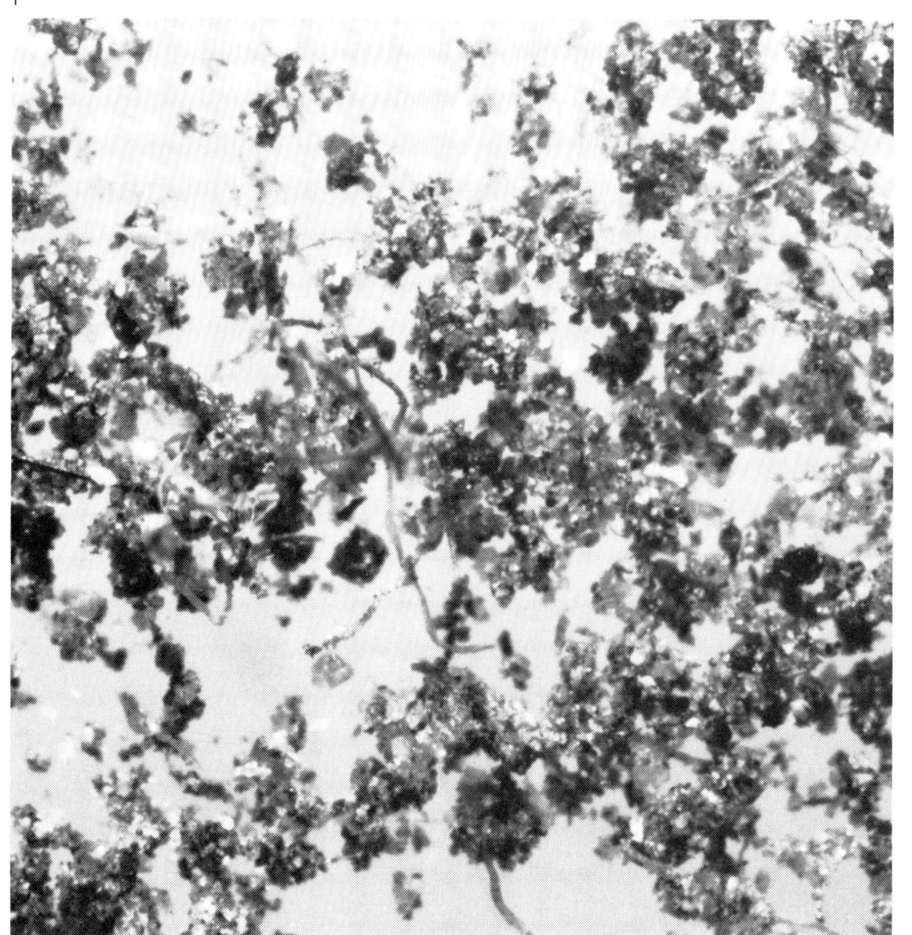

Abb. 1 Staub von den äußeren Fensterbänken in 100-facher Vergrößerung.

Abb. 2 Staub von den inneren Fensterbänken in 100-facher Vergrößerung.

Abb. 3 Staubteilchen, die außen auf den Markisen auflagen in 100-facher Vergrößerung. Neben wenigen kristallinen Körnern handelt es sich im wesentlichen um Rußpartikel und noch andere organische Teilchen. Man kann diese Mischung als typischen Großstadtstaub ansprechen.

Abb. 4 Staub aus den Regalen in 100-facher Vergrößerung.

2

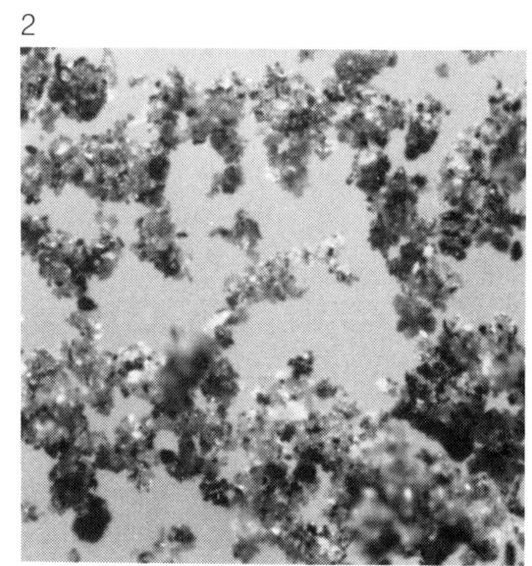

Untersuchungen

Es wurden zunächst Staubproben entnommen, und zwar an den folgenden Stellen:

- Staub, der außen auf den Fensterbänken auflag,
- Staub, der innen auf den Fensterbänken auflag,
- Staub, der auf den Markisen über den Fenstern auflag,
- Staub, der aus den Ritzen und Ecken der Regale gefegt und gesammelt wurde.

Dieser Staub wurde im Mikroskop untersucht. Es wurden Aufnahmen dieses Staubes bei 100-facher Vergrößerung gemacht. Der Befund sei nachstehend beschrieben und im Bilde gezeigt.

Abb. 1 zeigt Staubteilchen, die leicht agglomerieren und die sehr feinkörnig sind. Nur ganz vereinzelt gelingt es, ein kristallines mineralisches Staubkorn zu erkennen. Im wesentlichen besteht dieser Staub aus schwarzen und dunkelbraunen Rußpartikeln und mineralischem Staub, wie er in Großstädten als Straßenabriebstaub vorkommt.

Abb. 2 zeigt eine sehr ähnliche Struktur. Wieder erkennen wir sehr viel Rußpartikel, dazu einige Fasern. Hier kann man etwas mehr feinkristallines Korn erkennen, was zunächst nicht zu erklären ist. Auch hier fehlt der grobkristalline Staub, wie er bei Abbrucharbeiten anfällt.

Abb. 3 zeigt ein etwas anderes Bild. Hier ist der Staub durch Herausklopfen aus dem Tuch der Markisen besser verteilt. Wir finden sehr viele organische Bestandteile, viele grobe Rußteilchen und andere dunkelbraun gefärbte organische Bestandteile. Deutlich erkennbar sind auch sehr feine kristalline Teilchen, die hell und durchsichtig sind. Dieses ist Abrieb silikatischer Substanz, ähnlich wie wir ihn schon in *Abb. 2* gesehen haben. Nur ein einziges Korn könnte der Größe nach aus dem Staub des Abbruchs stammen.

Abb. 4 zeigt wieder eine ähnliche Staubzusammensetzung, die dem Grunde nach der *Abb. 2* entspricht. Auch hier dominiert ein organischer Staubanteil, vor allem Ruß. Dazu eine Vielzahl von Fasern. Sehr feine kristalline durchsichtige Staubteilchen sind auf normalen Abriebstaub zurückzuführen.

Beurteilung

Die Zusammensetzung des Staubes läßt keinen Abbruchstaub erkennen. Dieser wäre grob kristallin und setzte sich aus den Bruchteilen von Ziegeln, Beton und Mörtel zusammen. Es wird so sein, daß sich sicherlich dieser Abbruchstaub außen auf den waagerechten Flächen abgesetzt hatte, inzwischen aber durch Wind und Regen so gut wie vollständig entfernt worden ist. In die Innenräume dürfte er nicht oder kaum eingedrungen sein.

Die Verschmutzung der Fassadenflächen entspricht vollständig ähnlichen Fassadenflächen in den anliegenden Straßen. Es ist eine normale Beladung, vor allem mit organischem Schmutz, der durch das Regenwasser in die feinen Öffnungen des Werkstoffs hineingeschwemmt wurde. Grob kristalliner Staub kann sich auf diese Weise auch nicht festsetzen. Bewertet man die Tatsache, daß die betroffenen Fassadenteile überhaupt noch nicht gereinigt worden sind bzw. in den letzten 20 Jahren nicht gereinigt wurden, so ist die Verschmutzung völlig normal.

Die Beseitigung derartiger Großstadtverschmutzungen erfolgt nach Vornetzen mit Detergentien durch Heißwasserdruckstrahlen oder auch nur durch Dampfstrahlen, sofern es sich nur um aufliegenden Schmutz handelt, wie es hier der Fall ist. Ein gründliches Nachwaschen ist immer notwendig, damit keine Spuren der Netzmittel auf den Baustoffen verbleiben. Diese würden nämlich eine Verschmutzung fördern. Abschließend sollte man gereinigte Fassaden, soweit es sich um mineralische Baustoffe handelt, durch eine Silikonharzimprägnierung gegen neue Verschmutzungen schützen.

R. H.

4

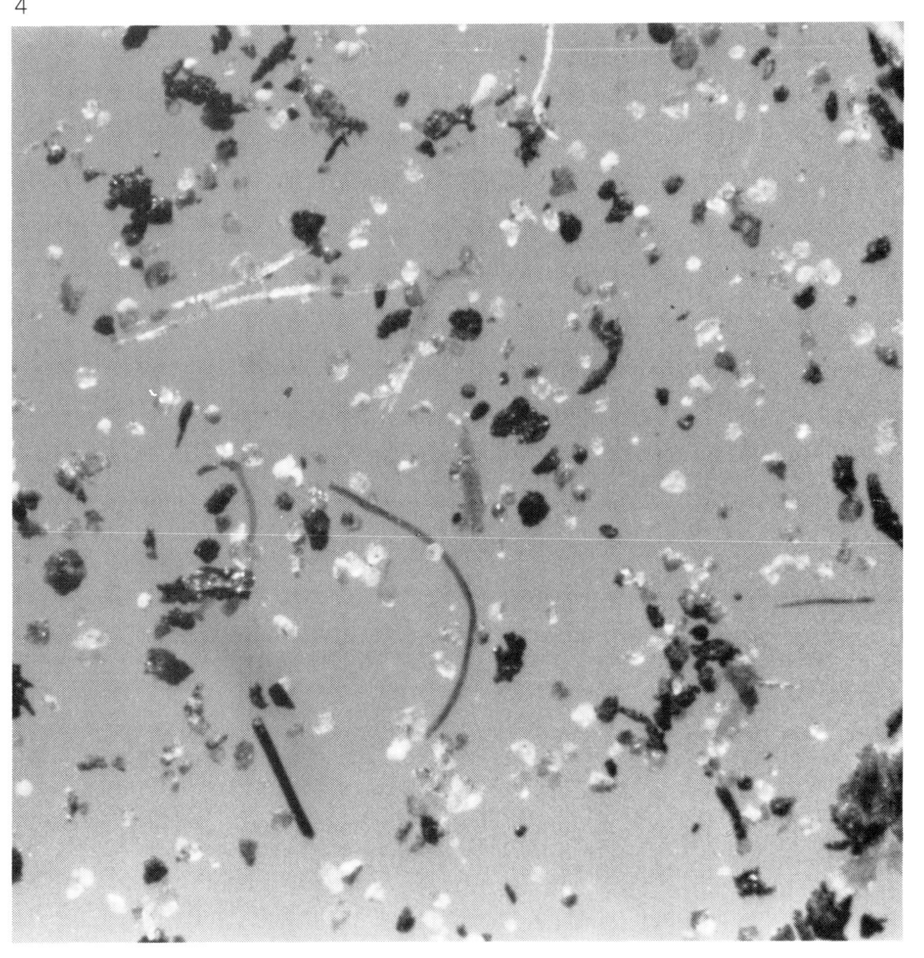

3

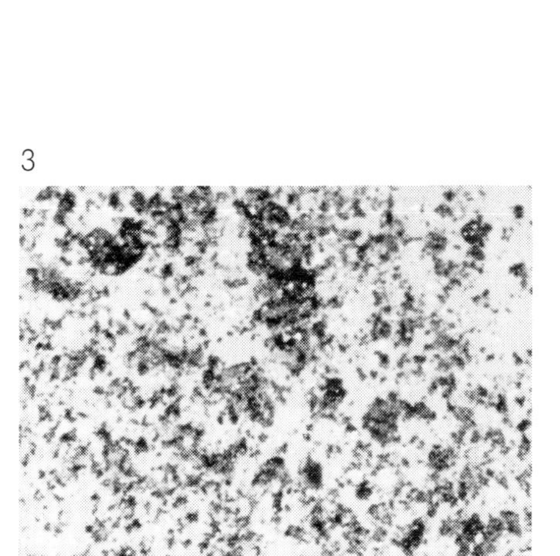

Starke Verschmutzung keramischer Platten durch Siliconkautschuk-Dichtstoffe

Abb. 1 u. 2 *Die Verschmutzungen auf den weißen Spaltklinkerplatten gehen von der horizontalen Fuge aus.*

Abb. 3 *Infrarotspektrum der Extraktion aus dem Silicondichtstoff.*

Abb. 4 *Infrarotspektrum der Extraktion aus der abgewaschenen Verschmutzung.*

Schadensbild

In einer Schule ist auf das Erdgeschoß ein Obergeschoß aufgestockt worden. Die Verblendschale aus Spaltklinker ist mit dem gleichen Material fortgesetzt worden und dazwischen befindet sich eine Fuge in der Breite von etwa 15 mm, die mit Siliconkautschuk abgedichtet worden ist. Nach etwa zwei Jahren zeigt sich ausgehend von der Fuge etwa 8 cm oberhalb der Fuge und der ganze Fassadenbereich unterhalb der Fuge eine starke Verschmutzung. Die beiden Abbildungen zeigen diesen Zustand.
Versuche, diese Verschmutzung zu entfernen, erwiesen sich als schwierig. Es handelt sich auf keinen Fall um Ablagerungen von Staub und Schmutz, wie das auf hellen Baustoffen oft störend sichtbar wird, denn eine solche Verschmutzung läßt sich relativ schnell entfernen.

Schadensursache

Es wurde eine Dichtstoffprobe entnommen, zerkleinert und mit Methylenchlorid extrahiert. Diese Probe wurde im Vakuum eingeengt und das Infrarotspektrum aufgenommen. Dieses ist in *Abb. 3* gezeigt. Weiter wurde in der Nähe der Fuge großflächig die Verschmutzung mit Methylenchlorid abgewaschen und nach Filtration ebenfalls im Vakuum eingeengt, so daß eine Spur einer öligen Substanz übrig blieb. Diese Probe zeigt im Infrarotspektrum *Abb. 4*.
Damit ist aufgrund der Identität bzw. Ähnlichkeit der Spektren nachgewiesen, daß es Inhaltsstoffe aus dem Siliconkautschuk-Dichtstoff sind, die die Fassade verschmutzt hatten. Ein Ausbluten derart großer Mengen an Inhaltsstoffen war bisher nicht bekannt und überrascht. Hier handelt es sich sicherlich nicht um einen Regelfall, denn im Regelfall reicht die Verschmutzung bis ca. 10 cm oberhalb der Fuge und ca. 30 cm unterhalb der Fuge.

Sanierung

Der Dichtstoff ist vollständig aus der Fuge zu entfernen und durch nichtausblutendes Material zu ersetzen.
Die keramischen Platten sind zunächst neutral mit waschaktiven Zusätzen mit Heißwasser oder Dampf zu reinigen. Anschließend ist die Fassade mit einem Lösungsmittelgemisch aus Xylol und Methylenchlorid zweimal abzuwaschen, wobei der letzte Waschvorgang mit einem neuen, sauberen Lappen erfolgen soll.

R. H.

1

2

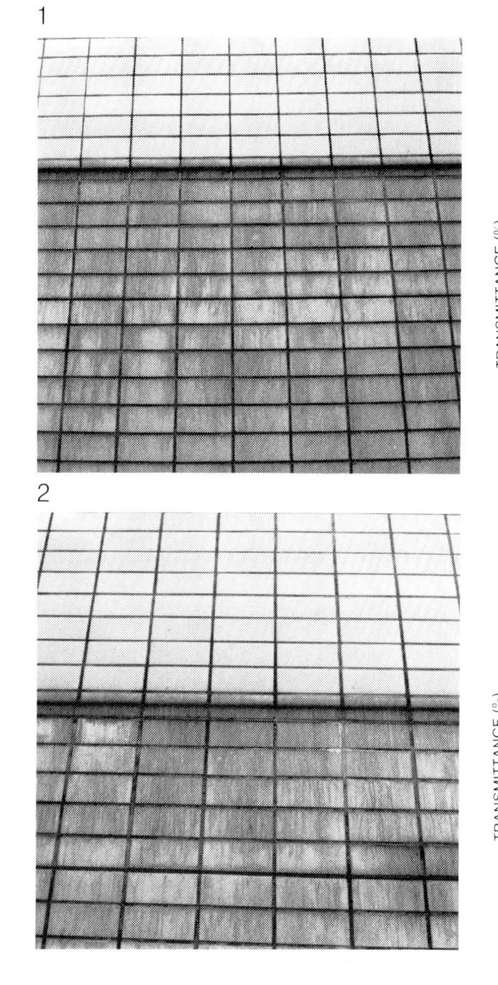

3

4

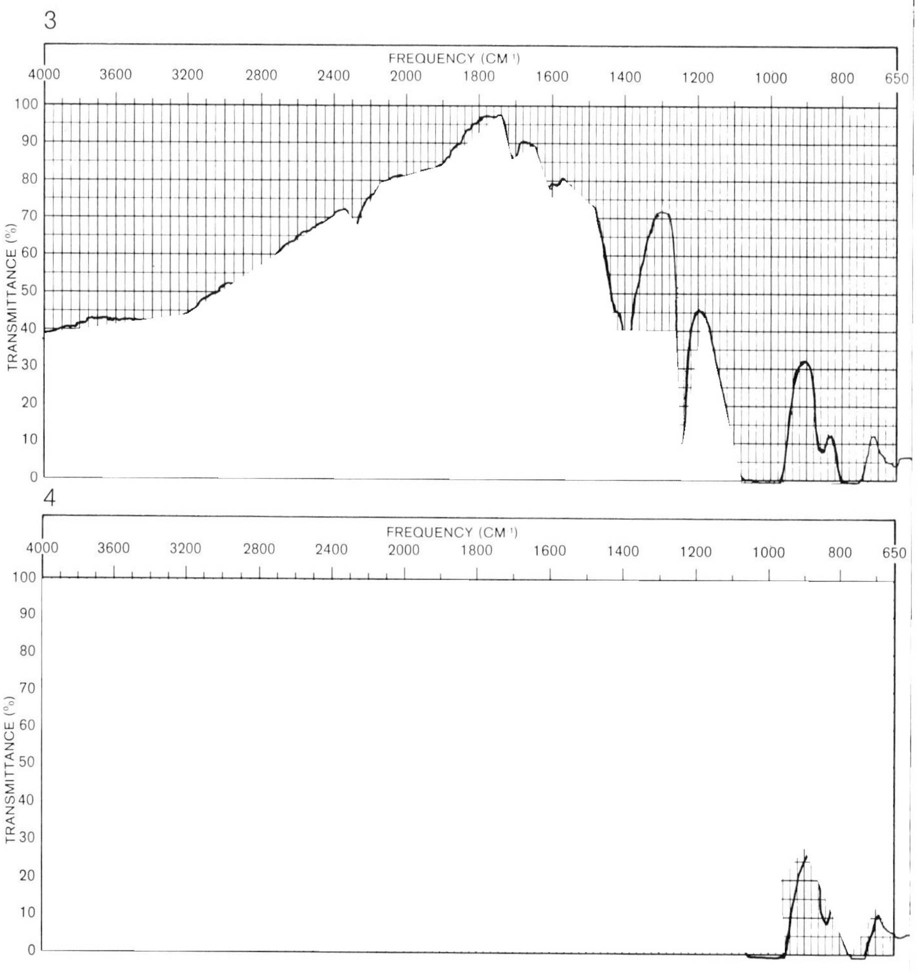

Verschmutzungen durch Siliconkautschuk-Dichtungsmassen auf der Fassade

Bei Fassadenreinigungsarbeiten wird man ständig vor neue Probleme gestellt. Besonders bei der Verwendung neuer Baustoffe können bisher unbekannte Nebenwirkungen auftreten. So z. B. bei der Anwendung von Siliconkautschuk als Dichtungsmasse. Hier treten Verschmutzungen auf, wenn diese Art von Dichtstoffen in Fugen zwischen Beton, Marmor und anderen Natursteinen eingebracht werden. Deshalb sind die Verfuger sehr vorsichtig bei der Verwendung von Siliconkautschuken geworden.

Bei derartigen Verschmutzungen gibt es erhebliche Reinigungsprobleme, die mit sehr viel Mühe verbunden sind. Besonders ärgerlich sind sie auf Fassaden, wo sie oft weithin zu sehen sind. Die Entfernung der Verschmutzung ist dann zwingend. Meist ist dafür eine Einrüstung erforderlich.

Vorweg eine Klarstellung: Man darf die Stoffe nicht verwechseln.

Siliconharze, die Siloxanharze, verschmutzen eine Fassade nicht, im Gegenteil, sie helfen mit, die Fassade sauberzuhalten — das allerdings nur dann, wenn sie auf Fassadenbaustoffe aufgebracht werden, die solche Imprägnierlösungen aufzusaugen in der Lage sind, sonst bleiben sie auf der Oberfläche liegen.

Siliconkautschuk-Dichtstoffe sind etwas anderes. Sie enthalten neben dem Kautschukbindemittel noch Siliconöle und auch niedermolekulare Bestandteile, die ausbluten können, sowie dazu noch abgespaltene Reaktionsprodukte. Diese Stoffe sind in den einzelnen Dichtstoffen auf der Basis von Siliconkautschuk in verschiedenen Mengen vorhanden und für die Verschmutzungen verantwortlich. Diese ausblutenden Bestandteile haften außerordentlich fest an den Baustoffen, und dadurch ergeben sich die oben angeführten Reinigungsprobleme.

Schadensbild

Nachstehend seien zwei derartige Fassadenverschmutzungen, so wie sie in der Praxis der Fassadenreinigung anfallen, herausgegriffen und geschildert. Anschließend wird diskutiert, wie man mit einer solchen Verschmutzung fertig wird. Um den Sachverhalt technisch richtig anzugehen, sind gleichzeitig Untersuchungen und Versuche notwendig. *Abb. 1* zeigt Häuser in der Schweiz. Die Anschlußfugen zwischen Brüstung und Fensterrahmen bei dem rechten Haus sind 1976 mit Siliconkautschuk abgedichtet worden, die gleichen Fugen bei dem Haus links jedoch mit einem Thiokoldichtstoff. *Abb. 2* ist eine Nahaufnahme der Fassade des rechten Hauses. Deutlich sichtbar ist, wie die Verschmutzung von den Ecken der Anschlußfugen ausgeht. *Abb. 3* zeigt eine solche Ecke noch näher. Auch hier kann man sehen, wie die Schmutzfahnen von der Ecke ausgehend über die Fassade laufen.

1

2

Abb. 1 Die Fugen zwischen Brüstung und Fensterrahmen sind beim rechten Haus mit Siliconkautschuk gedichtet worden, beim linken Haus jedoch mit einem Thiokoldichtstoff.

Abb. 2 Die betreffende Fassade des rechten Hauses, bei dem die Fugen im Fensterbereich mit Siliconkautschuk gedichtet wurden.

Abb. 3 Detailaufnahme einer der Fensterecken. Gut ist zu sehen, wie die Verschmutzung, von der Ecke ausgehend, in Windrichtung verläuft.

Abb. 4 Bei diesem mit Schiefer bekleideten Gebäude sind die waagerechten Fugen mit Siliconkautschuk abgedichtet. Von ihnen geht eine massive Verschmutzung aus, die selbst auf den dunklen Schieferplatten noch sichtbar ist.

Abb. 5 In diesem Giebel sind Doppelfugen, die mit Siliconkautschuk gedichtet wurden. Die Verschmutzung im Bereich dieser Fugen ist gut erkennbar.

Sechs Häuser sind von dieser Verschmutzung betroffen. Sie sind 1980 gewaschen worden. Dabei wurden waschaktive Substanzen eingesetzt und dann die Fassaden mit Heißwasser unter Druck mehrfach gewaschen. Es gelang zwar, die Verschmutzung dadurch zu mindern, jedoch nicht, sie ganz zu beseitigen. Zusätzlich wurden an den Ecken der Fensterbänke Wassernasen montiert, um das Abschwemmen der verschmutzenden Stoffe über die Fassade zu verhindern. Das alles hatte nur einen geringen Effekt. Die *Abbildungen 1* bis *3* aus dem Jahre 1981 zeigen, daß die Verschmutzungen sich wieder neu einstellen.

Bei einem in der Nähe stehenden Objekt ist die Fassade mit Schiefer bekleidet, und die Horizontalfugen sind ebenfalls mit Siliconkautschuk gedichtet. Auf *Abb. 4* kann man gut sehen, wie die Verschmutzung von den Fugen ausgeht und fast die ganze Fassade erfaßt hat.

Ein ganz ähnliches Bild zeigt ein anderes Objekt in Westdeutschland. Die Fassade ist mit hellen Spaltklinkern verblendet und der ganze Bau zeigt keine Schäden oder Mängel.

Die Doppelfuge in der Fassade, jeweils in einer Geschoßhöhe, ist mit Siliconkautschuk abgedichtet worden. Der Verfuger hat diesen Dichtstoff im Großhandel eingekauft. Es zeigen sich die gleichen, bereits geschilderten Verschmutzungen. Sie zeichnen sich auf dem hellen Verblendmaterial der Fassade stark ab. Typisch ist auch das Hochsteigen der Verschmutzung über die Fuge, wenn auch die Verschmutzung unterhalb der Fuge stärker ist. In diesem Fall tritt die Verschmutzung streifig auf. Das ist einfach zu erklären: Regenwasser nimmt den Schmutz, der auf den Klinkern aufliegt, mit und trägt ihn über die Fassade. In dem Bereich der durch die ausblutenden Stoffe getränkten Fassadenwerkstoffe wird der Schmutz in Form dieser Läufer festgehalten. *Abb. 5* zeigt einen Giebel dieses Baues und die *Abbildungen 6* und *7* Nahaufnahmen.

Ein weiterer Giebel des gleichen Baues *(Abb. 8)* wurde gereinigt. Zugleich waren einige der Fugenlängen, nach Herausnehmen des Siliconkautschuks, durch Thiokolmassen erneuert worden. Als Reinigungsmittel wurde ein saurer Steinreiniger verwendet. Der erste Erfolg war dann auch zufriedenstellend. *Abb. 8* zeigt aber den Zustand zwei Jahre nach der Reinigung.

Es wird offenbar, und eine Nachprüfung bestätigte es, daß einige der Fugenlängen einfach nicht erneuert worden waren und man den Siliconkautschuk in ihnen gelassen hatte. Hier ist die gleiche Verschmutzung nach zwei Jahren wieder voll eingetreten.

Abb. 9 zeigt nur als Vergleich eine massive Verschmutzung durch Siliconkautschuk-Dichtstoff in einer ähnlichen Verblendfassade aus Norddeutschland. Sie wurde 1978 aufgenommen. Auch hier sehen wir, daß die Verschmutzung auch oberhalb der Fuge vorhanden und unterhalb streifig ist.

Schadensursache

In allen geschilderten und allen bekannten gleichen Fällen handelt es sich um die Fixierung von Staub und Schmutz. Dies geschieht durch klebrige Stoffe, die aus dem Fugendichtstoff auswandern und sich im Fassadenmaterial festsetzen. Bekannt ist diese Erscheinung seit einigen Jahren an hellen Betonflächen. Seinerzeit hat ein Unternehmen auch einen Siliconkautschukdichtstoff entwickelt, der diese Nachteile nicht aufweist.

Über die Inhaltsstoffe, die aus den Siliconkautschuken auswandern, soll hier nicht mehr ausgesagt werden. Die Art dieser öligen Stoffe ist den Herstellern bekannt, und der Berichterstatter möchte sich nicht in eine fachliche Diskussion über die Chemie der Siliconkautschuk-Dichtstoffe begeben. Es genügt, die Erscheinung und deren Ursache festzuhalten.

3

4

5

Sanierung

Eine normale Reinigung unter Zuhilfenahme von waschaktiven Substanzen (Netzmitteln und Emulgiermitteln) bringt kaum einen Erfolg. Auf manchen Materialien, in die diese öligen Ausblutungsstoffe nicht eindringen können, ist allerdings eine Reinigung möglich. Sie greift dann auch etwas die Oberfläche des Baustoffes an, wie das z. B. bei den Klinkeroberflächen der Fall wäre, denn solche Reinigungsmittel enthalten etwas Flußsäure.

Dieser geringe Angriff saurer Steinreiniger ist jedoch in der Praxis ohne Belang, sofern man verdünnt und nach den Richtlinien der Hersteller der Reinigungsmittel arbeitet. Man erreicht damit jedoch nur einen vorübergehenden Effekt. Sofern der Siliconkautschuk-Dichtstoff in den Fugen verbleibt, bluten diese weiter aus, und dann treten wieder die gleichen Verschmutzungen auf, wie es das Beispiel in *Abb. 8* zeigt.

Die Hoffnung, daß dieses Ausbluten der klebenden und den Schmutz bindenden Bestandteile nach einigen Jahren aufhört, trog. Wir wissen heute noch nicht, ob es nach längerer Zeit aufhört. Auch die zuweilen geäußerte These, es handle sich hier um eine elektrostatische Aufladung, die dann diese Schmutzbindung verursacht, trifft nicht zu. Die Fassadenoberflächen werden im Bereich der Fugen nicht statisch aufgeladen.

Die Reinigung der verschmutzten Fassaden ist unbedingt vorzunehmen, doch wird sie nicht immer gelingen, und es werden Schmutzstreifen verbleiben, wenn der Werkstoff der Fassade diese ausblutenden Bestandteile aufgenommen hat. Das ist z. B. bei Beton und manchen Naturwerksteinen der Fall. Die wirkungsvolle Reinigung bleibt damit auf dichte Flächen beschränkt, in die diese ausblutenden Stoffe nicht eindringen können.

Für die Verhinderung solcher Verschmutzungen sind drei Gesichtspunkte maßgebend:

1. Im Leistungsverzeichnis festlegen, welcher Dichtstoff in der Fassade angewendet werden darf. Auch der Fugenabdichter muß das wissen und vom Hersteller oder vom Händler nicht ausblutende Dichtstoffe verlangen, die dem Stand der Technik entsprechen, und er kann sich nicht mit »Nichtwissen« entlasten, dafür ist er der Spezialist, und er muß diese Effekte kennen.
2. Im Falle eines solchen Schadens — wobei es sich ohne Zweifel nur um einen optischen, allerdings auch unzumutbaren Schaden handelt — muß der ausblutende Dichtstoff aus der Fuge entfernt werden. Die Fuge ist dann mit einem geeigneten Dichtstoff neu abzudichten.
3. Die Hersteller dieser Siliconkautschuk-Dichtstoffe müssen entweder nicht ausblutende Dichtstoffe herstellen und in den Handel bringen oder sie müssen auf die geschilderte Verschmutzungsgefahr eindeutig hinweisen.

R. H.

Abb. 6 u. 7 Nahaufnahmen der in Abb. 5 gezeigten Verschmutzungen. Die Verschmutzung setzt sich in geringem Ausmaß auch weit unterhalb der Fugen fort und typisch ist, daß sie auch dicht oberhalb der Fugen eintritt.

Abb. 8 Ein anderer Giebel des in Abb. 5 gezeigten Hauses. Hier ist die Fläche vor zwei Jahren mit einem sauren Steinreiniger sorgfältig gereinigt worden. Die gleiche Verschmutzung ist wiedergekommen, allerdings sind einige der Fugenlängen erneuert worden. Der Siliconkautschuk wurde herausgenommen und durch Thiokolmassen ersetzt. Hier trat keine Verschmutzung ein, dagegen bei den Fugen mit verbliebener Siliconkautschuk-Dichtung doch wieder.

Abb. 9 Verschmutzung ausgehend von dem Siliconkautschuk in der Fuge aus dem Jahre 1978. Die Verschmutzung setzt dicht oberhalb der Fuge an und sie verläuft entsprechend den Laufstreifen des Wassers auch streifig.

6

7

8

9

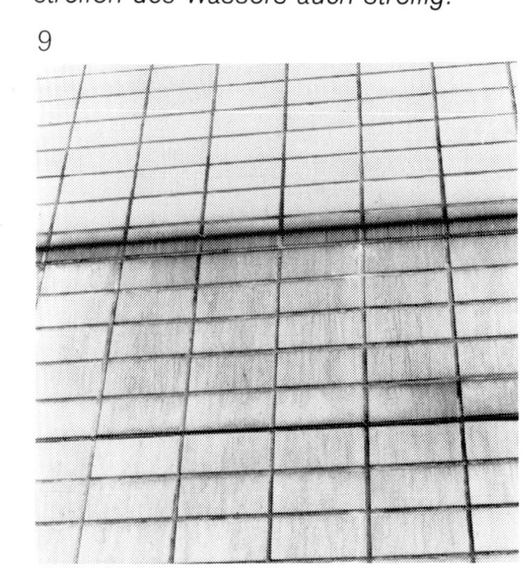

Fassadenverschmutzung durch Inhaltsstoffe aus Siliconkautschuk-Dichtstoffen

Untersuchungsbericht über die Ursache der Verschmutzungen und Möglichkeiten der Verhütung solcher Verschmutzungen und ihre Entfernung.

Verschmutzungen durch Inhaltsstoffe von Siliconkautschuk-Dichtungsmassen werden oft beklagt und es wird darüber auch oft berichtet. Von den vielen Berichten seien zwei der zuletzt erschienenen zitiert. Das ist zunächst einmal im Deutschen Malerblatt Heft 2/82, in dem die Herren Lowey und Hantschke zum Thema Silicondichtstoffe und Anstriche berichten. Beide Autoren sagen, daß sie versuchen wollen, mehr Licht in das Dunkel dieser Erscheinung zu bringen. Das haben sie in der Tat auch getan, nur fehlt noch der analytische Nachweis der schädigenden Inhaltsstoffe.
Auch ich habe mich mit dieser Erscheinung befaßt und im Baugewerbe Heft 11/1982 über Verschmutzungen durch Silikonkautschuk-Dichtungsmassen auf der Fassade berichtet. Als Verschmutzungsursache hatte ich darin ölige Stoffe, die aus dem Siliconkautschuk heraustreten und den Staub binden, identifiziert.
In diesem Bericht soll über die analytische Identifizierung dieser, den Schmutz und Staub bindenden Ausblutungen berichtet werden. Der Nachweis ist relativ einfach zu führen. Zunächst aber seien noch typische Verschmutzungen durch solche Ausblutungen aus Siliconkautschuk im Bild gezeigt. Es ist vor allem neben dem Holz, welches gegen diese Stoffe sehr empfindlich ist, silicatisches Material betroffen. Das sind helle Klinker und Ziegel, Keramik, mit Siliconaten behandelte Fassadenplatten, heller Beton und schließlich auch Metallflächen, wie es *Abb. 3* zeigt. Die *Abbildungen 1* bis *4* zeigen solche Verschmutzungserscheinungen, wie sie uns in der Praxis begegnen.
Es wurden drei Proben zur Untersuchung präpariert. Einmal wurde ein Siliconkautschuk-Dichtstoff aus der Fuge entnommen, zerkleinert und ein Methylenchloridvollextrakt aus diesen Dichtstoffteilchen hergestellt. Er wurde filtriert und im Vakuum eingedampft.
Dann wurde ein gesamter Verschmutzungsstreifen mitsamt der Siliconkautschukoberfläche, wie ihn *Abb. 2* zeigt, ebenfalls mit Methylenchlorid abgewaschen, die Waschlösung aufgefangen, filtriert und im Vakuum eingeengt. Diese Präparation war außerordentlich schwierig und erforderte einige Sorgfalt. Als dritte Probe wurde ein handelsübliches Siliconöl mittlerer Viskosität verwendet. Die Infrarotspektren wurden dann im Perkin-Elmer-Gerät aufgenommen und miteinander verglichen.

Untersuchungsbefund

Es zeigte sich sofort, daß die Spektren sehr ähnlich waren, obwohl Abweichungen durchaus festzustellen sind. So entspricht der Vollextrakt des Siliconkautschuks weniger dem Spektrum des handelsüblichen Siliconöls, dagegen aber entspricht die Präparation der Verschmutzungszonen recht genau dem Spektrum des Siliconöls.
Man muß daraus schließen, daß es sich in allen Fällen um Silicon handelt, wobei der Methylenvollextrakt des Dichtstoffes noch zusätzliche Bestandteile enthält. Damit ist der Nachweis über die Ursache und Art der Verschmutzungen geführt. Es spielt im Grunde keine erhebliche Rolle, ob es sich dabei ausschließlich um Siliconöl handelt, das zur Weichmachung dem Dichtstoff zugesetzt wurde oder um noch andere niedermolekulare Bestandteile, die beim Abbindeprozeß übriggeblieben sind. Es sind, wie nachgewiesen, Inhaltsstoffe aus dem Siliconkautschuk.
Nach diesem Befund konnte jetzt auch ernsthaft überlegt werden, wie man die Verschmutzungen aus der Fassade entfernt. Zunächst einmal wurde festgestellt, daß es hoffnungslos ist, Holzflächen, wie Fensterprofile oder Holzblenden von eingedrungenem Siliconöl zu befreien. Diese sind, wie es die Kollegen Lowey und Hantschke ausdrücken, von der Silicon-Pest befallen. Solche Holzflächen können auch mit sogenannten Anti-Siliconzusätzen nicht wieder auf eine vernünftige Weise dauerhaft angestrichen werden.
Silicatische Baustoffe und vor allem solche, in die Siliconöle nicht hineinwandern, lassen sich nur mit Mühe reinigen. Man muß dabei wissen, daß sämtliche Silicone eine hohe Affinität und damit eine sehr gute Haftung auf silicatischen Flächen haben. Es gelingt also nicht, diese Siliconöle durch neutrale, saure oder alkalische Reinigungsmittel zu entfernen. Diese, versetzt mit Wasser, entfernen lediglich die Staub- und Schmutzbeladungen der Baustoffoberflächen. Der sehr dünne Ölfilm auf dem silicatischen Baustoff bleibt jedoch erhalten und sorgt für neue Verschmutzung.
Man muß daher wie folgt vorgehen: Zunächst einmal die Fassadenfläche mit einem neutralen Reinigungsmittel heiß abwaschen. Das bedeutet die Verwendung waschaktiver Substanzen, die man

1

Abb. 1 u. 2 Verschmutzung von hellen Klinkern auf der Fassade durch Ausblutungen aus Siliconkautschuk, der als Dichtstoff in der Fuge verwendet wurde. Diese Verschmutzungen lassen sich nicht mehr entfernen bzw. sie treten immer wieder neu auf, solange sich der Siliconkautschuk-Dichtstoff in der Fuge befindet.

Abb. 3 u. 4 Ausblutungen aus Siliconkautschuk-Dichtungsmassen verschmutzen auch anderes, silicatisches Material in der gleichen Weise bereits nach kurzer Zeit.

Infrarotspektrum eines handelsüblichen Siliconöls mittlerer Viskosität

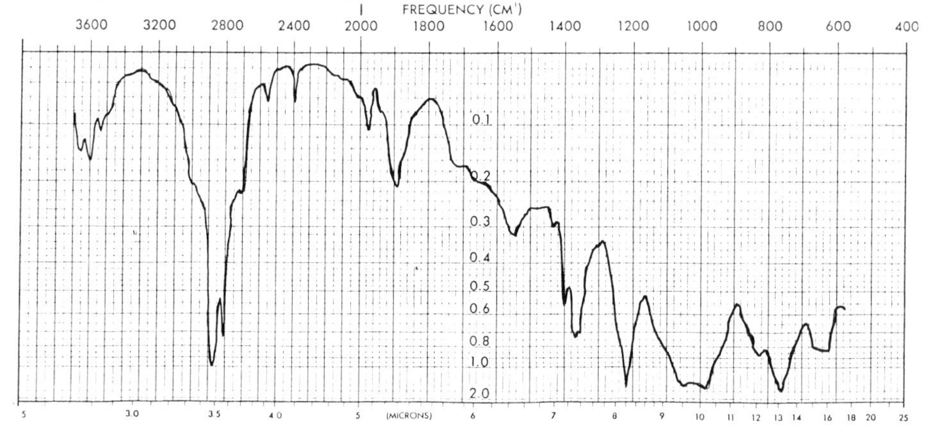

Infrarotspektrum der Probe: Abwaschung des Verschmutzungsbereichs nach Filtration und Einengung

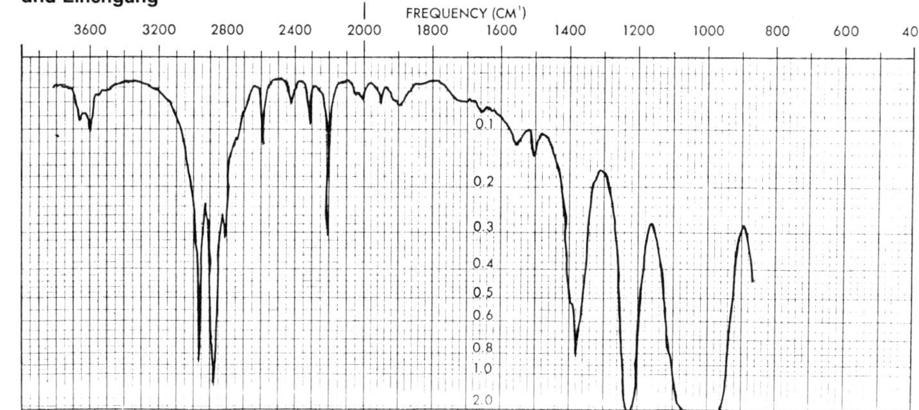

Infrarotspektrum der Probe: Vollextrakt aus dem Siliconkautschuk-Dichtstoff nach Filtration und Einengung

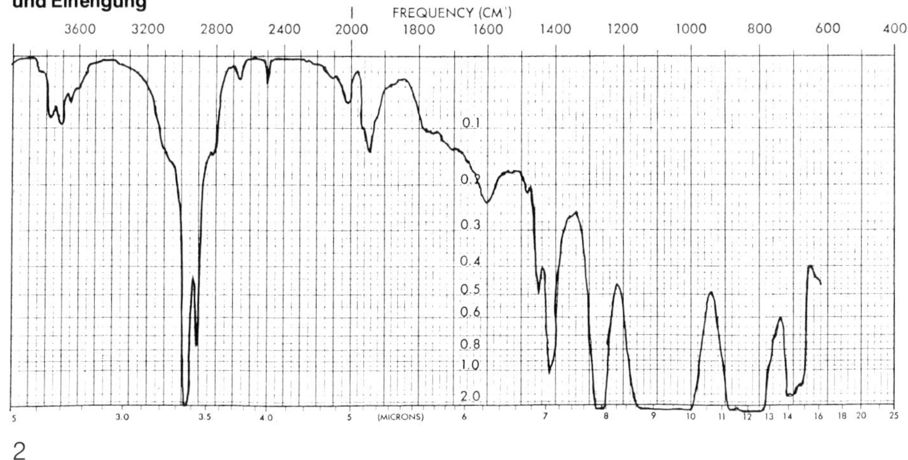

2

vor der Heißwasser- oder Dampfreinigung auf die verschmutzte Fläche vorstreicht. Nach dieser Reinigung müssen die Ölreste entfernt werden. Das gelingt zwar nicht immer vollständig, aber in ausreichendem Maße durch ein Abziehen mit einem breiten Gummiwischer unter Verwendung eines Gemisches chlorierter Kohlenwasserstoffe mit Aromaten. Dabei sind höhersiedende Lösungsmittel immer vorzuziehen. Schließlich ist es notwendig, nach diesem Abziehen ein Abreiben der verschmutzten Fassadenteile mit Hilfe sauberer Lappen und dem gleichen Lösungsmittelgemisch vorzunehmen. Wenn man so arbeitet, gelingt es, die Verschmutzung vollständig oder nahezu vollständig zu beseitigen. Der Aufwand ist erheblich und muß entsprechend bezahlt werden.

Diese geschilderten Maßnahmen haben aber nur dann einen Sinn, wenn die Ursache der Verschmutzung aus der Fassade entfernt wird. Es ist notwendig, den Siliconkautschuk-Dichtstoff aus den Fugen herauszunehmen, die Fugenränder sehr gründlich von allen Resten des Siliconkautschuks zu befreien und dann die Fuge mit einem nicht ausblutenden Dichtstoff neu abzudichten. R. H.

3

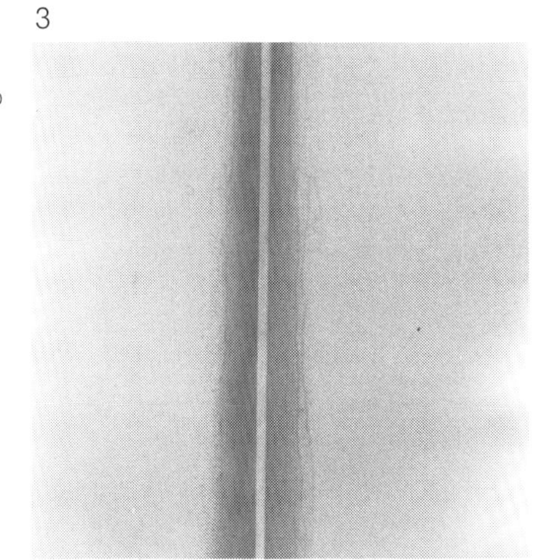

4

Verschmutzte Fugenränder aus Natursteinen

Dichtstoffe in Fugen können die Fugenränder verschmutzen. Das passiert dann, wenn Weichmacher oder andere flüssig-ölige Stoffe aus den Fugendichtungsmassen austreten. Diese binden dann Staub und Schmutz, und sie können auch aufgrund der Durchtränkung des Baustoffes eine Farbveränderung auslösen. Bekannt sind Verschmutzungen an senkrechten Flächen. Im vorliegenden Fall handelt es sich um Verschmutzungen auf einer Bodenfläche.

1

Schadensbild

Eine große Terrassenfläche, frei bewittert, ist mit *quarzitischen* Natursteinen belegt worden. Die Fugen zwischen den Steinplatten sind mit hellem Mörtel verfüllt, und nur die Bewegungsfugen, wie es *Abb. 1* zeigt, sind mit einem Siliconkautschuk abgedichtet. Es handelt sich dabei um ein sogenanntes Benzamid-System-Material. Der Bauherr bemängelt, daß sich nach etwa einem Jahr diese Fugen sehr stark dunkel abzeichnen. Jedoch nicht der Dichtstoff, sondern die Fugenränder sind dunkel geworden.
Die *Abbildungen 2* und *3* zeigen diese Dunkelfärbung der Steinränder direkt im Anschluß an die Fuge. Man erkennt, daß auch der Dichtstoff selber stellenweise dunkel wird, an anderen Stellen hell bleibt, daß aber regelmäßig die an den Dichtstoff grenzenden Steine sich dunkel färben. Diese Verfärbungen lassen sich nicht mehr entfernen. Durch ein mehrfaches und gründliches Waschen mit Methylenchlorid mit Aromaten gemischt, gelingt es aber, diese Dunkelfärbungen zu mildern.

Schadensursache

Der Siliconkautschuk aus der Fuge wurde entfernt und die Probe im Labor untersucht. Ferner wurde eine restliche Kartusche des Siliconkautschuks auch untersucht. Dabei zeigte es sich, daß das frische Material 13% eines flüchtigen bzw. auswaschbaren Materials nach der Aushärtung enthält und das aus der Fuge entnommene Material 9,6%.
Auf eine spektroskopische Untersuchung wurde in diesem Fall verzichtet, jedoch das aus dem alten Dichtstoff sowie aus dem neuen Dichtstoff eluierte Material auf einen hellen Spaltklinker aufgebracht und diese beiden Spaltklinkerplatten auf der Westseite einer Fassade 8 Wochen der Witterung ausgesetzt. Es zeigte sich, daß beide Spaltklinkerplatten gleichmäßig grau geworden waren und diese Vergrauung ebenfalls nur schwer zu entfernen war.
Damit ist nachgewiesen, daß die Verfärbung durch den Dichtstoff verursacht wurde. Ein Teil der öligen Stoffe ist ausgetreten, ein großer Restanteil ist im Dichtstoff verblieben und kann noch austreten.

Sanierung

Diese Randvergrauungen werden niemals vollständig beseitigt werden können. Um noch stärkere Verschmutzungen der Ränder zu verhindern, muß der Dichtstoff vollständig aus den Fugen entfernt werden. Dann können die Steinränder so gut wie möglich gereinigt werden, was auch soweit gelingt, daß sie dann sehr viel weniger dunkel erscheinen. Die Fugen selber müssen dann mit einem neuen, witterungsbeständigen Dichtstoff, der nicht ausblutet, verfüllt werden. I. M.

Abb. 1 Durchlaufende Fuge durch einen Bodenbelag aus Granitplatten. Diese Fuge ist mit einem Siliconkautschuk gedichtet und man sieht, wie sich diese mit Siliconkautschuk gedichteten Fugen durch Verschmutzung abzeichnen.

Abb. 2 Mit Siliconkautschuk gedichtete Fuge mit Randverschmutzungen.

Abb. 3 Fugenkreuz mit den Randverschmutzungen durch ausblutende Bestandteile aus dem Siliconkautschuk.

2

3

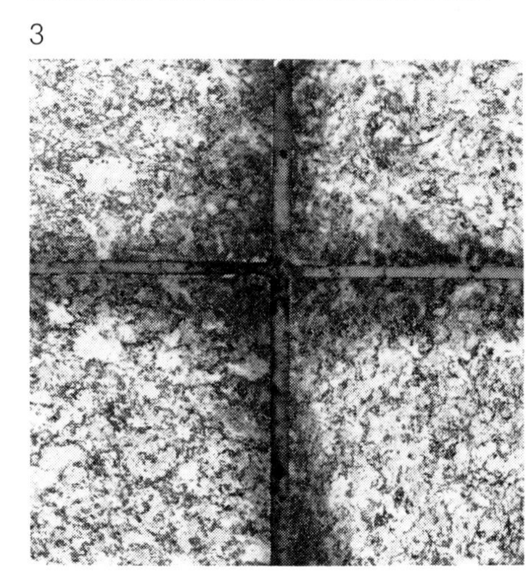

Instandsetzung und Schutz von Stahlbeton

Für die Sanierung von Stahlbeton und seinen Schutz gibt es eine Vielzahl von Methoden. Die Wahl zwischen ihnen fällt dem Bauunternehmer oft nicht leicht, besonders weil alle Hersteller von entsprechenden Produkten behaupten, ihre Produkte und Methoden seien lange Zeit erprobt und technisch sicher. Unser Beitrag behandelt die wesentlichen Materialien und Verfahrensweisen und setzt sich kritisch mit ihnen auseinander.
Die Sanierung von Stahlbeton ist heute das aktuellste Thema im Bereich der Bauwerterhaltung. Wenn auch eine Auswertung der Schadensquoten aus den Jahren 1975 bis 1980 für Schäden an Stahlbeton einen Anteil von nur 18% bezogen auf die Zahl der Fälle ergibt, so liegt der Anteil an den Wiederherstellungskosten im Bereich von 50%.
Bautenschutzbetriebe und die Hersteller von Bautenschutzmitteln haben die verschiedensten Sanierungs- und Schutzmethoden in ihrem Angebot. Über den Nutzen dieser einzelnen Methoden, hinter denen ganz offensichtlich die zu verkaufenden Produkte von Firmen stehen, gehen die Meinungen weit auseinander. Je nach Interessenlage der Hersteller, reichen diese Produkte über Kunstharze, zementgebundene Flickmörtel über Spritzmörtelauftrag bis zu simplem Wasserglas.
Für den Bauunternehmer oder Bautenschutzbetrieb, der solche Arbeiten ausführen muß, ist es nicht einfach, zwischen den verschiedenen Möglichkeiten der Sanierung zu wählen. Das ist eine schwierige Entscheidung, denn die Sanierung soll Bestand haben, und der Unternehmer muß dafür die Gewährleistung übernehmen. Die Herstellerfirmen behaupten durchweg alle, daß ihre Produkte und Methoden lange Zeit erprobt und technisch sicher sind. Es ist auch oft der Fall, daß diese Firmen durch ihre Vertreter Objektbearbeitungen vornehmen und der Ausschreibende dann die Blankette der Firmen übernimmt, wobei auf die speziellen Gegebenheiten des Bauwerkes nicht eingegangen wird. Dieses Verfahren bringt eine Menge Unklarheiten und Schwierigkeiten. Der Bauunternehmer, der die Arbeit nach einem festen Leistungsverzeichnis ausführen muß, soll dafür auch Gewährleistung übernehmen. Die Gewährleistung des Lieferanten der Sanierungsmittel bleibt dagegen sehr eingeschränkt. Es gelten im Ernstfalle vor Gericht nur die in seinen Druckschriften gemachten Zusagen. Kommt es zum Schaden, dann trifft den Bauunternehmer zunächst die volle Verantwortung. Der Lieferant der Produkte versucht alle anderen möglichen Schadensursachen ins Feld zu führen. Diese reichen von Verarbeitungsmängeln bis zu falscher Anwendung der gelieferten Produkte und noch anderen angeblichen Schadensursachen.
Sehr oft ist auch das Leistungsverzeichnis unzureichend oder sogar falsch. Dann liegt die Verantwortung beim Ausschreibenden, dem Planer. Dies ist jedoch schwierig nachzuweisen und geschieht meistens durch einen Sachverständigen vor Gericht.
Der folgende kurze Bericht geht auf die wesentlichen Verfahrensteile und Schutzstoffe der Stahlbetonsanierung ein. Dabei wird anhand von Erfahrungen eine Wertung aus technischer Sicht vorgenommen.

Die wesentlichen Arbeitsvorgänge

Instandhaltungsarbeiten an Stahlbeton gliedern sich in eine Reihe von Arbeitsvorgängen. Diese seien in Gruppen zusammengefaßt:

1. Überprüfung des Schadens auf Art und Umfang und die Überprüfung des Zustandes des Betons und der Stahlbewehrung. Erst nach diesen Ermittlungen kann ein Leistungsverzeichnis erstellt werden.

2. Vorbereitende Arbeiten. Diese umfassen die Freilegung rostender Bewehrungseisen, deren Entrostung, Aufdekkung weiterer rostender Bewehrungseisen sowie Reinigung und Vorbereitung der Betonausbruchflächen und der noch intakten Flächen.

1

2

Abb. 1 In diesem Beton B 25 ist die Bewehrung zu flach überdeckt. Die Überdeckung beträgt über dem sichtbaren Bewehrungseisen nur 4 mm. Darunter zeichnet sich bereits die Absprengung des Betons ab. Das Bewehrungseisen selber ist völlig verrostet und ist damit nicht mehr vorhanden, der Rost kann vollständig entfernt werden, die abgesprengte Betondeckung über dieser Schadensstelle muß entfernt werden und das Bewehrungseisen ist dort freizulegen.

Abb. 2 Bewehrungseisen (10 mm Ø) in Vergrößerung. Es lag 16 Jahre in einem B 300 und 15 mm dick vom Beton überdeckt.
Man erkennt zwischen dem am Stahl haftenden Zementstein geringe Rostansätze.

3. Der Schutzvorgang selber umfaßt den Schutz der Bewehrung, die im Beton verbleiben soll.

4. Überdeckung der Ausbruchstellen mit allen Nebenarbeiten. Über die Art dieser Überdeckung gibt es sehr verschiedene Meinungen.

5. Flächige Schutzbehandlung des Betons, wie z. B. Imprägnierungen und Anstriche.

Diese fünf Arbeitsschritte sind darzustellen und zu diskutieren. Dabei ist es wichtig, daß die physikalische bzw. technische Funktion der Arbeitsstufen und der einzusetzenden Produkte in Hinblick auf deren Schutzwirkung und Nutzen und vor allem das Langzeitverhalten untersucht werden.
Zunächst ist der Umfang des Schadens verhältnismäßig einfach zu ermitteln. Es werden offenliegende rostende Bewehrungsteile und Rostsprengungen im Durchschnitt pro Fläche ermittelt. Diese werden dann zur Gesamtfläche in Beziehung gesetzt. So ermittelt man beispielsweise einen sanierungsbedürftigen Gesamtflächenanteil von 6 oder auch 15%. Dabei macht der Anfänger stets den Fehler, nur die sichtbaren Defekte zu zählen. Die rostenden oder wesentlich zu gering mit Beton überdeckten Bewehrungseisen sind jedoch nur zu 40 bis 50% sichtbar. Man muß deshalb die erkennbaren Schäden mit dem Faktor 2 oder 2,5 multiplizieren.

1. Überprüfung des Zustandes des Betons und des Schadens

Dann ist die Tiefe der Karbonatisierung festzustellen. Bevor man diese nicht kennt, kann man überhaupt keine Sanierung vorschlagen. Dazu wird der Beton entweder aufgestemmt, oder besser: es werden Bohrkerne entnommen. An diesen Bohrkernen kann man mit Hilfe von Indikatorlösungen den pH-Wert in der jeweiligen Tiefe feststellen. Je höher der pH-Wert, um so alkalischer ist der Beton. Zweckmäßig stellt man die Grenze des pH-Wertes 9 und pH-Wertes 10 fest. Unterhalb von 10 hört der alkalische Schutz für den Stahl im Beton auf. Das kann man auf folgende Weise einfach feststellen:
Der Indikator Phenolphthalein färbt sich oberhalb pH 8,4 rosa. bei pH 8,8 spätestens 9,0 wird der Farbton intensiv rotviolett. So kann man sehr genau den pH-Wert 9 festlegen.
Der Indikator Thymolphthalein wird oberhalb mit pH-Wert 9,3 zunächst leicht hellblau und wird dann zwischen pH 9,7 und 10,2 tiefblau. In der Regel ist die Distanz zwischen pH 9 und pH 10 etwa 1 mm. Diese Art der Prüfung reicht für die Festlegung der Karbonatisierungsgrenze vollkommen aus.

Die Prüfung der Betondeckung über der Bewehrung erfolgt in der bereits allgemein bekannten Weise mit Magneten verschiedener Stärken. Dadurch kann man auf einem vergrößerten Foto die Lage der Defekte und der zu gering überdeckten Bewehrung genau einzeichnen. Dabei sollte man bei nicht vorhandener Deckung stets 0 daneben schreiben und bei geringer Deckung die Millimeter der Überdeckung. Man muß dabei Toleranzen zulassen, weil trotz Eichung der Magneten immer eine Streuung von 1 bis 2 mm möglich ist. Liegen alle diese Ermittlungsergebnisse vor, dann erst kann bestimmt werden, welche Sanierungsmaßnahmen erforderlich sind.

2. Die vorbereitenden Arbeiten

Die rostenden Bewehrungseisen sind aufzudecken. Man wird meistens vorweg die gesamte Betonfläche durch nasses oder trockenes Sandstrahlen reinigen, wobei viele lose Teile entfernt werden. Die weitere Freilegung erfolgt dann durch Aufmeißeln.

3

4

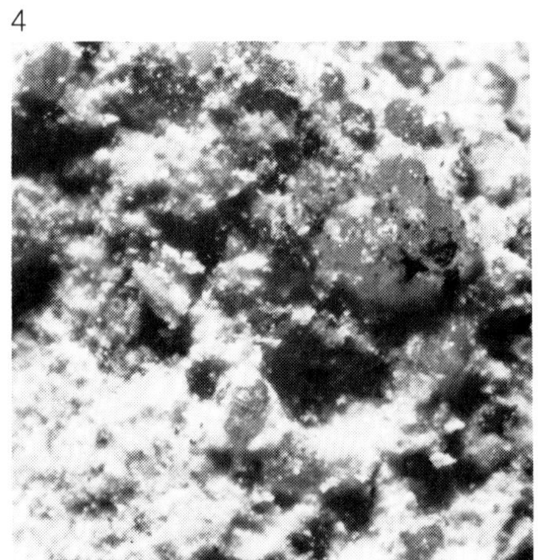

5

Abb. 3 Rostbeladung auf der Bewehrungsoberfläche. Dieses Bewehrungsstück lag 18 Jahre in einem damaligen ca. B 300, und er war ca. 13 mm überdeckt.
Der Chlorgehalt (Chlorionen) im Beton lag bei 120 mg/kg und der im Rost der Bewehrung im Schnitt bei 370 mg/kg.
Die Abbildung zeigt die blanken Flächen eines harten, zunderartigen und chlorarmen Rostes und auch die matten Flächen, die mürbe und bröcklig sind, die viel Chlor enthalten. Hier herrscht Eisenchlorid vor.

Abb. 4 Struktur des Zementsteins direkt auf dem Bewehrungseisen. Kleine Rostflecken zeichnen sich im Zementstein ab. Vergrößerung ca. 50:1.

Abb. 5 Hier sind die rostenden Bewehrungseisen freigelegt und sollen entrostet werden. Sie müssen bis in den Bereich, der fast frei von Rost ist, freigelegt sein.

Mit dem Statiker muß grundsätzlich geklärt werden, welche Bewehrungsteile für die Festigkeit wichtig sind und im Beton verbleiben müssen, und welche Bewehrungseisen man herausschneiden und entfernen darf. Diese Klarstellung wäre an sich Sache des Ausschreibenden, doch wird dieser Punkt meist vergessen. Sie ist deshalb wichtig und sollte noch vor der Angebotsabgabe erfolgen, weil das Herausnehmen statisch bedeutungsloser und auch riskanter Bewehrungsteile eine Einsparung gegenüber der Sanierung aller Bewehrungsteile bedeutet.
Bewehrungseisen, die statisch von Bedeutung sind oder deren Bedeutung man nicht sicher ermessen kann, müssen im Beton verbleiben. Es darf stets nur die Schwindbewehrung herausgeschnitten werden. Ein Verbleiben der nicht notwendigen, rostenden oder zu schwach mit Beton überdeckten Bewehrung ist ein Restrisiko, das man vermeiden kann. Die *Abbildungen 5* und *6* zeigen freigelegte, aber noch nicht entrostete Bewehrungseisen. Hier wird man überlegen müssen, ob man sie alle ausreichend dick überdecken kann und ob sie für die Festigkeit der Betonwand eine Bedeutung haben.
Die Bewehrungseisen, die im Beton verbleiben müssen, sind rundherum vollständig zu entrosten. Ihr Verlauf unter der Betondeckung ist so weit zu verfolgen, bis man auf gesunden, nicht rostenden Stahl stößt. *Abb. 1* zeigt ein noch teilweise überdecktes Bewehrungseisen, das bereits rostet und den deckenden Beton abgeworfen hat. Auf *Abb. 2* ist ein zur Untersuchung herausgenommenes Bewehrungsstück zu sehen, das geringe Rostansätze zeigt. Hier würde eine einfache Reinigung genügen. *Abb. 3* zeigt die stark vergrößerte Detailaufnahme eines Bewehrungseisens mit einer kompakten, etwas glänzenden Rostauflage und daneben matte Flecken von Eisenchlorid. Korrosion in Gegenwart von Chloriden ist gefährlich und verläuft rasch. In diesem Fall muß der Draht rundherum sorgfältig entrostet werden.
Ergänzend gibt *Abb. 4* ein Beispiel, wie sich ein herausgenommenes Bewehrungsstück in der Vergrößerung darstellt, das noch nicht freigelegt und noch nicht entrostet ist. Auf ihm haftet noch Zementstein an und im Zementstein sind die braunen Rostflecken zu sehen.

3. Der Schutz der Bewehrung

Die riskanten Bewehrungseisen — solche die rosten oder zu schwach von Beton überdeckt sind — werden entfernt und die im Beton verbleibenden sorgfältig entrostet. Jetzt kann der aktive Rostschutz auf die verbleibende Bewehrung aufgebracht werden.
Der aktive Rostschutz besteht aus einem Kunstharz wie z. B. Epoxidharz, dem aktiv schützende Stoffe wie z. B. Mennige, Zinkchromat oder Zinkstaub zugesetzt wurden. Das sind handelsübliche Schutzanstriche. Zu bemerken ist, daß Leinölbindung oder Alkydharzbindung zu meiden sind.
Um einen kraftschlüssigen Verbund der Bewehrung mit dem Beton bzw. der einzubringenden Mörtelplombe zu erreichen, müssen die geschützten Bewehrungseisen mit einem scharfen Sand besandet werden. Damit erhalten sie eine rauhe Oberfläche. Diese Besandung darf nur drucklos erfolgen, damit nicht hineingestrahlter Sand die Schutzschichten durchschlägt.
Es muß wie folgt verfahren werden:

- zweifacher aktiver Rostschutzanstrich wie oben geschildert,
- einmaliger Klarlackanstrich,
- in den während der Aushärtezeit scharfer Sand eingestreut wird.

Die Arbeiten müssen sorgfältig erfolgen. Der Rostschutzanstrich darf nur auf das Bewehrungseisen aufgebracht werden, keineswegs auf den umgebenden Beton. Wird der Schutzanstrich auf den Beton verschmiert, so wird auf einem solchen Untergrund die Haftung der Mörtelprobe beeinträchtigt. In *Abb. 7* wird ein rundherum entrostetes Bewehrungseisen gezeigt, das handwerklich so ungeschickt mit dem Rostanstrich überstrichen wurde, daß der umgebende Beton flächig verschmiert wurde.

4. Die Überdeckung der Ausbruchstellen

Die eigentlichen Schutzarbeiten sind beendet, die einzelnen Bewehrungsstähle sind entweder entfernt oder ausreichend geschützt. In der Betonfläche sind jedoch mehr oder weniger große Ausbrüche verblieben, die man verschließen muß. Die Betonoberfläche muß mit Hilfe einer Spachtelmasse so glatt beigeputzt werden, daß die Ausbesserungsstellen in der Fläche nicht mehr erkennbar werden, sie dürfen sich lediglich in dem Farbton von der Fläche abheben.
Womit man diese Ausbrüche und Löcher jetzt verschließt, hängt ganz allein von dem vorgefundenen Zustand des Betons ab. Eine andere Voraussetzung ist auch: Der Beton soll nach der Sanierung nicht weiter einen Wartungsfall darstellen, er soll dauerhaft saniert sein.

Anmerkung: Die Verwendung von Säuren oder Rostumwandlern bringt Schäden. Der Beton wird entweder angegriffen oder bei dem Einsatz von Rostumwandlern entstehen auf der Stahloberfläche Salze, die Feuchtigkeit und Fremdionen an sich ziehen, was eine Korrosion begünstigt.

6

7

Abb. 6 Detail aus Abbildung 5.

Abb. 7 Dieses Bewehrungseisen ist nach Entrosten mit einem aktiven Rostschutzanstrich unter Zusatz von Mennige überstrichen worden. Der umgebende Beton wurde dabei mit überstrichen.

Die vorhergegangenen drei Arbeitsgänge sind ganz im Sinn einer dauerhaften Sanierung erfolgt und ausgerichtet gewesen. Hier gibt es auch kaum Meinungsverschiedenheiten über die Art und Methode der Ausführung.

Hinsichtlich des Zuspachtelns bzw. Beiputzens der Ausbrüche gehen jedoch die Ansichten weit auseinander. Es sind viele Methoden denkbar, die sich letztlich für den Bauherrn nur in ihrer Dauerhaftigkeit unterscheiden. Auch die Form der Betonoberfläche spielt dabei eine Rolle, sie soll nicht derart verunstaltet werden, daß sie als Beton unkenntlich wird.

Für die technisch sichere und dauerhafte Überdeckung gelten die folgenden Grundsätze:

- Material darf nicht gut diffusionsfähig sein, eine Dampfbremse ist erwünscht.
- Das Material soll möglichst wasserdicht sein.
- Diese Plombe aus Mörtel oder Spachtelmasse muß ein geringes Schwindmaß haben, geringer als zementgebundener Mörtel.
- Die notwendigerweise auftretenden thermischen Bewegungen erlauben kein starres Material. Das Material muß diese Spannungen, die durch Temperaturdifferenzen entstehen, durch eine gewisse Weichheit (geringer Elastizitätsmodul) schadlos auffangen können. Die E-Moduls müssen merklich unter 1000 N/mm² liegen.
- Der Haftverbund dieses Spachtel- oder Mörtelmaterials zur Bewehrung und zur Betonoberfläche muß gut und dauerhaft sein.

Zu diesen wichtigsten Anforderungen kommen noch Details, wie z. B. die Verarbeitbarkeit und bei den zementgebundenen Mörteln die Wasserretention. Diese Dinge betreffen jedoch mehr die Rezeptierung der Produkte, weniger die grundsätzlichen Materialeigenschaften.

Die geschilderten Anforderungen erlauben es uns, die Sanierungsmittel auszusortieren, welche weniger oder gar nicht geeignet sind. Die Überdeckungsstoffe, die letztlich alle Mörtel sind, seien anschließend beschrieben und diskutiert. Zunächst seien die Stoffe aufgeführt, welche die wenigsten Risiken mit sich bringen.

a) Epoxidharzmörtelsysteme

Harte Epoxidharze eignen sich nicht für Epoxidharzmörtel, weil durch den hohen E-Modul Abrisse an den Rändern auftreten können. Grundsätzlich kommen nur plastifizierte Harze für die Herstellung von Epoxidharzmörtel in Frage. Das sind solche Harze, deren E-Modul unter etwa 1000 N/mm² verbleibt. Diese Mörtel nehmen Spannungen schadlos auf und sie unterliegen auch keinen Quell- und Schwindbewegungen wie z. B. die zementgebundenen Mörtel.

Derartige Epoxidharzmörtel sind stets dann geboten, wenn nur geringe Überdeckungen, so z. B. zwischen 1 und 5 mm Dicke, möglich sind. Dünne Überdeckungen kann man nicht dauerhaft mit hydraulisch abbindenden Mörteln herstellen, dafür sind die Epoxidharzmörtel wegen des niedrigen E-Moduls und ihrer guten Dampfsperre besser geeignet.

Auch hier können Fehler gemacht werden. Ein typischer Fehler ist die Verwendung von Quarzsand mit falscher Sieblinie. Haufwerkporigkeit durch annähernd gleiche Kornfraktionen muß vermieden werden. Die Sieblinie muß richtig aufgebaut sein, die Kornpackung muß einen dichten Mörtel ergeben.

8

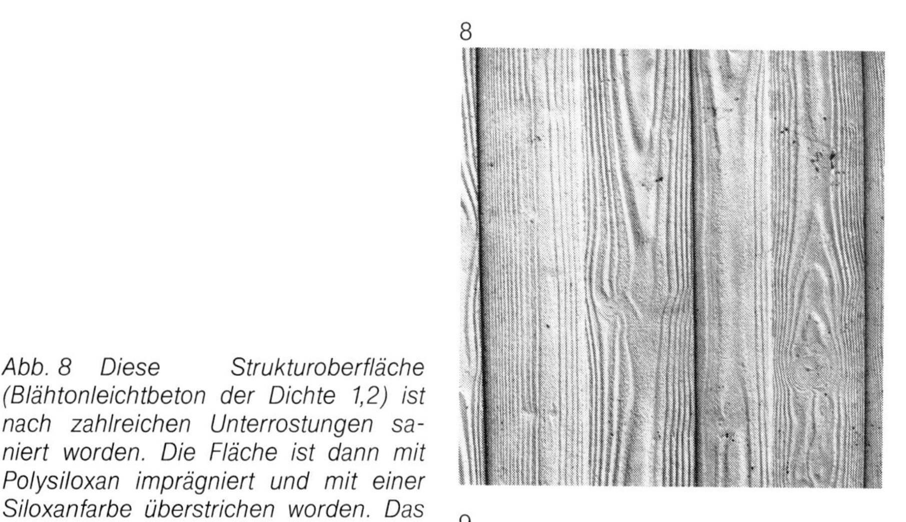

9

10

Abb. 8 Diese Strukturoberfläche (Blähtonleichtbeton der Dichte 1,2) ist nach zahlreichen Unterrostungen saniert worden. Die Fläche ist dann mit Polysiloxan imprägniert und mit einer Siloxanfarbe überstrichen worden. Das Bild zeigt eine nicht erkennbare Ausbesserungsstelle im Zustand nach acht Jahren.

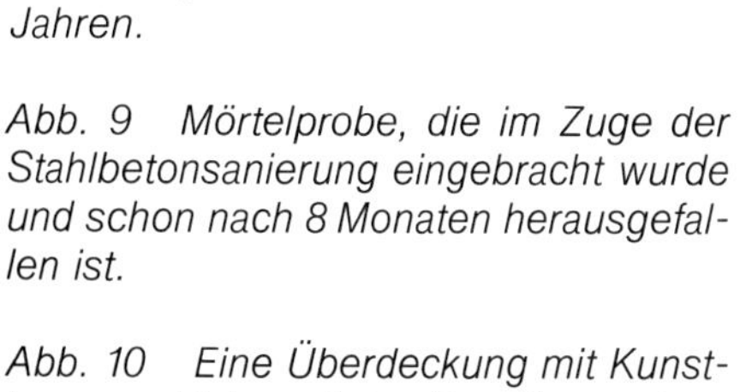

Abb. 9 Mörtelprobe, die im Zuge der Stahlbetonsanierung eingebracht wurde und schon nach 8 Monaten herausgefallen ist.

Abb. 10 Eine Überdeckung mit Kunstharzspachtel oder Kunstharzputzen schützt den Beton nicht vor dem Angriff durch Wasser, Kohlendioxid und Schadstoffe aus den Feuerungsabgasen. Kunstharzputz verfällt, ohne einen Schutz gewährt zu haben.

Bei sehr dünnen Überdeckungen muß darauf geachtet werden, daß die Schichtdicke immer mindestens 2,5mal so dick ist wie der Durchmesser des Größtkornes in der Sandfüllung. Das gilt grundsätzlich für alle Mörtel und Spachtelmassen.
Weiter muß die mit Harz und Quarzsand hergestellte Epoxidharzspachtelmasse nach Aufbringen gut glättbar und in der gewünschten Oberflächenstruktur formbar sein. Dies geht nur dann, wenn die Harze mit Wasser verträglich sind, sonst wird die Oberfläche unbrauchbar. *Abb. 8* zeigt eine sehr gute Oberflächenstrukturgebung einer solchen Epoxidharzspachtelmasse. Hier ist die Spachtelung mit Bürste und Kammspachtel nachgearbeitet und mit einem dünnen Farbanstrich überstrichen.

b) Mörtel mit Zusätzen von Epoxidharzemulsionen

Epoxidharzemulsionen, die in der Menge von 5 bis 15% dem hydraulisch abbindenden Mörtel zugesetzt werden, sollen diesen Mörtel fester und dichter machen. Das Verfahren ist als »Shell-Verfahren« bekannt.
Größere Zusätze als 5% der Emulsion ergeben eine hohe Zähigkeit und schlechte Verarbeitbarkeit des Mörtels, geringere Zusätze als 10 Gewichtsprozente der Harzemulsion nützen andererseits wenig.
Wie bei den reinen Epoxidharzmörteln ist ein Epoxidharzvoranstrich auf der zu überdeckenden Betonfläche notwendig, in den man in noch frischem Zustand die Mörtelplombe einbringt.

c) Unvergütete und wenig vergütete hydraulisch abbindende Mörtel

Lange Jahre wurde für das Flicken von Defekten im Beton ein hydraulischer Spachtel verwendet. In den letzten Jahren setzte man als Vergütung wasserretendierende Stoffe in sehr kleinen Mengen und dann noch Kunstharzdispersionspulver hinzu.
Solche Mörtel sind wie alle hydraulisch abbindenden Mörtel weder wasserdicht noch dampf-(gas-)dicht. Ihr wesentlicher Nachteil ist das Schwinden im Verlauf des Austrocknens und Abbindens. Weiter sind die folgenden Verhaltensweisen nachteilig:

- geringer Verbund auf der zu sanierenden Betonfläche,
- Quell- und Schwindbewegungen des Mörtels, die unvergütet zwischen 0,13 bis 0,17 mm/m liegen und die bei den vergüteten Mörteln etwas höher sind,
- durchweg zu hoher Elastizitätsmodul, der selten 2000 N/mm^2 unterschreitet.

Diese einfachen hydraulisch abbindenden Mörtel sind deshalb wenig geeignet, weil solche Mörtelplomben meist von den Rändern her abreißen. *Abb. 9* zeigt eine solche sorgfältig in mehreren Schichten aufgebaute Mörtelplombe, die nach acht Monaten herausfiel.

d) Schwindfreie, armierte, hydraulisch abbindende Mörtel

Die logisch folgende Weiterentwicklung erbrachte hydraulisch abbindende Mörtel, deren Schwinden kompensiert ist, damit tritt kein Trocknungsschwund ein. Die Armierung erfolgt dann mit feinen Fasern, wie man sie heute als Ersatz für Asbestfasern allgemein verwendet.
Die weitere Entwicklung führt dann zu hochbelastbaren und relativ dichteren Systemen durch Zusatz von Methacrylcopolymerdispersionen (Redisan-System) und Emulsionen aus diesen Methacrylharzen und Siloxanharzen. Damit wird dieser Mörtel innerlich und nach außen wasserabweisend.

11

12

13

14

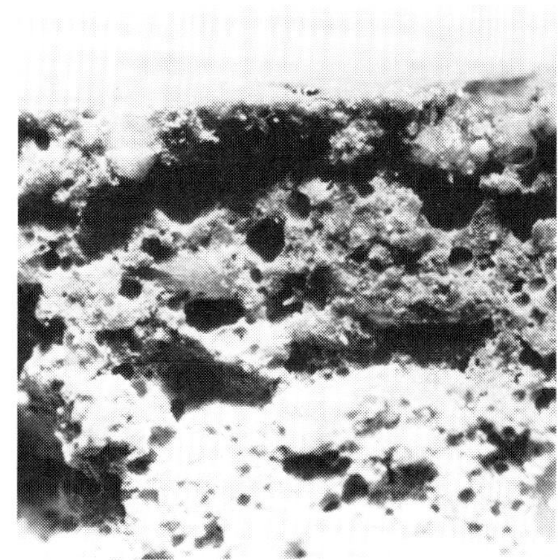

Abb. 11 Dispersionsfarbenanstrich auf Beton (B 25) und nicht grundiert im Zustand nach 12 Monaten. Hier ist der Beton nur mit verdünntem Anstrichmittel »grundiert« worden.

Abb. 12 Versiegelung einer Betonoberfläche (B 25) mit einem dünnflüssigen aber lösungsmittelfreien Epoxidharz in ca. 8-facher Vergrößerung. Die Epoxidharzschicht liegt oben auf (dunkel eingefärbt) und dringt nicht in den Beton ein.

Abb. 13 Hier dringt die gleiche Epoxidharzversiegelung in die Kapillaren sehr wenig ein — ca. 0,1 mm tief. Es ist ein B 25, und die Epoxidharzversiegelungsschicht ist nicht eingefärbt (hell). Vergrößerung ca. 8-fach.

Abb. 14 Die Oberfläche eines Betons — ca. B 15 — ist mit einem flüssigen Epoxidharz mit Lösungsmittelzusatz versiegelt worden. Das Harz dringt ca. 2,5 bis 3,0 mm in den Beton ein (dunkle Zone), viele der Poren bleiben offen. Vergrößerung ca. 10-fach.

Wenn man diese Gruppe der vergüteten, schwindfreien und armierten Mörtel einsetzt, dann muß die Haftfläche zum Beton durch ein mit Sicherheit nicht verseifbares Methacrylcopolymer geschaffen werden.

e) Überdeckung mit Spritzmörteln

Der Auftrag von Spritzmörtel (oft auch fälschlich als Spritzbeton bezeichnet) ergibt eine Mörtelschicht auf der Betonfläche. Arbeitet man nicht in eine glatte Schalung, was fast nie geschieht, geht der Betoncharakter der Oberfläche verloren und zuweilen ist es sogar notwendig, die Oberfläche glatt beizuputzen, um überhaupt eine ansehnliche Oberfläche zu erreichen. Das Verfahren ist auch aus anderen Gründen in der Anwendung sehr eingeschränkt.

- Die Diffusionsbremse für die angreifenden Stoffe aus der Luft ist gering. Der Wasserdampfdiffusionswiderstandsfaktor des Betons liegt zwischen 65 und 90, der des Spritzmörtelauftrags zwischen 20 und 40.
- Das große Gewicht, welches durch die dicke Mörtelschicht aufgebracht wird, erfordert einen neuen statischen Nachweis.
- Eine Realkalisierung des Untergrundes durch den Mörtel findet nicht statt, obwohl das zuweilen behauptet wird. Der Mörtel selber karbonatisiert schnell durch, weil er gut diffusionsfähig und wasserfreundlich ist.
- Die Haftung des Mörtels auf dem Beton ist zu gering, wie stets der Verbund zwischen altem zementgebundenem Baustoff und neuem Auftrag. Man muß hier mit guten Haftbrücken arbeiten.
- Weder die Haftbrücke noch der exakte Schutz des Stahls und die schützende Oberflächenbehandlung können eingespart werden, und damit wird das ganze Verfahren sehr teuer.

f) Die Überdeckung mit Kunstharzputzen oder Kunstharzspachtelmassen

Solche zuweilen immer wieder empfohlenen Überdeckungen sind ausgesprochen kurzlebig und auch innerhalb ihrer kurzen Lebenszeit nutzlos. Es wird auch nicht für kurze Zeit eine schützende, gasdichte und wasserdichte Überdekkung erreicht. *Abb. 10* zeigt den Zustand von Stahlbeton, der vor vier Jahren mit einem Kunstharzputz überdeckt wurde.
Damit sind die wesentlichen Möglichkeiten der Überdeckung und des Auffüllens von Ausbrüchen und den Sanierungsstellen im Beton dargestellt. Man sollte dabei auch beachten, daß die Ränder der Ausbesserungsstelle stets senkrecht mindestens 4 bis 5 mm tief eingeschnitten werden müssen, damit die eingebrachte Spachtelmasse nie auf 0 mm ausläuft und dann hier später abbricht.
Nur am Rande sei erwähnt, daß alle Realkalisierungsversuche durch Wasserglas oder Kieselsäureester nur für sehr kurze Zeit (für Wochen) einen Effekt bringen, das Kohlendioxid der Luft in Verbindung mit Wasserdampf zehrt diese Alkalität sehr schnell auf. Die Wassergläser hinterlassen dabei sogar bauschädliche Salze wie das Kalium- und das Natriumcarbonat, die im Beton längere Zeit verbleiben können.

5. Die Schutzbehandlung der gesamten Fläche

Wie unter Punkt 4 dargestellt, ist mit Ausnahme der Epoxidharzmörtelüberdeckung kein Schutz gegen Wasser, Wasserdampf, gegen Sauerstoff, die Schwefeloxide und das Kohlendioxid gegeben. Dieser Schutz muß deshalb aufgebracht werden. Er ist auch dann notwendig, wenn die Defektstellen mit Epoxidharzmörtel ausgeflickt worden sind, weil die umgebende Fläche und damit die darunter liegende Bewehrung geschützt werden sollen. Schließlich bildet die Betonfläche nach Abschluß der Sanierarbeiten einen Fleckenteppich, der farblichen Ausgleich erfordert. Man stellt Schutz und farblichen Ausgleich nach den folgenden Systemen her:

- Farbanstriche ohne wasserabweisende Grundierungen,
- Farbanstriche über wasserabweisenden Grundierungen, wobei der Anstrichfilm in der Regel auch wasserabweisend ist,
- Wasserglas-(silicat-)anstriche,
- Epoxidharzanstriche,
- Polyurethananstriche,
- andere Anstriche, so z. B. auf der Basis von Chlorkautschuk oder Polyvinylacetatcopolymeren.

Die einzelnen Gruppen seien kurz diskutiert:
Die Farbanstriche, gleich ob Lacke in Lösungsmitteln oder Kunstharzdispersionsfarben haben auf einem nicht hydrophob (wasserabweisend) grundierten Betonuntergrund nur eine geringe Lebenserwartung. *Abb. 11* zeigt dafür ein typisches Beispiel aus der Praxis. Die Lebenserwartung und damit die Schutzfunktion liegt zwischen einem bis sieben Jahren. Die Schutzfunktion gegen Wasser ist aufgrund der nur geringen oder gar nicht vorhandenen Wasserabweisung gering.
Wasserabweisende Farbanstriche über einem hydrophob vorgrundierten Beton sind sehr viel haltbarer. Die ältesten nach diesem System (1964) behandelten Betonflächen zeigen noch keine Verfallserscheinungen.
Die Dampfbremse aller üblichen Anstriche (wasserabweisend oder nicht) ist ziemlich gleich, die Wasserdampfdiffusionsfaktoren liegen alle um 200.

15

Abb. 15 Oberfläche des gleichen Betons, versiegelt mit einem flüssigen Epoxidharz ohne Lösungsmittelzusatz. Das Harz dringt sehr wenig (0,1 bis 0,2 mm) in den Beton ein (helle, obere Schicht). Es liegt in der Hauptmenge oben auf. Vergrößerung ca. 10-fach.

Die Wasserglasanstriche bieten keinen Schutz, sie sind wasserfreundlich und haben eine kurze Lebenserwartung und sind daher für einen kurzfristigen wie auch dauerhaften Schutz nicht geeignet. Die Anstriche auf der Basis von Reaktionsharzen (Epoxidharze oder Polyurethanharze) sind beständiger, sofern es gelingt, diese im Untergrund zu verankern. Die lösungsmittelhaltigen Lacke lassen sich besser im Untergrund verankern als die lösungsmittelfreien Anstriche. Die *Abbildungen 12, 13, 14* und *15* geben dazu Details.

Epoxidharze vergilben mit der Zeit und beginnen zu kreiden. Sie müssen daher nur als Schutzanstrich angesehen werden, der noch einen sie selber schützenden Deckanstrich erfordert. Die Polyurethanharzlacke verhalten sich hier etwas besser, doch haben wir noch keine ausreichenden Langzeiterfahrungen. Es sind einige Grundfunktionen, die unabdingbar sind. Diese sind nachstehend kurz dargestellt.

a) Dampfbremse des Schutzanstriches, damit die Karbonatisierung sowie der Angriff der zivilisatorischen Schadstoffe (Schwefeloxide) gebremst wird. Wir wissen, daß in einem B 25 die Karbonatisierung innerhalb von 6 Wochen 1 mm tief eindringt und nach 12 Monaten 3 bis 3,5 mm. Ein Schutzanstrich der oben erwähnten Art läßt die Karbonatisierungsfront in 12 Monaten jedoch kaum 1 mm tief eindringen.

b) Wasserabweisung (Kapillaraktivierung) der äußeren Betonschichten bis zur Tiefe von 3 mm. Diese Wasserabweisung ist wichtig, um jegliche Wasseraufnahme des Betons auch durch seine Haarrisse zu unterbinden. Diese Hydrophobierung des Untergrundes ist Voraussetzung für die hohe Lebensdauer der darauf zu bringenden Anstriche.

c) Hohe Lebensdauer und Wartungsfreiheit der Schutzanstriche. Diese ist hauptsächlich durch die Funktion unter b bedingt und wird noch mehr als verdoppelt, wenn man wasserabweisende Fassadenlacke verwendet. Die *Abbildungen 16* und *17* zeigen in diesem Zusammenhang eine nicht hydrophobierte Betonoberfläche, zu der das Wasser nur eine geringe Grenzflächenspannung hat sowie eine hydrophobierte Betonoberfläche mit einer sehr hohen Grenzflächenspannung zum Wasser.

Schlußbetrachtung

In kurzem Abriß ist der Gang einer Betonsanierung und Schutzbehandlung nach dem heutigen Stand der Technik diskutiert und dargestellt. Funktionell wichtig sind dabei die Arbeitsabschnitte: Schutz der Bewehrung im Beton und abschließende Schutzbehandlung.
Auch die anderen Arbeitsgänge sind wichtig, und man darf dabei keine Fehler machen.

Für den Bauunternehmer und den Sanierbetrieb ist es von großer Bedeutung, diese Zusammenhänge zu erkennen, damit sich der Unternehmer nicht auf Angebote von Herstellerfirmen und vorgegebene Leistungsblankette verläßt. Oft auch ist ein angebotenes Produkt gut, nur die Methode ist nicht exakt beschrieben. Bei anderen Offerten stimmen weder die Methode noch die Produkte. Andererseits aber verfügen wir über gute Produkte auf dem Markt, so daß für den Unternehmer grundsätzlich keine Schwierigkeiten in der Ausführung bestehen dürften.
Noch ein letztes Wort zu der Frage Gewährleistung. Für Reparaturarbeiten wird im allgemeinen keine Gewährleistung verlangt, es sei denn für die neu eingebrachten Teile. Für Betonsanierung verlangt man jedoch in der Regel fünf Jahre Gewährleistung. Diese Gewährleistung kann man geben, wenn man folgende Dinge beachtet:

- Rückversicherung durch Gewährleistungen des Produktherstellers für seine Produkte und deren Eignung (Langlebigkeit und Funktionstüchtigkeit).
- Wenn das Arbeitsverfahren gut durchdacht ist.
- Wenn die Gewährleistung begrenzt wird. Sie darf nicht Erneuerung aller Flächen umschließen. Zweckmäßig gibt man folgenden Gewährleistungstext ab: »Für die ausgeführten Sanierungsarbeiten wird eine Gewährlkeistung von . . . Jahren gegeben in der Art, daß innerhalb dieses Zeitraumes auftretende Schäden, die der Auftragnehmer zu verantworten hat, kostenlos nachgebessert werden.« E. B. G.

Abb. 16 Wasseraufsaugen einer unbehandelten Betonoberfläche. Hier ist die Grenzflächenspannung 2 bis 3 mN/m.

Abb. 17 Wasserabweisung einer mit Polysiloxan imprägnierten Betonoberfläche. Hier ist die Wasserabweisung ca. 50 mN/m.

16

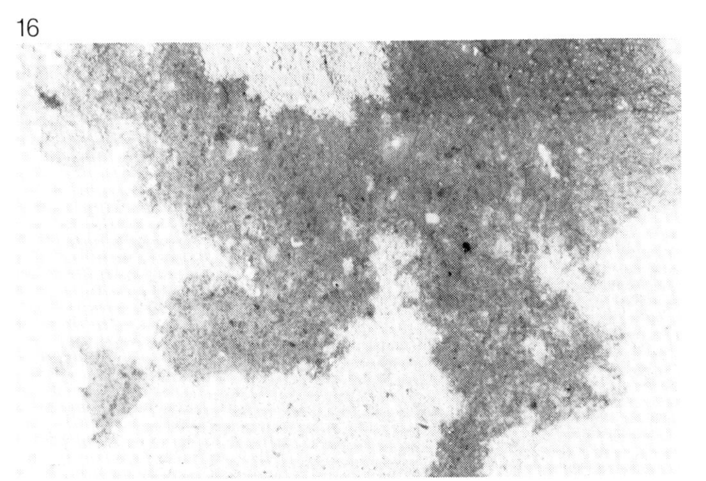

17

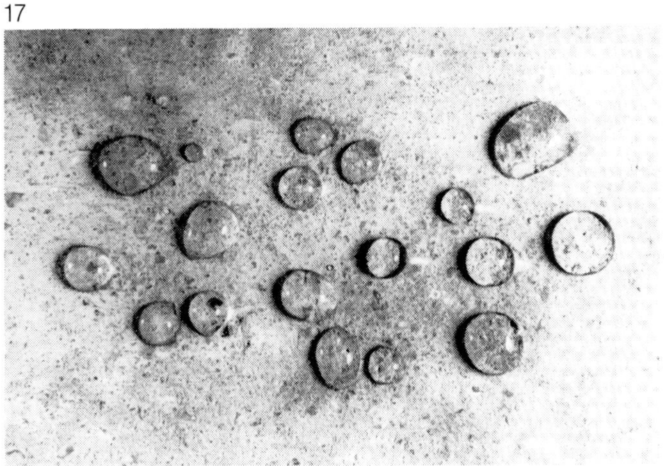

Fehler bei Stahlbetonsanierungen

Bei der Sanierung von Stahlbeton werden immer wieder Fehler gemacht. In vielen Fällen sind die Hersteller von Sanierungsmitteln und -systemen dafür verantwortlich, weil sie zuviel versprechen und Blankette für Leistungsverzeichnisse zur Verfügung stellen, die von Auftraggebern und deren Architekten unkritisch übernommen werden.
Um sich vor Schaden und Gewährleistungsansprüchen zu schützen, muß sich der ausführende Unternehmer gut unterrichten, damit er notfalls Bedenken geltend machen kann.
Stahlbeton ist ein unverzichtbarer Baustoff und kann — richtig hergestellt — über sehr lange Zeiträume wartungsfrei seine Funktion erfüllen. Bei einem guten Beton, etwa der Güte eines B 25, der dazu noch einigermaßen dicht ist, dringt die Karbonatisierung im Laufe längerer Zeiträume 10 bis 14 mm tief ein, wie es alte Betonbauten in Jütland und in Offenbach zeigen, die heute 120 Jahre alt sind.
Dennoch kommt es zu Schäden, die meist erst nach sechs bis acht Jahren erkennbar werden. Diese Schäden sind auf Unterrostung des Bewehrungsstahls zurückzuführen, weil dieser zu wenig von Beton überdeckt war. Solche Schäden sind sehr ärgerlich und teuer. Leider nimmt ihre Zahl nicht ab, sondern sogar zu.
Um die Sanierung dieser Schäden an Stahlbeton hat sich inzwischen eine ganze Industrie aufgebaut. Bautenschutzmittelhersteller bieten dafür Systeme und Produkte an, und Bauunternehmer und Maler oder auch Spezialfirmen führen die Instandsetzungsarbeiten aus. Trotz zahlreicher Veröffentlichungen und Forschungsberichte herrscht bei den Herstellern und manchen Verarbeitern eine erhebliche Unsicherheit in Hinblick auf Material und Ausführung.
Dieser Zustand ist wenig befriedigend, und insbesondere der Bauunternehmer ist davon betroffen.
Er muß wissen, was bei diesen Arbeiten alles falsch gemacht werden kann und welche Methoden technisch sinnvoll, welche schädlich oder nutzlos sind.

Fachliche Informationslücke

Zum Thema Stahlbetonsanierung wurde in den letzten fünf Jahren viel geschrieben. Neben klaren und technisch sauberen Darstellungen findet man in der Fachpresse auch Berichte, die diese Fragen nicht umfassend behandeln und sich nur auf Details, so z. B. auf die Anstrichtechnik, die Entrostung, die Realkalisierung, auf Flammstrahlen oder den Spritzbetonauftrag beziehen. Die Darstellung dieser Details ist verwirrend und oft widersprüchlich.
Bauingenieure und Architekten haben auf der Hochschule die Fächer Materialkunde, Bauphysik und Bauchemie nur am Rande und unzureichend lernen können. Kein Wunder, wenn manche Dozenten aus jahrzehntealten Lehrbüchern vortragen und die Materie selber nur unzureichend beherrschen.
Auch Forschungsberichte befassen sich leider zu oft mit einigen Versuchen und der Darstellung von Verfahren, die die Herstellerindustrie zur Verfügung stellt. Diese Darstellungen werden übernommen, nicht verarbeitet, und nützen der Praxis wenig. Zuweilen enthalten sie auch gravierende Fehler.
Wie soll sich der Fachmann informieren, wenn die Literatur ihm als Mosaiksteine falsche und richtige Informationen gemischt anbietet? Hinzu kommt, daß manche Auftraggeber für ihre Leistungsverzeichnisse einfach Blankette übernehmen, die ihnen Firmenvertreter auf den Tisch legen. Diese können richtig, teilweise richtig, lückenhaft und auch falsch sein. Führt der Unternehmer die Arbeiten nach diesen Leistungsverzeichnissen aus und hat er nicht das Wissen, auf Fehler und Unklarheiten hinzuweisen, wird ihn später niemand von der Verantwortung für Schäden aus falscher Leistung oder Anwendung falschen Materials entbinden können.
Seminare von Hochschulen, Institutionen, Verbänden und anderen Stellen, die bemüht sind, die Dinge fachlich richtig und objektiv darzustellen, sind nützlich. Oft kann man bei einem Halbtagsseminar mehr dazulernen als durch mühsames Studium der Fachzeitschriften.

Handwerkliche Fehlleistungen und falsche Materialanwendungen

Es wird vorausgesetzt, daß die korrekten Instandsetzungsmethoden für Stahlbeton bekannt sind. Darüber ist an dieser Stelle schon oft berichtet worden. In der Folge sollen typische Fehlleistungen beschrieben werden, denen man in der Praxis immer wieder begegnet. Sie werden als Katalog aufgelistet, damit der Unternehmer seine Arbeitskräfte Punkt für Punkt darauf hinweist, die Arbeiten entsprechend kontrolliert und auch den Auftraggeber beraten kann, wenn das Leistungsverzeichnis schwach oder unklar ist.
Realkalisierung bedeutet die Wiederherstellung des schützenden alkalischen Milieus um den Stahl im Beton. Wenn die Alkalität des Betons um den Stahl kleiner wird als pH 10, hört der passivierende Schutz des Betons für den Stahl auf. Die Wiederherstellung der alkalischen Umgebung ist theoretisch ein guter Gedanke, doch bisher undurchführbar.
Die Oberflächenbehandlung mit Wasserglas (die Silikatbehandlung) ist nutz-

1

Abb. 1 Feststellung der Karbonatisierungstiefe von pH 10 bei Bohrkernen mit einem Indikator, der bei pH 10 in Dunkelblau umschlägt.

los, weil Wasserglas kaum in den Beton eindringt und es durch die Kohlensäure der Luft und sauren Regen in spätestens vier Wochen neutralisiert ist. Für eine derartige Behandlung ist jeder Kostenaufwand zu schade. Übrig bleiben im Beton die Reaktionsprodukte des Wasserglases mit der Kohlensäure oder Schwefelsäure. Das sind dann Salze, die man als vagabundierende bauschädliche Salze bezeichnet.
Ähnlich vergeblich sind die Versuche der Realkalisierung mit Kieselsäureestern. Auch diese sind schon in Wochen neutralisiert. Auch der Einsatz von Alkaliphosphaten und Polyalkaliphosphaten ist bei Beton nutzlos. Diese Salze werden durch Wasser im Beton zusätzlich verschleppt.

Schutzbehandlung der Stahlbewehrung im Beton

Hier finden wir zahlreiche gedankliche und handwerkliche Fehler vor. Sehr oft werden Schwindbewehrungseisen entrostet, die statisch bedeutungslos sind, anstatt diese aus dem Beton herauszunehmen. Solch blinder Eifer, meist verbunden mit mangelhafter Ausführung der Arbeiten, programmiert nur neue nachfolgende Schäden. Man muß bei diesen Sanierungsarbeiten stets einen Statiker befragen, der angibt, welche Bewehrungsstähle entfernt werden dürfen.
Nicht selten wird das Bewehrungseisen nur auf der freiliegenden Seite mit Stahlbürsten mehr oder weniger gründlich entrostet. Der Stahl bleibt auf der Unterseite, der Betonseite, rostbeladen. Wenn der die Sanierung beaufsichtigende Fachmann solche Fehlleistungen, die mit Sicherheit zu Folgeschäden führen werden, bemerkt, muß er sogleich Einspruch gegen die Weiterführung dieser Arbeitsweise einlegen.
Auch bei der Schutzbehandlung der entrosteten und im Beton verbleibenden Bewehrungsanteile werden zahlreiche Fehler gemacht. Die klassischen, aktiven Rostschutzmittel, eingebettet in dichtes Harz, sind immer noch die wirksamsten und bieten den längsten Schutz. Das sind Zinkchromate, Zinkstaub und Mennige in Epoxidharz. Feingemahlener, noch alkalischer Zementstaub im Harz ist kein aktiver Rostschutz. Hier fehlt die anodische Komponente. Dieser Zementstaub liegt außerdem in einem dichten Bindeharz inaktiv und tot, denn er kann nicht alkalisch reagieren, wenn kein Wasser dazutritt. Damit ist der Sinn dieser Schutzmethode verfehlt.
Auch die Umhüllung der Bewehrungsstähle mit einem kunststoffvergüteten Zementmörtel wirkt nur wenige Jahre schützend. Die Kunstharzdispersionszusätze sind alle Ester organischer Säuren, die früher oder später in dem alkalischen Milieu unabwendbar hydrolisiert werden. Auch werden zuweilen nicht gas- und dampfdichte Harze als Schutzbedeckung verwendet, diese verbieten sich wegen ihrer mangelnden Schutzwirkung.
Viele Fachleute meinen, daß ein dichter, zweifacher Epoxidharzanstrich einen ausreichenden Schutz für den Stahl bedeutet. Dem kann man zustimmen. Unnötigerweise wird aber oft ein solcher Schutzanstrich dadurch zerstört, daß man ihn frisch besandet und dann die Schutzschicht vom Sandkorn durchschlagen wird. Manche Hersteller empfehlen sogar diese Methode.
Nicht selten sieht man, wie die Sanierer oder Maler mit dem Schutzanstrich für den Stahl auch den umgebenden Beton verschmieren. Sie versuchen es nicht einmal, den Beton hinter der freigelegten und entrosteten Bewehrung durch eine hintergezogene Folie abzudecken. Wenn man derartigen Pfusch sieht, muß man den Kolonnenführer sofort darauf hinweisen und im Wiederholungsfall die Arbeit einstellen lassen.
Dazu eine grundsätzliche Bemerkung. Während der Ausführung der Arbeiten und leider zu spät, erkennt man, ob die Firma ihr Metier wirklich beherrscht und ob sie serienweise Fehler macht. Manchmal ist man gezwungen, die Arbeiten zu stoppen und zunächst die

2

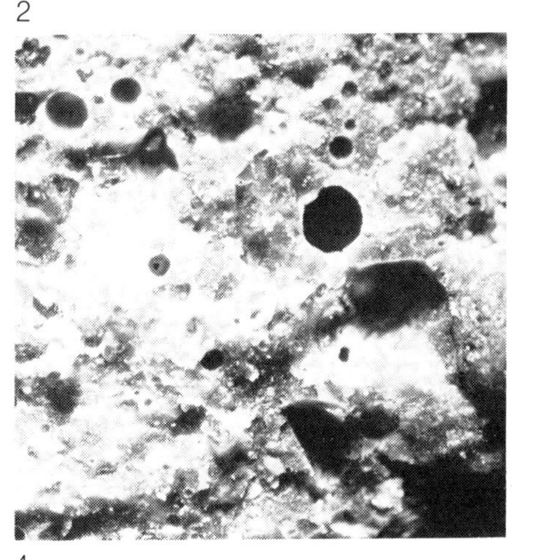

3

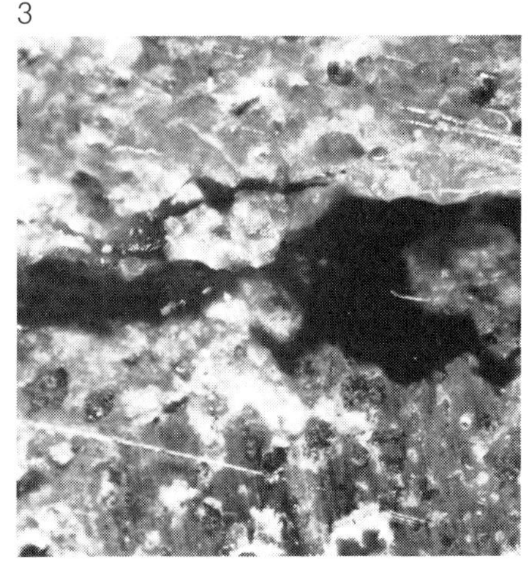

4

Abb. 2 Epoxidharz-Sand-Spachtelmasse, die zum Ausgleich der Ausbrüche in der Betonfläche über dem Stahl der Bewehrung dient. In etwa 30-facher Vergrößerung erkennt man, daß dieser Kunststoffspachtel porös ist und weder wasser- noch dampfdicht ist.

Abb. 3 Schnitt durch eine Betonreparaturspachtelung mit Epoxidharzmörtel in etwa 50-facher Vergrößerung. Hier ist die Epoxidharzspachtelmasse über einer unzureichenden Grundierung aufgebracht, so daß zwischen dem Beton und dem Reparaturspachtel ein Spalt von 0,3 bis 0,75 mm entsteht.

Abb. 4 Pfuschspachtelungen mit kunststoffvergütetem Mörtel. Hier setzt sich der Mörtel der Spachtelung vom Beton ab, weil er nachschwindet und auch unterschiedliche Quell- und Schwindbewegungen zum Beton ausführt. Das Bild zeigt den Zustand acht Monate nach der Sanierung.

Nachbesserung der fehlerhaft ausgeführten Arbeiten zu verlangen. Zwischenabnahmen werden notwendig, und wenn das alles nichts nützt, muß der Firma wegen Nichtvermögen oder Vertragsbruch der Auftrag entzogen werden. Das ist immer sehr lästig. Deshalb ist es besser, vor Vergabe des Auftrags sich von der fachlichen Qualifikation des Bieters zu überzeugen und keineswegs nur nach der Angebotssumme zu vergeben.

Tiefe der Sanierung

Der Stahl im Beton muß so tief entrostet und geschützt werden, wie er im nichtalkalischen Bereich liegt. Deshalb muß man vor Beginn der Arbeiten und vor der Erstellung des Leistungsverzeichnisses anhand von Bohrkernen prüfen, wo die pH-10-Grenze, d. h. die Karbonatisierungsfront liegt. Nur bis in diese Tiefe braucht der Stahl geschützt zu werden; diese Untersuchung ist zwingend.
Man kann auch oberflächlich und falsch prüfen, so mit Phenolphthalein, welches schon bei dem pH-Wert 8,8 in Rosa umschlägt. Damit erfaßt man weder die Karbonatisierungsfront noch den zu sanierenden Bereich. Auf diese Weise kann der Pfusch schon bei der Vorprüfung und der Planung beginnen. *Abb. 1* zeigt anhand entnommener Bohrkerne, wie mit einem Indikator, der bei pH 10 von farblos in Tiefblau umschlägt, die Karbonatisierungsfront exakt erkennbar gemacht wird.

Zuspachteln der Reparaturstellen

Hier spielt die Materialfrage die entscheidende Rolle. Es ist möglich, entweder dicht mit einem Kunststoffmörtel (Epoxidharzmörtel) oder mit einem vergüteten, zementgebundenen Mörtel zuzuspachteln. Entscheidend ist die Dichtheit gegenüber Gasen und Wasser.
Deshalb fallen alle Spachtelungen mit wenig dichtem Material weg. *Abb. 2* zeigt einen Epoxidharzspachtel, der reichlich Luftporen enthält. Der bauleitende Fachmann muß immer eine Probe des Spachtelmaterials entnehmen und deren Dichtheit überprüfen, was sehr einfach schon bei 30-facher Vergrößerung unter dem Mikroskop möglich ist.
Man kann sowohl mit einem hydraulisch abbindenden Spachtel wie auch mit einem kunstharzgebundenen Spachtel richtig arbeiten wie auch pfuschen. Die Alternative, ob man die eine oder andere Stoffgruppe verwendet, hängt von anderen Umständen ab, auf die noch weiter unten eingegangen wird.
Der Verbund des Spachtelmaterials zum Beton muß gegeben sein. Wird die Betonfläche nicht vorher gesandstrahlt, vom Staub befreit und grundiert, dann erhält man keinen Verbund, wie es die *Abb. 3* zeigt; zwischen Beton und Spachtelauftrag bleibt ein Spalt.
Oft sieht man, wie ein Arbeiter die Spachtelmasse über dem Beton auf 0 mm auszieht, er meint damit besonders gut zu arbeiten. Das ist aber gefährlich, denn so dünne Schichten neigen zum Abplatzen, und damit beginnt die Ablösung der Spachtelung. Die Ränder muß man zwingend mindestens 5 mm tief einschneiden, damit eine gerade Kante entsteht und die Spachtelmasse nicht mehr auf 0 ausgezogen werden kann.
Zementgebundene Spachtelmassen schwinden nach. Zu dem Schwinden kommen noch Verhaltensweisen, die vom Beton verschieden sind, so die Wasseraufnahme und das reversible Quellen und Schwinden. Besonders bei den mit den Kunstharzdispersionen vergüteten Massen ist das Quellen und Schwinden oft groß, und dann kommt es zu Randablösungen, wie es die *Abb. 4* zeigt.
Zementgebundene Spachtelmassen müssen schwindfrei sein. Derartige Spachtel werden in guter Qualität angeboten, und man kann sie auch mit Kunststoffen vergüten. Im LV muß auf die Schwindfreiheit hingewiesen werden, und man darf die Vorlage eines Prüfnachweises verlangen.
Die Oberflächen der Spachtelung müssen mit Wasser und Kelle glättbar sein. Meist sind sie es, zuweilen bereiten hydraulisch abbindende Massen mit Epoxidharzzusatz noch Schwierigkeiten, aber der geübte Handwerker hat auch damit keine Probleme. Eine wellige und unebene Oberfläche darf nicht geduldet werden, denn man sieht diese Unebenheiten nach Aufbringen des Anstrichs deutlich.
Gerade bei der füllenden und ausgleichenden Spachtelung können Fehler gemacht werden, die nicht vorherzusehen sind, so z. B. eine Imprägnierung vor der Spachtelung, Fehlen des Haftvoranstrichs, Verwendung von Preßluft ohne Ölfänger im Kompressor u. a. m.

Überdeckendes Schutzsystem

Der Laie wird die schützende Überdekkung als Anstrich bezeichnen, das ist auch richtig, wenn man sich über den Aufbau des Systems und dessen Funktion im klaren ist. Ist man sich darüber nicht im klaren, dann entsteht das Bild, wie es die *Abb. 5* zeigt. Ein noch so guter, wetterbeständiger und dichter Anstrichfilm reißt über den Schwindrissen im Beton auf und rollt von diesen Rissen ab.
Man muß es begreifen, daß die Grundierung oder die Imprägnierung des Untergrundes, des Betons für die Schutzfunktion entscheidend ist. Das ist eine alte Malererfahrung. Die Schwindrisse im Beton sind unabwendbar, der Beton darf sie haben; sie wirken als Kapillaren, in denen das Wasser steht und fließt. *Abb. 6* zeigt einen solchen feinen Riß in 30-facher Vergrößerung.

5

6

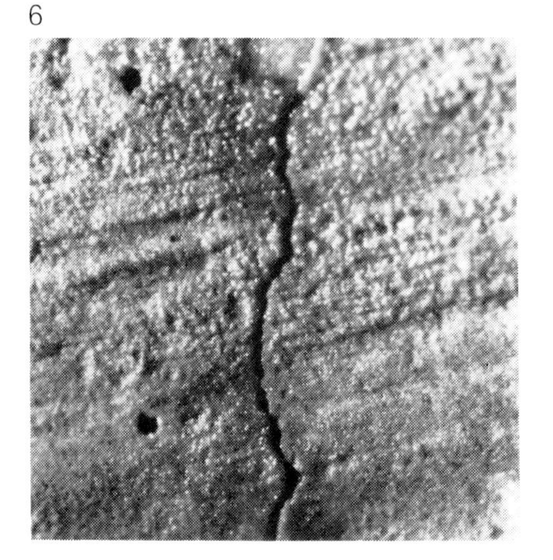

Abb. 5 Acrylharzanstrich auf einer Betonfläche im Zustand nach zwei Jahren. Das Wasser unterläuft im Rißbereich den dichten Anstrichfilm und wirft ihn ab. Es fehlt hier die Untergrundvorbehandlung und die kapillare Inaktivierung von Beton und Rissen. Das wirkt sich bei dichten Anstrichfilmen verheerend aus.

Abb. 6 Ein Betonschwindriß in etwa 30-facher Vergrößerung. Der Riß wirkt bereits kapillar und ist 0,06 bis 0,07 mm breit. Wird dieser Riß nicht vor dem Aufbringen des Schutzanstrichs kapillar inaktiviert, so wird über ihm der Anstrich abgeworfen.

Der Riß muß inaktiviert werden, um ihn funktionell totzulegen. Das kann nicht durch Überdecken erreicht werden und auch nicht durch ein Verfüllen (was nie gelingt), sondern allein durch Inaktivierung gegenüber dem Wasser. Wir brauchen darauf nicht einzugehen, es gibt dazu viel neue Literatur. Nur über einem kapillar inaktivierten Riß bleibt der Anstrichfilm lange erhalten.
Anstrichfilme auf Beton ohne vorhergehende, tief eindringende Grundierung sind nutzlos. Die *Abbildungen* 7 und *8* zeigen dafür Beispiele anhand von Schnitten in Mikroaufnahmen. Besonders die gegen Gase gut sperrenden Anstriche sind durch das Aufreißen und Abwerfen über den Rissen gefährdet. Bei der mineralischen Silicatbeschichtung im Mikroschnitt auf *Abb. 9* erkennt man leicht den Systemfehler. Diese Beschichtung schützt weder gegen Wasser noch bremst sie das Eindringen von Wasserdampf, CO_2 und Schwefeloxiden aus der Luft.
Ein sich ständig wiederholender Fehler bei Epoxidharzbeschichtungen ist ergänzend auf *Abb. 10* verdeutlicht. Hier ist auf den Beton einer Autobahnbrücke die Epoxidharzgrundierung aufgebracht und dann besandet worden. Dabei hat das Sandkorn die Grundierung durchschlagen und undicht gemacht. Dieser Fehler ist kaum auszurotten und man findet ihn in vielen Leistungsverzeichnissen vorgeschrieben.

Fehlende Untergrundbehandlung des Betons

Falsche oder fehlende Vorbehandlung der Betonflächen ist die Hauptursache des Verfalls von Oberflächenschutzsystemen. Die Untergrundvorbehandlung soll:

– tief in den Beton eindringen, Kapillaren und feine Risse inaktivieren,

– Wasser abweisen,

– die obere Betonschicht gegen Wasserdampf, Wasser, CO_2 und aggressive Abgase in der Luft undurchlässigg machen bzw. diese bremsen.

Diese Funktionen sind bei einer Betonsanierung zwingend. Nur wenn sie vorhanden sind, bleiben der Deckanstrich und der Beton darunter intakt und geschützt. Der Schwerpunkt liegt bei der Untergrundvorbehandlung, und oft hat der Deckanstrich nur eine überwiegend optische Funktion. Erkennt man das nicht, wird das baldige Versagen des Oberflächenschutzes leicht vorgeplant.
Ein häufiger Fehler ist die geringe Wartezeit zwischen einer zementgebundenen Spachtelung auf dem Beton und der Grundierung und dem Deckanstrich. Wird die Schutzbehandlung zu früh aufgebracht und ist die zementgebundene Spachtelung noch frisch, kaum abgebunden und in den oberen Schichten nicht karbonatisiert, dann verfällt der Deckanstrich nach wenigen Jahren. Deshalb muß bei Verwendung hydraulisch abbindender Spachtelmassen abgewartet werden, bis dieser Untergrund für eine Schutzbehandlung tragfähig und geeignet wird. Das tritt frühestens nach drei Monaten auf.
Oft wird behauptet, daß die angebotenen Schutzsysteme gegen Alkalität unempfindlich sind und man sie früh aufbringen darf. Das ist falsch, und das Risiko trägt der Unternehmer.
Kann man das Gerüst über die notwendige Wartezeit nicht stehen lassen, ist es möglich, mit Epoxidharzmörtel zu spachteln; den kann man schon nach 14 Tagen überstreichen. Für falsche Terminierungen, unzureichende Wartezeiten, sind Bauleiter und die ausführende Firma gleichermaßen verantwortlich.

Sperrende Funktion des Deckanstrichs

Der Diffusionswiderstandsfaktor ist für jedes Gas verschieden, so für

Wasser	μ_{H2O}
Kohlendioxid	μ_{CO2}
Schwefeldioxid	μ_{SO2}

Der Faktor ist dimensionslos. Beton hat einen μ-Wert von 70 bis 130, die üblichen Fassadenschutzanstriche von 200 bis 2000. Nur ungefüllte Epoxidharzlakke und Polyurethanlacke haben μ-Werte um 100 000. Dieses gilt für μ_{H2O}. Die μ-Werte für CO_2 und SO_2 liegen etwa doppelt so hoch. Entscheidend für die Beurteilung einer Bremswirkung einer Schicht ist das Produkt aus $\mu \times s$, wobei s in Metern angegeben wird.
Z. B. für einen B 25 (16 cm)

$85 \times 0{,}16 = 13{,}6$

für einen Epoxidharzlack (0,3 mm)

$100\,000 \times 0{,}0003 = 30$

für einen Acrylanstrich (0,1 mm)

$1000 \times 0{,}0001 = 0{,}1$

Das Produkt von 0,1 bei einem Acrylanstrich reicht als Gasbremse schon aus, um die Karbonatisierungsgeschwindigkeit erwiesenermaßen um eine Zehnerpotenz zu verringern. Dazu kommt die Wirkung der Grundierung, welche den Beton in etwa der Tiefe von 1 mm gut sperrt. Hier ist das Sandkorn undurchlässig, und es macht rund $^2/_3$ des Volumens aus. Damit haben diese grundierten Schichten unter Verwendung von Acryl- und Silikonharz einen μ-Wert um 3000. Das Produkt wäre dann für die damit grundierte Schicht:

$3000 \times 0{,}001 = 3.$

Eine größere Dampfbremse verträgt ein Beton der Güte B 15 oder B 25 auch nicht. Bei den dichteren Betonen, so B 35 mit einem μ-Wert über 115 und B 45 mit μ-Werten um 130, spielt die Gasbremse keine Rolle mehr. Hier dringt die Karbonatisierung wenig voran, und sie bleibt schon nach 10 Jahren in Tiefen von 3 bis 5 mm stehen.
Die Hersteller der Anstrichschutzsyste-

7

8

Abb. 7 Gepfuschter Acrylharzanstrich auf Beton. Hier ist der Deckfilm ungleichmäßig, wahrscheinlich mit der Rolle aufgebracht, es fehlt jede Grundierung, und Verbund zwischen Beton und Anstrichfilm ist kaum vorhanden. Vergrößerung des Schnitts etwa 20-fach.

Abb. 8 Gepfuschter Epoxidharzanstrich auf dem Beton einer Brücke. Schnitt etwa in 20-facher Vergrößerung. Man erkennt die Porosität der Unterspachtelung und daß eine Grundierung fehlt und der Deckanstrick porös ist. Man kann hier nicht von einem Schutz sprechen, dazu ist das aufgebrachte System zu fehlerhaft.

me überbieten sich zuweilen wie auf der Börse mit Angaben von μ-Werten für H_2 und CO_2. Dabei werden μ-Werte von 2 000 000 und 5 000 000 gehandelt. Man glaubt dabei, eine besonders gute Qualität zu erreichen und vergißt, daß dieses Hochbieten ohne Bedeutung ist und dem μ-Wert von Unendlich nahekommt, was für den Beton höchst gefährlich ist.
Was nützt die beste Dampfsperre, wenn sie durch Risse im Anstrichfilm durchbrochen wird. Man darf nicht voraussetzen, daß über Beton ein simpler Deckanstrich nicht aufreißt. Die Praxis lehrt, daß auch die feinsten Risse durchtreten. Viele Architekten und Auftraggeber erliegen der Faszination hoher Werte und vergessen darüber, daß die wichtigste Funktion bei der tief eindringenden Grundierung liegt. Die durch solche Fehlauffassungen entstehenden Fehler führen dann auch erst nach zwei bis vier Jahren zu Schäden, so daß zunächst die Arbeiten nach Augenschein befriedigt abgenommen werden.

Fehler bei der Grundierung und Imprägnierung

Auch bei der Untergrundvorbehandlung können schlimme Fehler gemacht werden. Fehler entstehen bei der Arbeit mit der Bürste oder Rolle. Das kann zur Folge haben, daß zu wenig der aufzubringenden Harzlösung in den Beton gebracht wird. Oft werden auch Flächen ausgelassen. Die Wirkung ist dann gemindert oder gar nicht vorhanden. Es werden auch zuweilen Grundiermittel eingesetzt, die wirkungslos sind oder nicht in den Beton eindringen (Wasserglas, Kunstharzdispersionen und anderer Unsinn mehr).
Wird vom Gerüst oder von der Leiter mit der Bürste gearbeitet, ist die Kontrolle des Arbeitsvorganges schwierig, weil die aufgebrachte Lösung nach Einziehen in den Beton unsichtbar ist. Dann liegen grundierte und nicht grundierte Bereiche je nach Bürstenverlauf nebeneinander. Über den nicht grundierten Flächen wird der Schutzanstrich frühzeitig abgeworfen. Hinterher wundern sich alle Beteiligten, und schieben sich das Verschulden gegenseitig zu. Die *Abb. 11* zeigt, wie an einem Betonbauwerk noch 1981 falsch gearbeitet wurde. Wenn der die Aufsicht führende Architekt solche Techniken wahrnimmt, muß er sogleich auf ihrer Änderung bestehen und im Wiederholungsfall die Arbeiten einstellen lassen. Es gibt seit 20 Jahren erprobte Grundier- und Imprägniertechniken, nach denen man risikolos arbeiten kann. Wenn eine Fachfirma diese heute noch nicht kennt, ist sie für anspruchsvolle Arbeiten nicht geeignet. Die richtigen Verfahren sind schneller und billiger. Auch das muß man wissen. Hier gibt es oft erstaunliche Dinge. In einem LV stand, daß der Maler die Betonoberfläche durch Fluten grundieren sollte und nur notfalls dreimal naß in naß mit der Bürste. Da er kein Flutgerät besaß, arbeitete er nur mit der Bürste und berechnete dann drei Grundierungen. In einem anderen Fall wurde jeder Bürstenstrich einmal herauf und einmal herunter als eine Grundierung in Rechnung gestellt. Das erinnert an die Anekdote von *Tschechow,* wo dem Geiger jeder Fidelstrich herauf und herunter mit einem Rubel bezahlt wurde.
Wie kann sich der Unternehmer vor Pfusch schützen? Jeder Pfusch kommt mit Sicherheit als Reklamation auf ihn zurück, und ganz gewiß bei Stahlbeton. Unzureichende Arbeitsgeräte sollte man von der Baustelle entfernen, die Eindringtiefe einer Grundierung kann man messen und dann anhand von Tabellen ablesen, wieviel Lösung pro m^2 verbraucht wurde.
Vor noch anderen Überraschungen darf man nicht sicher sein. Am schlimmsten ist es, wenn dem ahnungslosen Auftraggeber einfach ein Überdecken der Schäden durch einen Anstrich angeboten wird. Dann kann man auf die neuen Schäden geradezu warten. Andererseits werden bei Stahlbetonsanierungen oft Arbeiten angeboten, die unnötig sind und die Kosten hochtreiben.
Hier kann ein Fachingenieur oder ein Sachverständiger bei größeren Objekten leicht einige Hunderttausend Mark einsparen helfen.

Technische Hinweise für die Instandsetzung und Schutz von Stahlbeton

Geräte und Handwerkszeug
Neben dem üblichen Handwerkszeug müssen an der Baustelle vorhanden sein:
- Baustelleneinrichtungen und Transportgeräte gemäß dem LV,
- Meißel und Hämmer (Fäustel), möglichst kein schweres Gerät wie Preßlufthämmer etc. verwenden.
- Starke Geräte mit Trennscheiben, mit denen man bis maximal 50 mm tief einschneiden kann.
- Bohrgeräte mit Stein- und Metallbohrern, damit man herausstehende Stahldrähte herausbohren kann und das Herausmeißeln vermeidet.
- Rotierende Stahlbürsten oder weiche Topfscheiben, um einzelne Oberflächen der Stahlbewehrung entrosten zu können.
- Kompressor mit Ölfänger und Sandstrahlgerät sowie mindestens ein Vakublasgerät.
- Breitschlitzdüsen, oder besser Frankfurter Bürsten und ein Airlessgerät mit Düsen, um die Fassaden mit der Grundierlösung ordnungsgemäß fluten zu können.
- Magnete oder Magnetmeßgeräte, um die Lage und Tiefe der Stahlteile orten und feststellen zu können.
- Stromverteiler und Verlängerungskabel.
- Spritzflasche, enthaltend eine 2%ige Thymolphthaleinlösung in 95%igem Alkohol, um von Fall zu Fall die Karbonatisierungsfront überprüfen zu können.
- Die Telefonnummer der örtlichen Bauleitung sicherstellen, damit diese stets schnell verständigt werden kann.

9

Abb. 9 Mineralische, silikatische Bedeckung einer Betonoberfläche. Schnitt in 20-facher Vergrößerung. Man erkennt die poröse Bedeckung, die fehlende Schutzfunktion, die nicht vorhandene Grundierung und damit die Unbrauchbarkeit des ganzen Systems.

Reinigung
In den meisten Fällen werden zwei Reinigungsvorgänge anfallen:

1. Die Reinigung der Betonflächen von Staub, Schmutz und losen Teilen.
Das geschieht in einfachen Fällen durch Heißwasserdampfstrahlen, in schwierigeren Fällen durch Heißwasserdruckstrahlen, wobei man eventuell etwas Sand mitlaufen lassen kann.

2. Befreien der Betonflächen von alten Anstrichfilmen. Hier greift nur selten die Heißwasserdruckreinigung ausreichend durch. Man wird dann drei Möglichkeiten haben:
- Trockensandstrahlen,
- Naßsandstrahlen,
- Abbeizen und unter Drucknachwaschen.

Bei den Strahlmethoden wird man die Fenster und andere Bauteile, wie z. B. Leichtmetallflächen sorgfältig schützen müssen. Hierbei fällt auch viel Sand und Schmutz an.
Bei der Abbeizmethode sind einige Möglichkeiten vorhanden. Wichtig ist die Verwendung umweltfreundlicher Produkte, was in gewissem Rahmen möglich ist. Schnell greifende, umweltverträgliche und insgesamt kostengünstige Verfahren kann das IBF benennen, falls es gewünscht wird.
Auf jeden Fall aber dürfen keine Schmutz-, Anstrichreste oder auch lose Teile auf der Fassade nach der Reinigung verbleiben.
Der Boden muß mit Folien ausgelegt sein, damit man das Strahlgut, den Schmutz und auch die entfernten losen Teile schnell und ohne viel Aufwand beseitigen kann. Außerdem wird der Bewuchs geschont und man hat dann keine kostspieligen Regreßansprüche zu erwarten.
Bäume und Sträucher sollte man dabei grundsätzlich in Folie einpacken, sie werden sonst bei der Reinigung, bei der Grundierung und dem Anstrichvorgang beschädigt.

Aufsuchen der rostenden Stahlteile, Freilegen und Entrosten
Zunächst sind alle sichtbaren, losen Betonteile über rostendem Stahl mit Hammer und Meißel zu entfernen. Die erkennbaren Unterrostungen sind freizulegen. Dabei darf kein schweres Gerät, wie Preßlufthämmer verwendet werden.
Es empfiehlt sich, diese Ausbruchstellen zunächst an den Rändern mit einer Trennscheibe 10 mm tief einzuschneiden, damit der Schaden begrenzt bleibt und es scharfe, rechtwinklige Kanten gibt.
Die rostenden Stahlteile sind von diesen Stellen aus in die Tiefe zu verfolgen und soweit freizulegen, wie sie rosten.
Das Ziel der Instandsetzungsarbeiten ist es, keine rostenden Stahldrähte im Beton zu belassen. Diese Forderung ist unabdingbar.
Findet man mit Hilfe von Magneten Stahldrähte, die unter der Sollüberdekkung bzw. noch im Bereich der karbonatisierten Zone liegen, so müssen diese wenigstens an einer Stelle aufgedeckt werden und man muß überprüfen, ob der Stahl rostet. Rostet der Draht nicht, kann er im Beton verbleiben. Rostet er nur auf der Oberfläche, so ist nur diese zu entrosten.
Rostende oder gefährdete Stahldrähte, die statisch keine Bedeutung haben, sollten nicht unnötigerweise im Beton verbleiben. Sie sind herauszunehmen, wobei auch hier die Ausbruchstelle an den Rändern sauber, rechtwinklig mit der Trennscheibe einzuschneiden ist.
Die Bauleitung führt einen Statiker an den Bau, sofern die ersten großen zusammenhängenden Flächen freigelegt sind und dieser bestätigt in einem Protokoll, welche Stahldrähte entfernt werden dürfen und welche im Beton bleiben müssen.
Die Bauleitung wird dann nach Freilegen und Entrosten überprüfen, ob die Entrostung vollständig und ausreichend durchgeführt worden ist. Sie wird auch überprüfen, ob die Ausbruchstellen alle rechtwinklig eingeschnitten sind (mindestens 5 mm tief), so daß sicher verhindert ist, daß der Flickspachtel später auf 0 mm ausgezogen werden könnte.
Man kann im Zweifel recht einfach feststellen, ob der Stahldraht vollständig oder nur nach außen im karbonisierten Bereich liegt. Man näßt die Betonstelle leicht an und betropft mit einer 1 bis 2%igen Thymolphthaleinlösung. Wenn sich der Beton blau färbt, reicht die Alkalität für den Schutz aus.

Schutz des im Beton verbleibenden Stahls
Der im Beton verbleibende Stahl muß gegen den Angriff von Wasser, Sauerstoff und aggressive Schadstoffe in der Luft geschützt werden. Das geschieht nach der klassischen Methode durch einen dichten, aktiven Rostschutz.
Der Stahl ist im zu schützenden Bereich bereits entrostet. Er erhält dann einen zweifachen Anstrich. Dieser Anstrich soll als Bindung Epoxidharz enthalten, als Rostschutz alternativ:
- Zinkstaub,
- Mennige,
- Zinkchromate.

Alle anderen Schutzmethoden sind

11

10

Abb. 10 Zerstörtes Epoxidharzschutzsystem auf dem Beton einer Brücke. Der Schnitt in etwa 30-facher Vergrößerung zeigt, daß in die an sich durchaus richtig aufgebrachte Grundierung Sand eingestreut wurde und diese damit zerstört wurde. Der Deckanstrich ist einigermaßen dicht, er enthält Luftporen. Die wesentliche Schutzfunktion hat immer die Grundierung, und diese ist von Sand durchschlagen.

Abb. 11 Nur dort wird der Beton grundiert, wo ihn die Bürste (Rolle) überstreicht.

nicht zugelassen, vor allem auch nicht der sogenannte alkalische Schutz, weil er wirkungslos ist.
Wenn die ausführende Firma meint, daß ein Einstreuen von Sand notwendig ist, dann sollte sie einen dritten Anstrich aus Klarlack aufbringen und in diesen einstreuen. Niemals aber dürfen die beiden aktiven Rostschutzanstriche durch das Sandeinstreuen durchschlagen werden, denn dann wäre der Schutz nicht mehr vorhanden.

Auffüllen der Ausbruchstelle
Wenn die Sanierungsstelle (die Ausbruchstelle im Beton) so weit vorbereitet ist, die Ränder senkrecht eingeschnitten sind und sichergestellt ist, daß der Rostschutzanstrich nicht über den Beton geschmiert wurde (das zu überprüfen ist Sache der Bauleitung, und wenn der Beton überschmiert ist, muß dieser abgeschliffen werden), dann kann nach Freigabe durch die Bauleitung diese Ausbruchstelle verschlossen werden.
Für die Verfüllung gibt es drei verschiedene Möglichkeiten, diese werden nachstehend beschrieben.
Vorher aber muß die Ausbruchstelle von Sand und Staub befreit werden. Das kann durch Abblasen mit trockener und ölfreier Druckluft erfolgen.

1. Verfüllen des Ausbruchs mit einem kunststoffvergüteten (durch Zusatz von Acrylharzdispersion oder einer Butadien-Styrol-copolymerlatex) zementgebundenen Mörtel.
In diesem Fall darf die Flickstelle nicht vor zwölf Wochen grundiert, imprägniert oder mit einem Anstrich versehen werden. Durch die Restalkalität an der Oberfläche bzw. in dem grundierten Bereich würden die Harze sicher zerstört werden.

2. Verschließen der Ausbruchstelle durch einen zementgebundenen Mörtel, aber mit Zusatz von emulgierbarem Epoxidharz. Dieser Mörtel, den man gemeinhin ECC-Mörtel nennt, hat den Vorteil einer etwas besseren Plastizität, besseren Haftung und Dichtheit. Auch er darf nicht früher als nach acht Wochen grundiert, imprägniert und überstrichen werden.
Muß man ihn früher überstreichen, so beispielsweise wegen der verlängerten Vorhaltezeit des Gerüstes, so darf man ihn nach etwa 10 Tagen mit dünnflüssigem Epoxidharz einmal überstreichen, damit die Sperre gegen die Alkalität erreicht wird. In diesem Fall können Grundierung, Imprägnierung und Anstrich schon nach etwa 14 Tagen nach der Verfüllung erfolgen.

3. Verschließen der Ausbruchstelle mit einem epoxidharzgebundenen Mörtel ohne Zement und Kalk. Hier kann man bereits nach acht Tagen imprägnieren, grundieren und überstreichen. Sind es tiefere und größere Ausbruchstellen, und man befürchtet bei diesem Verfahren Nachschwinden und Rissebildung, so kann man ein plastifiziertes Epoxidharz verwenden, welches diese Risiken ausschließt.
Der Verarbeiter kann je nach seinem Arbeitstakt zwischen diesen Verfahren wählen. Es muß sichergestellt sein, daß die Ausbruchstelle nach dem Verfüllen mit Wasser, Kelle oder Spachtel glättbar ist. Man darf sie weder als Erhebung noch als Vertiefung in der Fassade wiederfinden. Sollten Unregelmäßigkeiten dennoch vorkommen, sind diese abzuschleifen. Bevor die Fläche nicht ganz gleichmäßig ist, gibt sie die Bauleitung auch nicht für die weiteren Arbeiten frei.
Weiter ist zu beachten, daß die Verarbeitung der Spachtelmasse und der Harze genau nach den Verarbeitungsvorschriften der Herstellerwerke erfolgen muß, damit diese nicht aus ihrer Produktenhaftung entlassen werden können. Es muß auch sichergestellt sein, daß die Hersteller bestätigen, es handele sich um einen schwindfreien Spachtel.

Ist man gezwungen, durch diese Methoden Leicht- oder Gasbeton auszubessern, so müssen plastischere Massen verwendet werden, weil die Zugfestigkeit dieser Betone geringer ist. Es gelten zwar die drei zuvor beschriebenen Methoden, doch muß der Flickspachtel weicher eingestellt werden. Die Hersteller liefern solche Produkte. Auch hier ist der Lieferant genau zu befragen und seine Empfehlung durch Briefform oder Merkblatt festzuhalten und der Bauleitung *vor Beginn der Arbeiten* zu übergeben. Entscheidend ist hier immer die Angabe des Elastizitätsmoduls.
In vielen Fällen wird die Betonfläche nicht überstrichen, sondern nur tiefenversiegelt. Dieses immer dann, wenn in der Fläche nur vereinzelte Reparaturstellen auftreten. Dann dürfen die Reparaturstellen nicht mehr erkennbar sein. Es ist keine grundsätzliche Schwierigkeit, den Reparaturmörtel genau auf die Farbe des umgebenden Betons einzustellen, nur etwas Sorgfalt ist erforderlich. Das brauchte man an sich einer Fachfirma als Anmerkung gar nicht vorzuhalten, denn sie würde es ohnehin so handhaben. Falls sie jedoch nicht mit diesen Dingen vertraut ist, sei darauf hingewiesen, daß die Einfärbung niemals durch Weißzement erfolgen darf, sondern die Aufhellung durch winzige Mengen von Titandioxid (Rutil) bewirkt wird. Auch sollte man auf ortsübliche Sande verzichten, weil diese vielfach einen Gelbstich ergeben und sich auf trockene Grubensande, Formsande oder Quarzsande beschränken, die schon von vornherein im richtigen Farbton liegen.

12

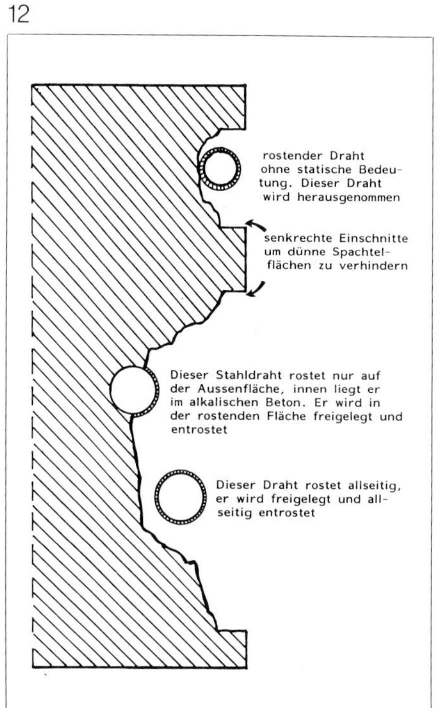

Abb. 12 Freilegen des rostenden Stahls im Beton

13

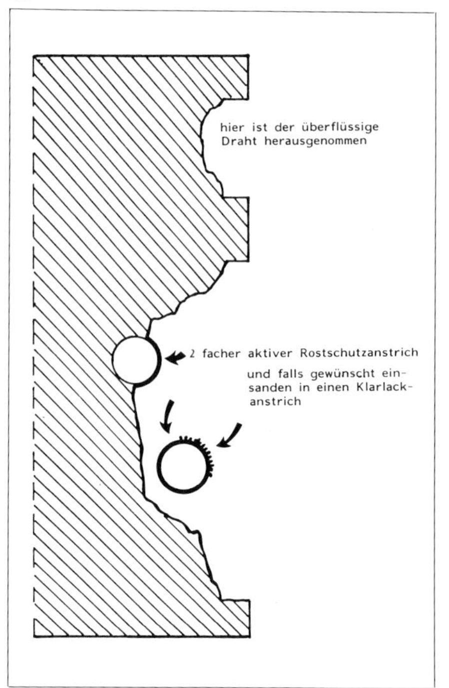

Abb. 13 Entrosten des im Beton verbleibenden Stahls, 2-fach aktiven Rostschutz aufbringen und sofern es gewünscht wird, Einstreuen von Sand in einen dritten (Klarlack-) Anstrich.

Abschließend sei gesagt, daß es der Wille des Bauherrn ist, die Ausbrüche beständig rissefrei und eben zu verschließen, Kanten und Ecken nachzubessern gegebenenfalls neu aufzubauen, so daß alle diese Reparaturstellen sich später nicht mehr abzeichnen. Auch darf unter keinen Umständen die umgebende Betonfläche durch Flickspachtel überschmiert werden.

Aufbau von Kanten und Ecken

Lose Kanten und Ecken sind abgeschlagen. Diese Ausbruchstellen sowie schon vorhandene Abplatzungsstellen müssen ausgebessert bzw. neu aufgebaut werden. Für kleinere Ausbruchstellen eignet sich besonders gut der ECC-Spachtel, größere Ausbruchstellen wird man mit Zementmörtel verschließen. Es gelten dafür genau die Richtlinien, wie im vorhergehenden Abschnitt.

Notfalls verwendet man Hilfsschalungen. Alle Nachbesserungen müssen fluchtgerecht und gerade sein, sonst darf man sie nicht abnehmen. Auf keinen Fall aber dürfen über dem Flickspachtel noch weitere, feinere Spachtelschichten aufgebracht werden. Es ist immer nur *ein* Material zu verwenden. Das hat seinen Grund darin, daß Mörtelschichten aufeinander nur eine verminderte Haftung aufweisen, unter sich Spannungen haben und damit ein unnötiges Risiko darstellen.

Schutzbehandlung des Betons

Den eigentlichen Schutz ergeben Grundierungen und Imprägnierungen. Der Deckanstrich gibt zwar auch einen Schutz, doch er dient vornehmlich dem farblichen Ausgleich.

Die Grundierung sollte immer eine Tiefenversiegelung sein. Diese enthält z. B. je 5% eines hochmolekularen Siliconharzes (keine Silane und keine Siloxane) und 5% eines nicht verseifbaren Acryl- oder Methacrylcopolymers. Das Lösungsmittel darf nicht Testbenzin sein, es muß Solventnaphta sein, da sonst das Siliconharz im Laufe der Zeit ausfallen würde. Diese Tiefenversiegelung bringt die Kapillarinaktivierung des Betons, sie dringt je nach Betondichtheit 1 bis 3 mm tief ein und bildet zusammen mit den Zuschlägen im Beton (den Sandkörnern) im Zementstein eine wirksame Dampfbremse und Bremse gegenüber den aggressiven Gasen der Luft.

Es ist nur die Arbeitsweise der Imprägniertechnik zugelassen. Dieses wäre Fluten durch Breitschlitzdüsen, begrenztes Fluten mit Frankfurter Bürsten oder auch Airless-Spritzen unter niedrigem Druck mit seitlicher Begrenzung in der Düse. Bei kleineren Flächen darf mit einer Bürste satt dreimal Naß in Naß gearbeitet werden.

Bei den Flutverfahren kann, sofern man langsam flutet, in einmaligem Arbeitsgang verfahren werden, bei schnellem Fluten in zwei Arbeitsgängen.

Arbeiten mit Quast oder Rolle ist sonst nicht zulässig. Rollen dürfen überhaupt nicht verwendet werden. Das muß die Bauleitung exakt überprüfen. Die gleichen Methoden gelten auch für eine reine Imprägnierung, die sich von der Tiefenversiegelung dadurch unterscheidet, daß sie allein aus Siliconharz mit mindestens 5% Feststoffgehalt besteht.

Der Verbrauch pro m^2 eines B 25 liegt bei 350 bis 400 ml/m^2. Wenn man einmal schnell übergrundiert, nimmt der Beton zwar nur ca. 200 ml auf, macht man es aber langsam oder gründlich, hat man den doppelten Verbrauch. Dieser ist auch notwendig, um eine Eindringtiefe von mindestens 1 mm zu erreichen.

Deckanstrich

Der Deckanstrich hat die Funktion des farblichen Ausgleiches, sofern eine Vielzahl von Flickstellen vorhanden ist. Man muß von ihm erwarten, daß er sehr lange Zeit wartungsfrei erhalten bleibt. Das aber ist nur möglich, wenn die oben beschriebene Untergrundschutzvorbehandlung korrekt ausgeführt wurde. Nur dann sind alle Risse im Untergrund kapillar inaktiviert (bis 0,4 mm Breite) und es ist sichergestellt, daß Wasser und gelöste Salze den Anstrichfilm von unten her nicht abdrücken können.

Es sind grundsätzlich alle handelsüblichen Produkte zugelassen, sofern sie nicht auf der Basis von Vinylacetat aufgebaut sind. Die weitere Voraussetzung ist ihre Wasserabweisung, welche mindestens in der Größenordnung der Grenzflächenspannung des Wassers zum Untergrund von 45 mN/m liegt. Dieses muß der Hersteller bestätigen. Die ausführende Firma kann dieses auch anhand der Randwinkelmessung eines Wassertropfens auf dem Anstrichfilm leicht überprüfen. Dabei muß aber der Tropfen schon mindestens fünf Minuten auf dem Film gestanden haben und darf nicht eingesickert sein. Die Messung ist einfach, sie erfolgt durch Projektion auf einen Bildschirm oder einen Bogen weißes Papier. Die beiliegende Grafik gibt die Relation zwischen Randwinkel und Grenzflächenspannung.

Der Deckanstrich kann einmal oder zweimal erfolgen, je nach dem wie er ausgeschrieben wird. Jeder Anstrich sollte nicht dicker sein als etwa 70 µ. Je dicker der Anstrichfilm, um so kurzlebiger ist er.

In den meisten Fällen wird man einen hellen Betonfarbton, so z. B. RAL 7038 wünschen. Die Bauherrschaft wird aber in vielen Fällen auch noch besondere Farbwünsche anmelden. Sofern es sich nicht um Volltöne handelt, bedarf das Angebot keiner Preiskorrektur. Volltöne dagegen werden mit Aufschlag berechnet.

IBF

14

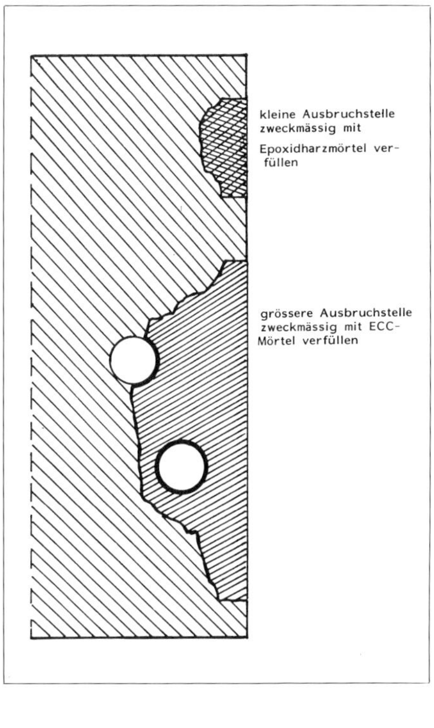

15

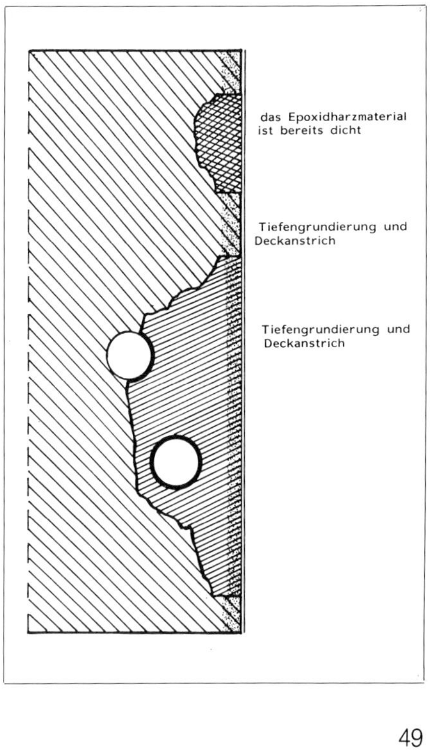

Abb. 14 Entstauben der Ausbruchstelle, Vorgrundierung mit dünnflüssigem Epoxidharz, Verfüllen der Ausbruchstelle und glätten.

Abb. 15 Tiefengrundieren (Imprägnieren, Tiefenversiegeln), wasserabweisender Deckanstrich.

Schäden an stahlbewehrten Leichtbetonfassaden

Schadensbild

Ein größeres Bauvorhaben mit ca. 8000 m^2 Fassadenfläche ist im Jahre 1974 erstellt worden. Die Fassaden sind in einem Leichtortbeton ausgeführt. Der Leichtbeton besteht aus Blähtonbeton mit der Trockenrohdichte von ca. 1,35 bis 1,6. Der Stahl hat eine Stahlmattenschwindbewehrung und eine normale statische Bewehrung durch dickere Stahldrähte.
Im Jahre 1974 hatte man bereits in größerem Umfang derartige Leichtbetonbauten (damals hier als ein LB 160 geplant) hergestellt. Die Dichte des LB 160 ist bei diesem Bauvorhaben allerdings erstaunlich hoch; man hatte zu diesem Zeitpunkt bereits Leichtbeton mit Dichten von 1,2 bis 1,3 gut im Griff und man kann auch sagen, daß diese Dichten 1974 schon üblich waren.
Die Betondeckung über dem Stahl der Bewehrung ist nach der seinerzeit geltenden Fassung der DIN 1045 geregelt. Darauf wird weiter unten noch sehr genau einzugehen sein.
Seit etwa 1978 setzten die ersten Schäden ein, die sich im Laufe der folgenden Jahre schnell verstärkten. Diese Schäden hatten zwei stets wiederkehrende Erscheinungsbilder. Diese seien nachstehend geschildert.

1. Abplatzen der Betondeckung über dem Stahl der Bewehrung in Flächen wie in Streifen. Dazu sei bemerkt, daß diese Schäden schon sehr frühzeitig erfolgt sein müssen, denn es sind solche Defektstellen bereits mit einem Mörtel überspachtelt worden und diese Überspachtelungen platzen heute, im Jahre 1981, wieder ab.
Die nachstehenden *Abbildungen 1, 2, 3, 4, 5, 6* und *7* zeigen dafür typische Beispiele. Dieser Schadenstyp wiederholt sich über die ganzen Fassadenflächen. Teils ist die Betondeckung schon abgesprengt, teilweise hängt sie noch lose an der Fassade, wie es die Bilder zeigen.

Die Absprengungen betreffen die Flächen, die Bänder, Ecken und Pfeiler der Fassade. Den Zerstörungsprozeß läßt die *Abb. 5* im Detail besonders gut erkennen. Aber auch *Abb. 7* zeigt den typischen Schadensverlauf. Damit sei zu dem nächsten Schadensbild übergeleitet.

2. Rissebildung in der Betonoberfläche verbunden mit kleinen lokalen Abplatzungen. Schwindrisse in der Leichtbeton-Oberfläche sind normal, darauf wird weiter unten bei der Besprechung de Schadensursachen noch zurückgekommen.
Diese Risse sind jedoch in Breite und Tiefe ungewöhnlich ausgeprägt. Die Breiten liegen zwischen 0,05 bis 0,3 mm und längs dieser Risse beginn vielfach schon die Abplatzung dünne Scherben der Betonoberfläche. Die Betonhaut platzt ab und läßt die Struktu des Leichtbetons erkennen. Bemerkenswert ist es, daß diese Art der Abplatzung nicht mit der Unterrostung de Stahldrähte in Verbindung steht.

Abb. 1 Flächige Abplatzungen der Betondeckung über der Schwindbewehrung des Leichtbetons.

Abb. 2 Fläche mit Betonabsprengung über dem Stahlgitter in Nahaufnahme.

Abb. 3 Nahaufnahme, die die Absprengung des Betons über dem Stah zeigt.

1

2

3

Durch diese beiden Schadenstypen sind die Fassaden des Bauvorhaben bereits beträchtlich zerstört, so daß eine umfassende Sanierung geboten ist. Dabei sind auch alle die bereits früher reparierten Schäden — durch eine einfache Mörtelüberschmierung der Schadstellen — wieder fachgerecht instandzusetzen, weil diese provisorische Überdeckung wieder abplatzt bzw. schon wieder abgeplatzt ist, wie es die *Abb. 8* zeigt.

Schadensursache

Zweifelsfrei und schon dem Laien erkennbar, reicht die Betondeckung über dem Stahl nicht aus, um die Rostung der Stahldrähte der Bewehrung zu verhindern. Da die Betondeckung hier nur von 3 bis ca. 15 mm reicht, sind die aufgetretenen Schäden vorprogrammiert gewesen und sie sind dann auch in dem Zeitraum aufgetreten, in dem die Karbonatisierung in diese Tiefe vorgedrungen ist.

Die Tiefe der Karbonatisierung wurde am Objekt und an Hand von Bohrkernen gemessen; sie betrug 6 bis 10 mm, das entspricht allen Erfahrungswerten und Voraussagen.

Die Messung der Karbonatisierungsgrenze erfolgte in frisch gespaltenen Bohrkernen mit Hilfe des Indikators Thymolphthalein. Thymolphthalein schlägt bei pH 10 in ein tiefes Blau um und gibt damit sehr genau den Bereich der Alkalität an, in dem der Stahl noch passivierend gegen das Rosten geschützt ist. Die *Abb. 9* zeigt an den Bohrkernstücken die exakte Darstellung dieser Grenze; sie ist erkennbar, wenn auch die Schwarz-Weiß-Wiedergabe den blauen Bereich nicht als Farbe erkennen läßt. Zuweilen wird versucht, diesen Bereich mit Hilfe von Phenolphthalein festzustellen, doch ist das irreführend, weil der Indikator Phenolphthalein schon bei pH 8,6 in rot umschlägt und einen Bereich der Alkalität anzeigt, der sehr weit von der Passivierungsgrenze (ph 10) entfernt ist.

Abb. 4 Rostsprengungen über den Stahldrähten der statischen Bewehrung an den Ecken.

Abb. 5 Anatomie einer Betonabsprengung über dem Stahl der Bewehrung in Nahaufnahme, teils ist die Betondekkung abgefallen, teils hängt sie noch daran.

Abb. 6 Beispiel für die Betonabsprengungen über den Drähten statischer Bewehrung an den Kanten der Balkonbodenflächen.

Abb. 7 Zustand der Betonoberfläche. Links hat der rostende Stahldraht der viel zu nahe an der Kante sitzt und kaum von Beton überdeckt war, den Beton abgesprengt, die Fläche dagegen zeigt ein ausgeprägtes Rissenetz mit kleinen lokalen Betonabplatzungen.

6

4

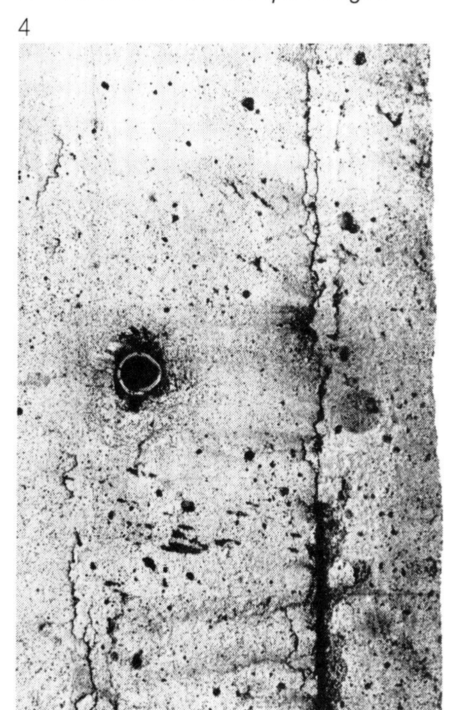

5

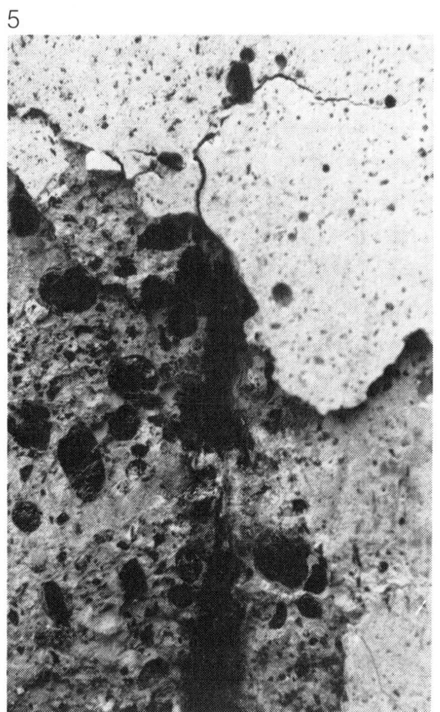

7

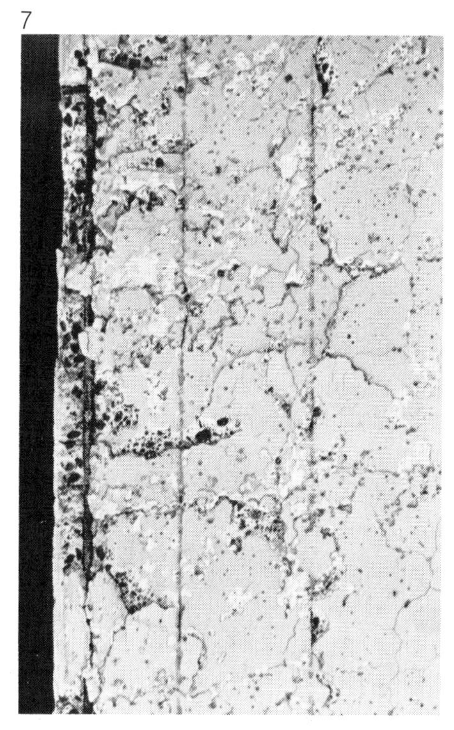

Nachdem festgestellt ist, daß die Karbonatisierung normal verlaufen ist und Zonen erreicht werden, die noch weit im Bereich der Betondeckung vor dem Stahl liegen sollten (vgl. DIN 1045), wurde die Dicke der Überdeckung gemessen bzw. die Tiefe des im Beton liegenden Stahldrahtes. Dabei zeigte es sich, daß in allen den Fällen, bei denen die Unterrostungen aufgetreten waren, die Betondeckung für einen langdauernden Schutz nicht ausreichte. Sie lag gestreut zwischen 2 und 12 mm; damit ist sie von der Karbonatisierung in vielen Fällen und an vielen Stellen überholt worden.

Auch die Umhüllung der Stahldrähte mit Zementmilch, wie es als zusätzlicher Schutz bei Gas- und Leichtbeton notwendig ist, schützte nur dort, wo auch die Betondeckung den alkalischen, passivierenden Schutz erbrachte. Dort wo die Karbonatisierung den Stahldraht erreicht hatte, war auch die Zementleimhülle mit durchkarbonatisiert. Das ist vorhersehbar und verständlich, denn diese Umhüllung ist nur ein Teil der normalen, durch den Zementanteil alkalischen Betondeckung und bietet in den niederen pH-Bereichen keinen aktiven Rostschutz.

Es wurde mikroskopisch überprüft, wie sich der Rostungsvorgang unter einer noch vorhandenen Zementleimschicht darstellt. Dabei wurden Drähte herauspräpariert, die ca. 10 bis 12 mm tief im Beton lagen, im Grenzbereich von pH 10. Es war bei 10- und 50-facher Vergrößerung gut zu erkennen, daß die Rostung unter der Umhüllung durch Zementleim stattfand, und daß der Rost durch diese Schicht herauswuchs und sie durchdrang, allerdings nur vereinzelt absprengte. Die *Abbildungen 10* und *11* zeigen diesen Vorgang.

Was als Konsequenz übrig bleibt, ist die Folge der unzureichenden Betonüberdeckung des Bewehrungsstahls, nämlich die flächige, punktuelle und streifenförmige Absprengung der Betondekkung aufgrund der Unterrostung. Damit unterscheidet sich dieser Leichtbeton nicht von einem Normalbeton. Der Schaden wird weiterlaufen, bis die Zerstörung der Betonoberfläche überall dort vollzogen ist, wo die Betondeckung nicht ausreichte.

Wir müssen an dieser Stelle eine theoretische Überlegung einblenden. In diesem Verhalten entspricht der Leichtbeton dem Normalbeton. Die Diffusionsdichte ist vergleichbar, der Zementanteil und damit die Alkalireserve auch, wenn diese bei dem Leichtbeton auch größer ist. Anders aber sind die Verhältnisse bei den diffusionsoffenen Betonen, den Poren-Kunststoffschaum- und Gasbetonen. Hier ist jede Dicke der Betondekkung nicht für die alkalische Passivierung heranzuziehen, man muß hier die Stahldrähte völlig für sich isoliert betrachten und sie mit einem aktiven und sehr lang andauernden Korrosionsschutz versehen. Auf diese Unterscheidung muß hingewiesen werden.

Es bleibt die Erklärung für das weitere Schadensbild, nämlich die unverhältnismäßig starke Rissebildung und die lokalen Abplatzungen der Betonoberfläche, so wie wir es auf der *Abb. 7* gut sehen können.

8

10

9

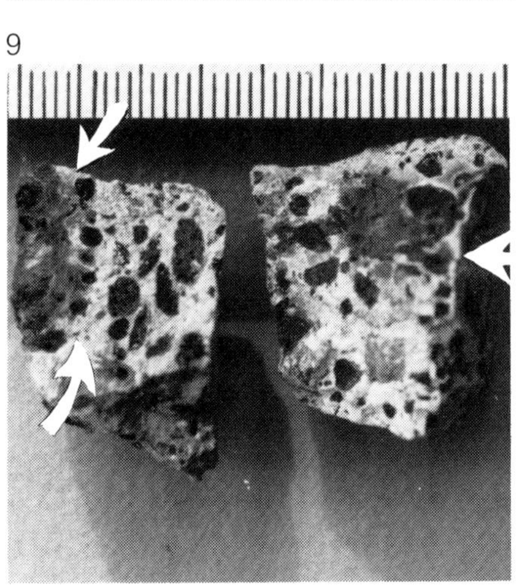

11

Abb. 8 Eine ältere Abplatzung der Betondeckung über rostendem Stahl wurde mit Mörtel überschmiert. Jetzt platzt die Betondeckung in der unmittelbaren Umgebung und auch am Rand der Mörtelüberschmierung wieder ab, weil der rostende Stahldraht weder geschützt noch entfernt worden war.

Abb. 9 Messung der Karbonatisierungstiefe an den gespaltenen Bohrkernen. Die Bohrkerne wurden gespalten, damit an frischem Beton gemessen wird. Die blaue Farbe zeigt den pH-Wert-Bereich über 10 an. Die Grenze zu dieser Zone ist durch einen Pfeil bezeichnet.

Abb. 10 Rostender Stahldraht in 10 mm Tiefe. Man erkennt noch die Reste der Zementleimbedeckung auf der Drahtoberfläche, darunter frische Rostflächen. Vergrößerung 10-fach.

Abb. 11 Reste der Zementbedeckung des Stahldrahtes. Der Rost hat diese Bedeckung durchdrungen, er ist hellrot und frisch; der Rostungsprozeß geht weiter. Darunter dicke alte Rostschichten. Vergrößerung 50-fach.

Abb. 12 Bruch durch einen sehr leichten Blähtonleichtbeton. Die Struktur und der Kornaufbau sind gut erkennbar.

Abb. 13 Oberfläche dieses Leichtbetons nach einigen Monaten Bewitterung.

Abb. 14 Schwindrissenetz in der Oberfläche des gleichen Blähtonleichtbetons im Zustand des Abtrocknens.

Abb. 15 Schnitt durch einen entsprechenden Blähschieferleichtbeton.

Dazu auch wieder einige Ausführungen aus der Praxis der Leichtbetonherstellung. Leichtbetonoberflächen neigen zur Bildung von Schwindrissen. Je leichter der Beton wird, um so eher kommt es zur Rißbildung. Man versucht diese Rißbildung zu mindern, indem man die Betonfertigteile oder auch die Ortbetonflächen länger naß hält oder gegen das Abtrocknen mit einer verlorenen, später von selbst verfallenden Beschichtung schützt. Das funktioniert zunächst auch. Man vergißt nur zu leicht, daß diese Tricks letztlich den Schrumpfvorgang aufgrund des Wasserverlustes nicht verhindern, sondern nur aufhalten können. Die Risse werden möglicherweise auch mehr verteilt, doch die Summe aller Risse auf die Fläche oder die Längeneinheit bleibt stets konstant, gleich welche Methode man zum Schutz vornimmt.

Allein die Reduzierung des Wasseranteils im grünen Beton vermag das Schwinden und damit die Menge und Breite der Risse wesentlich zu beeinflussen. Das hat man gut im Griff, wenn man die Mischung darauf abstellt. Ins Detail zu gehen führt zu weit, doch seien Beispiele dafür gezeigt, wie man sehr leichte Platten aus Blähtonleichtbeton oder aus Blähschieferleichtbeton mit einer guten Oberfläche herstellen kann bzw. vor rund sechs bis acht Jahren schon herzustellen in der Lage war. Das ist auch längst der Stand der Technik. Diese Beispiele müssen gezeigt werden, damit wir einen Maßstab für das »Mögliche« haben.

Abb. 12 zeigt den Bruch durch einen Blähschieferleichtbeton der Trockenrohdichte von 1,05, max. 1,1. *Abb. 13* zeigt die Oberfläche nach einigen Monaten. *Abb. 14* zeigt die gleiche Oberfläche im Zustand des Abtrocknens und nur dann kann man die sehr feinen Schwindrisse stark vergrößert erkennen; ihre Breite liegt zwischen 0,02 und 0,05 mm, vereinzelt 0,1 mm.

Abb. 15 zeigt den Schnitt durch einen Blähschieferleichtbeton, der ebenfalls sehr exakt aufgebaut wurde und der genau das gleiche Schwindverhalten mit stark reduzierter Schwindrißbildung zeigt. Das sind alles Beispiele, die heute sieben Jahre alt sind. Der hier zur Debatte stehende schadhaft gewordene Leichtbeton (mit wesentlich größerer Dichte) stammt auch aus etwa dieser Zeit.

Der Fehler bzw. die Ursache für diese tief hineingehende Rißbildung und die darauf folgende Abplatzung ist zunächst in dem Herstellungsprozeß zu suchen. Durch die Risse drang das Wasser ein, füllte die feinen Kavernen des porösen Zuschlagkorns, wurde im Winter zu Eis und so lockerte sich das Gefüge unter der Oberfläche bis diese abgesprengt wurde, wozu schon geringe Quellspannungen oder thermische Spannungen ausreichen.

Oft sind dann diese beiden Ursachen kombiniert für den Schaden verantwortlich, weil in dem Bereich der Risse und der Absprengungen die Karbonatisierung auch schneller nach innen fortschreitet.

15

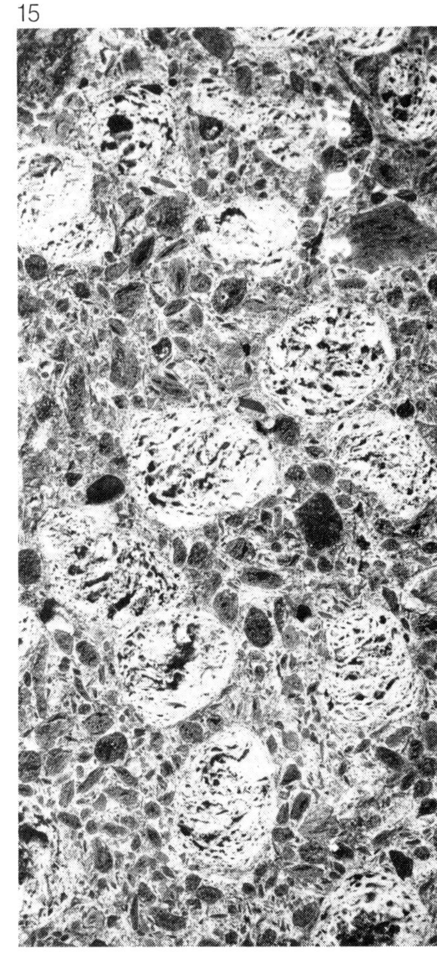

12

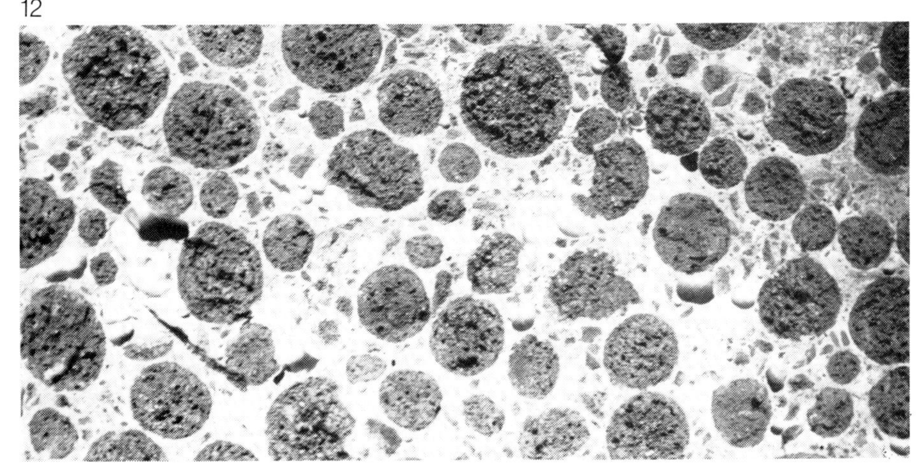

13

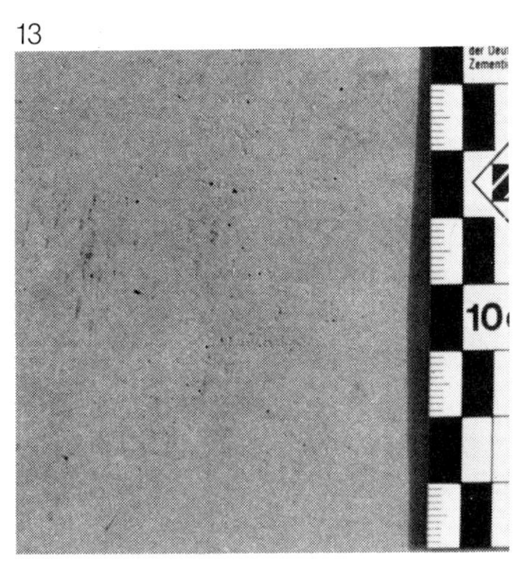

14

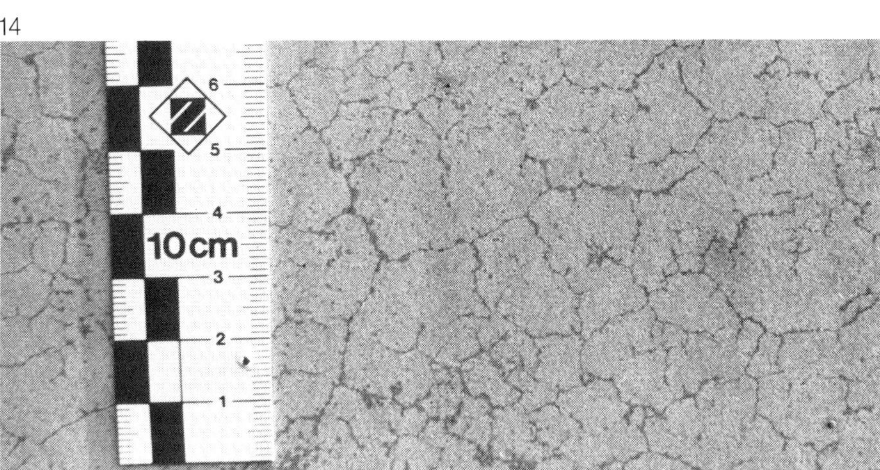

Sanierung

Es soll nicht an dieser Stelle wiederholt werden, wie man Stahlbetonfassaden saniert und wieder aufbaut. Das ist in der Literatur so oft beschrieben worden und es liegen dazu neue Berichte vor (Das Baugewerbe Hefte 9 und 10/81 und der Forschungsbericht: Stahlbeton-Oberflächenschutz und Lebenserwartung 1981 [Bauverlag]), so daß sich eine Wiederholung erübrigt.

Es seien nur die Grundsätze aufgezeigt, nach denen man verfahren muß:

— Wiederherstellung der Betondekkung über den Stahldrähten nach DIN 1045. Deckung von 25 bis 30 mm. Dieser Schutz ist nur für die Drähte erforderlich, die statisch von Belang sind. Drähte, die nur der Schwindbewehrung dienten, jetzt rosten, bedeuten lediglich noch ein Risiko und man sollte sie aus der Fassade entfernen.

— Die Überdeckung ist nicht überall wie erforderlich herstellbar, weil dazu die Tiefe fehlt; man wird oft mit 10 mm vorliebnehmen müssen. In diesem Fall muß der Stahldraht mit einem aktiven Rostschutz versehen werden und die Überdeckung muß dampfdicht und wasserabweisend sein.

16

Abb. 16 Bewehrungsstahl in Gasbeton in ca. 5 cm Tiefe. Die Umhüllung ist noch einigermaßen intakt, der Gasbeton ist grob porös.

Abb. 17 Bewehrungsstahl in Gasbeton in 6 cm Tiefe. Er beginnt zu rosten, der Gasbeton ist in diesem Fall weniger porös, jedoch befinden sich um den Draht Lunker.

Abb. 18 Rostender Bewehrungsstahl im Gasbeton. Dieses Bauteil ist zwei Jahre alt, der Stahl liegt 5,4 cm tief im Gasbeton. Die schützende Umhüllung mit Zementmilch ist sehr dünn und von Rost durchdrungen.

18

17

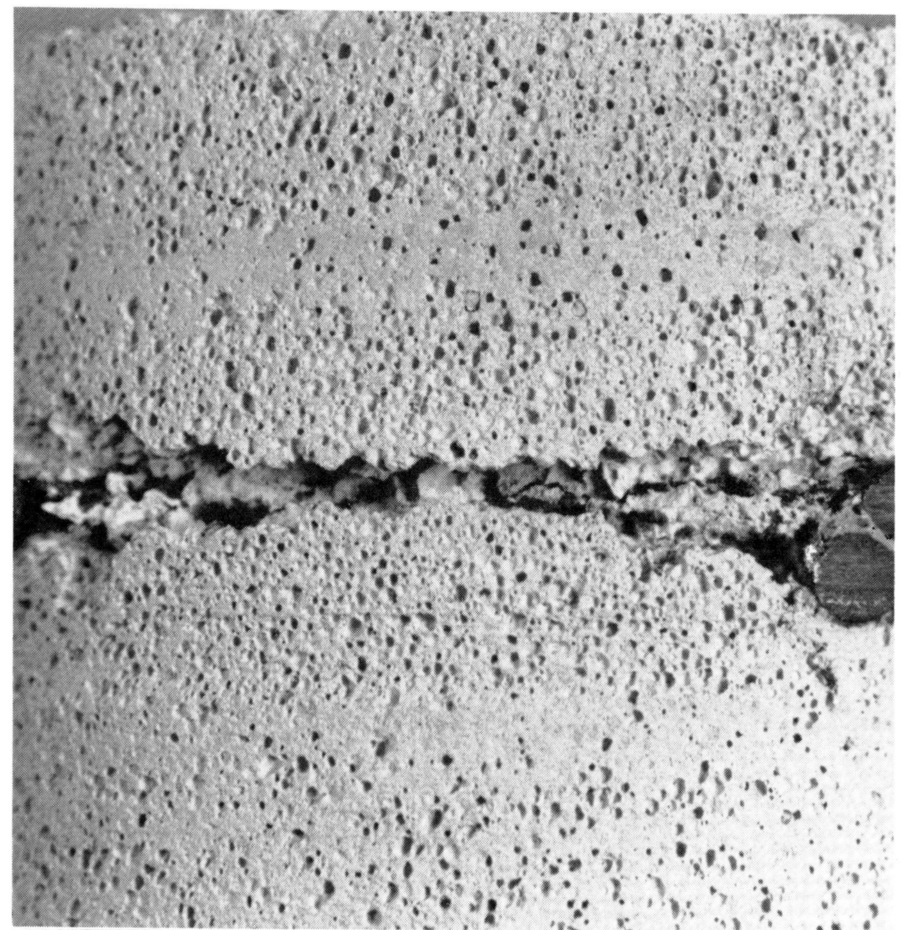

19

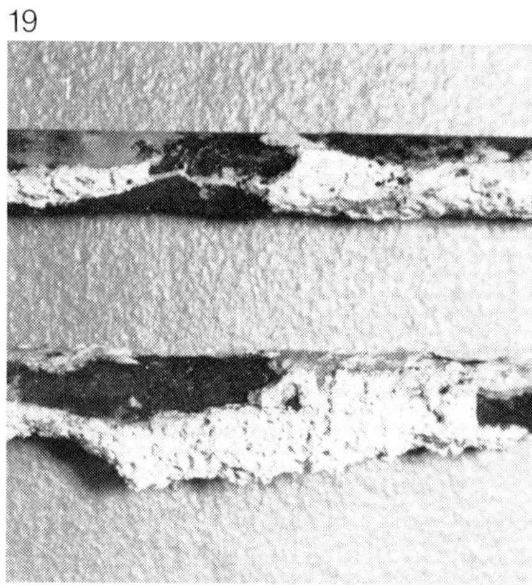

20

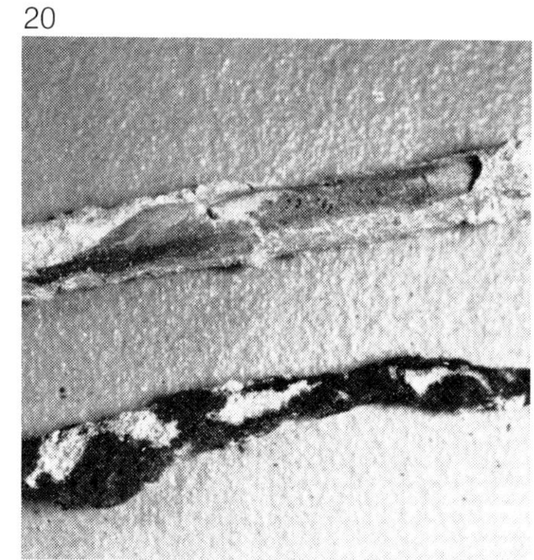

— Flächige Spachtelungen sind notwendig. Diese sollten im Elastizitätsmodul, in der thermischen Bewegung und in ihrem Quellverhalten dem umgebenden Beton entsprechen, damit diese Flickstellen nicht wieder ausbrechen oder abplatzen. Wir hatten ja schon eingangs gesehen, wie sich solche hausgemachten Mörtel im Laufe der Zeit verhalten.

— Wichtig ist es, und das sei nicht nur am Rande erwähnt, daß eine derart notwendigerweise geflickte Fassade an Aussehen viel verliert und der farbliche Ausgleich stets notwendig wird. Dann sollte darauf geachtet werden, daß der Farbanstrich nicht diese Fassaden zum ständigen Wartungsfall macht, weil der Anstrich immer erneuert werden muß. Es sind deshalb nur die sehr langzeitbeständigen Schutzanstriche anzuwenden, keine Verschönerungs- oder Überdeckungsanstriche, wobei eine fortschrittliche Malerfirma, die den neuesten Stand der Bautenschutztechnik beherrscht, durchaus in der Lage ist, dauerhafte Schutzanstriche aufzubringen. IBF

Abb. 19 u. 20 Bewehrungsstücke, die aus Gasbetonteilen herauspräpariert wurden. Sie waren alle 4 bis 6 cm tief eingebettet, und der Stahl-Gasbeton ist zwei bis vier Jahre alt. Alle Stufen der Rostung sind vertreten.

Abb. 21 Unter der Zementmilchumhüllung rostet der Bewehrungsstahl. Direkt unter der Umhüllung hat sich frischer Rost gebildet (hellrot gefärbt und mit einem Pfeil gekennzeichnet). Darunter liegen dunkle, schon alte Rostschichten. Das Bild zeigt den Zustand nach 3½ Jahren. Vergrößerung 20-fach.

Abb. 22 Unter der Zementmilchumhüllung, die im oberen Teil des Bildes als Kruste zu erkennen ist, rostet die Bewehrung weiter. Details aus Abb. 21 in 60-facher Vergrößerung.

Abb. 23 Die Beschichtung von Gasbeton mit einer Kunststoffspachtelmasse (Kunstharzdispersionsspachtel) erweist sich als wenig zweckmäßig. Die Kohäsion des Gasbetons ist geringer als die der Spachtelmasse.

Abb. 24 und 25 Durchreißen einer Glasseidengewebearmierung in einem Eckbereich der Außenbeschichtung, über einer Eckschiene.

21

24

22

23

25

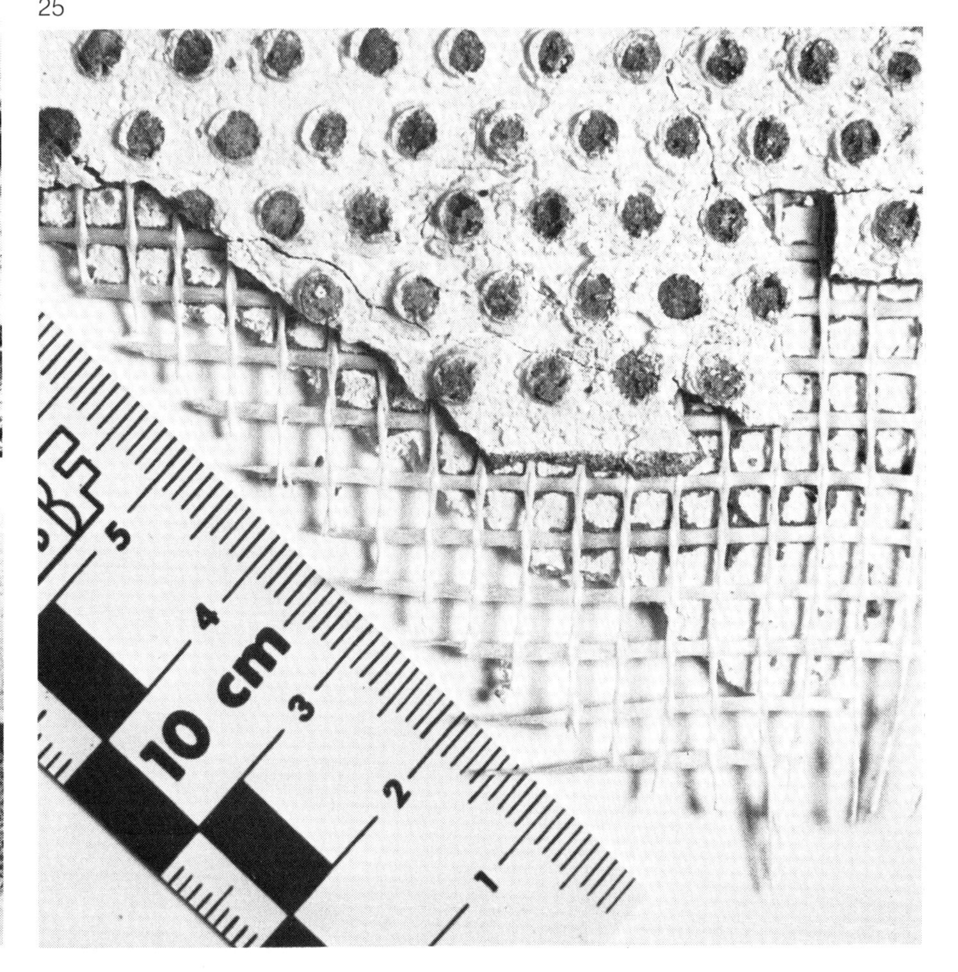

Instandsetzung von zerstörtem Blähtonbeton

Die Tatsache, daß Stahlbeton und Stahlleichtbetone infolge der Unterrostung der Bewehrung zerstört werden, ist allgemein bekannt. Der folgende Bericht soll sich weniger mit dem Schaden und der Schadensursache befassen als mit der Darstellung einer fachgerechten Sanierung des Betons, die Vorbild sein sollte.

Schadensbild

Zerstörung von Blähtonstahlbeton der Dichte 1,25 bis 1,3 infolge Unterrostung der Bewehrung. Diese Unterrostung konnte deshalb stattfinden, weil die Betondeckung über der Bewehrung viel zu dünn war und stellenweise nur wenige Millimeter betrug.

Schadensursache

Rostung der Bewehrung, die nicht gemäß der DIN 1045 überdeckt war.

Sanierung

Zunächst zeigen die *Abbildungen 1* und *2* den flächigen Schaden. Die *Abbildungen 3* und *4* zeigen den Versuch, den Schaden mit hausgemachten Mitteln zu überdecken. Das war vergeblich; die Mörtelüberdeckung platzte nach wenigen Monaten wieder ab, da die Bewehrung weiter rostete.
Die Betonteile wurden dann sorgfältig wiederhergestellt. *Abb. 5* zeigt, wie die Ränder der Ausbruchstelle scharf abgegrenzt und ca. 10 mm tief eingeschnitten

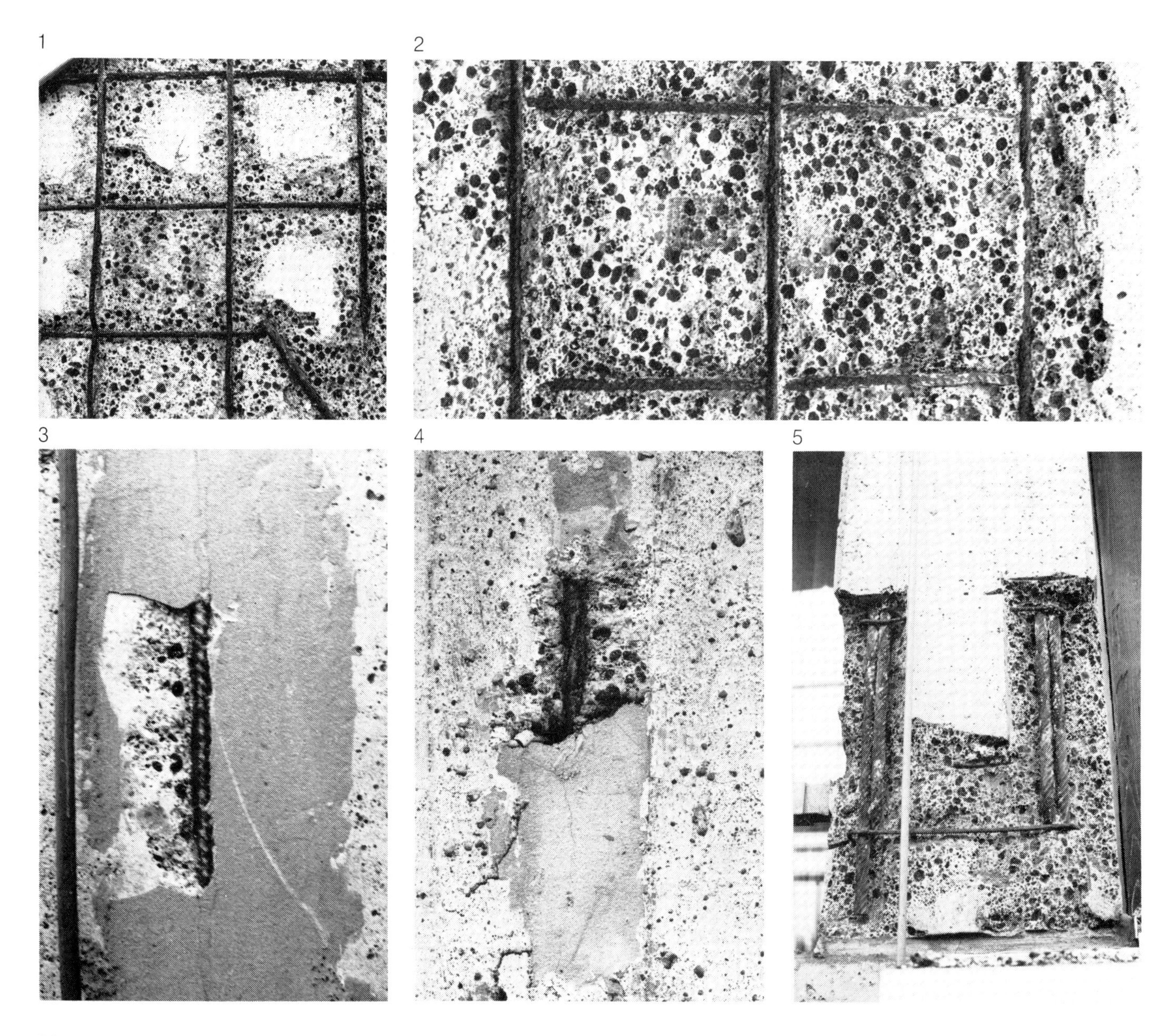
1 2 3 4 5

wurden, damit der eingebrachte Flickmörtel nicht auf 0 mm auslaufen kann. *Abb. 6* zeigt den kompletten Neuaufbau der Kanten eines der Pfeiler; auch die Abphasung ist genau wiederhergestellt worden.
Der aufgesetzte Magnet zeigt an, daß die neu aufgebaute Betondeckung über dem im Beton verbliebenen Stahl 15 mm beträgt. Da dieser Flickspachtel sehr diffusionsdicht ist (μ-Wert 300) und der Stahl durch einen 2-fachen, aktiven Rostschutzanstrich geschützt ist, reicht diese Auftragsdicke in Verbindung mit dem Rostschutzanstrich gut für einen dauerhaften Schutz des Stahls aus.

Abb. 7 zeigt eine Reparaturstelle im Pfeiler vor dem Aufbringen der Grundierung und des Schutzanstrichs. Man kann hier erkennen, wie gut diese Stelle an den umgebenden Beton angepaßt wurde. *Abb. 8* zeigt dann schließlich eine derart ausgebesserte Fläche nach Einbringen der Grundierung in den Beton und dem Aufbringen des schützenden Anstrichs. Die Wasserabweisung ist optimal, die Grenzflächenspannung des Wassers auf diesem Anstrich liegt bei 50 mN/m.
Diese kurze Darstellung hat den Sinn, zu zeigen, wie man mit einfachen Mitteln, aber handwerklich sauber und gekonnt, Stahlbeton instandsetzen kann und muß. Das ist auch dann möglich, wenn es sich, wie hier um die Sanierung umfangreicher Schäden handelt.

Keineswegs werden heute alle Stahlbetonsanierungsarbeiten so sorgfältig ausgeführt und oft findet man unbeholfene Spachtelungen wie sie die *Abbildungen 3* und *4* zeigen. Leider wird diese nachlässige Sanierung auch von den Herstellern der Sanierstoffe so empfohlen, wie auch das Ausziehen der Spachtel auf 0. Man sollte sich bei der Abnahme der Leistungen stets nach diesem Vorbild orientieren. Es wurden einwandfreie Stahlbetonsanierungen schon seit 1968 in dieser Weise ausgeführt, so daß eine sehr sorgfältige und gut überlegte Arbeit längst zum Stand der Technik gehört.

IBF

Abb. 1 u. 2 Zunächst flächig freigeschlagene Schadensstellen, aus denen der Stahl noch entfernt wird und die dann an den Rändern eingeschnitten werden.

Abb. 3 u. 4 Alte Mörtelausbesserungen, bei denen der Stahl nicht geschützt wurde und die infolge Unterrostung wieder abplatzen.

Abb. 5 Bei diesem Pfeiler muß der Stahl im Beton aus statischen Gründen verbleiben. Die zu sanierende Stelle, die Ausbruchstelle, ist durch Einschneiden scharf abgegrenzt, damit bei dem Verschließen der Stelle mit Betonflickmörtel dieser nicht auf 0 mm ausgezogen werden kann.

Abb. 6 Einer der Pfeiler ist neu aufgebaut worden. Der Magnet zeigt an, daß der Stahl jetzt 15 mm überdeckt ist.

Abb. 7 Sauber wiederhergestellte Ausbruchstelle an einem Pfeiler vor dem Aufbringen der Grundierung und des Schutzanstrichs.

Abb. 8 Nahaufnahme eines Betonteils nach der Sanierung und nach dem Aufbringen der Grundierung des schützenden Acrylharz-Siliconharz-Anstrichs. Man erkennt die einwandfreie Wasserabweisung des Schutzsystems.

Abb. 9 Betonoberfläche, die nach der Grundierung mit einem wasserabweisenden Anstrich versehen worden ist.

6

8

7

9

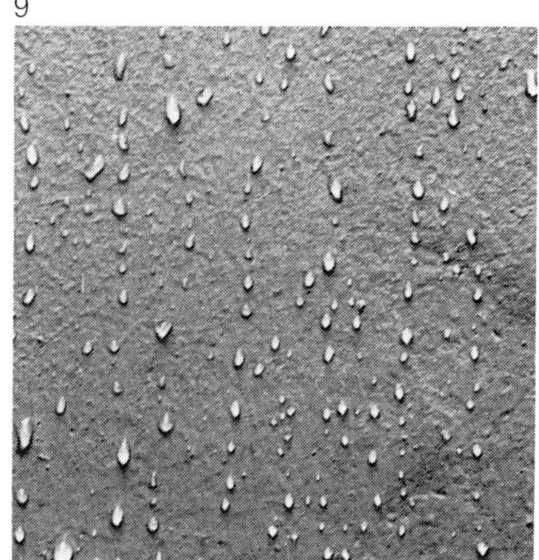

Rostende Stahlbewehrung im Gasbeton

Die Armierung von Gasbetonwänden ist außergewöhnlich, in den meisten Fällen werden Gasbetonblöcke ohne jede verbindende Bewehrung geklebt. In anderen Fällen kann es aber notwendig werden, eine Bewehrung einzubringen. Da Gasbeton zwar zunächst für den Stahl ein alkalisches und vor der Oxidation schützendes Milieu liefert, ist zeitlich eine schützende Umhüllung mit dem Gasbeton ausreichend.
In relativ kurzer Zeit jedoch carbonatisiert der poröse Gasbeton bis in die Tiefe, und der alkalische Schutz für den Stahl geht verloren. Aus diesem Grunde werden Armierungsstahldrähte im Gasbeton vor der Einbringung gegen Korrosion geschützt. Dieser Schutz kann gut und langzeitig wirksam sein, er kann aber auch stellenweise frühzeitig versagen und dann kommt es zur *Unterrostung.* Hier wird an einem Beispiel die Problematk diskutiert.

Schadensbild

Eine Gasbetonwand zeigte verschiedentlich Rostaufbrüche, aus denen auch dunkle, braunschwarze Läufer heraustraten. Die Untersuchung zeigte, daß rostende Stahldrähte für diese Erscheinung verantwortlich waren.

Schadensursache

Die herauspräparierten Stahldrähte zeigen die *Abbildungen 1* und *2.* Die Bilder zeigen sie etwas vergrößert. Man sieht, daß die Stahldrahtoberflächen teilweise sauber, glatt und ohne Rost sind, teilweise aber auch erheblich angerostet sind.

Der Gasbeton selber hat eine unterschiedliche Struktur. Er ist teilweise sehr grobporig, man erkennt Poren vom Durchmesser um 2 bis 4 mm. Andere Stellen sind feinporiger, hier ist keine der Poren größer als 1 mm im Durchmesser. Die *Abbildungen 3* und *4* zeigen Schnitte durch den Gasbeton und wir können hier die unterschiedliche Porosität erkennen.
Auffällig sind flache Lunker, die sich weit durch die Gasbetonteile ziehen. Viele dieser Lunker treffen auf die incorporierten Stahldrähte der Bewehrung. Auch das ist in *Abb. 4* gut erkennbar. Hier hat das Rosten an der Grenze zum Lunker bereits eingesetzt.
Die rostenden Drähte wurden herauspräpariert und unter dem Mikroskop im Auflicht untersucht. Dabei zeigte es sich, daß wie bei rostendem Stahl im Normalbeton die Rostung nicht flächig einsetzt, sondern als punktueller Lochfraß. Eine große Zahl kleiner Lochfraßelemente, sogenannte Belüftungselemente bei Spalten und Bedeckungen, reihen sich aneinander und dadurch entsteht ebenfalls eine flächige Zerstörung. Die *Abbildungen 5* und *6* zeigen mikroskopische Auflichtaufnahmen in

1

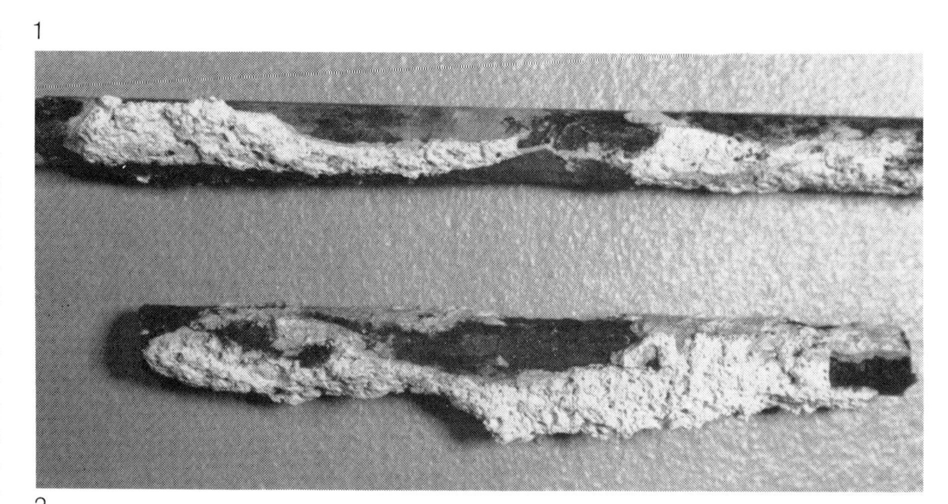

2

Abb. 1 u. 2 Stahldrähte im Gasbeton, die stellenweise rosten. Andere Stellen sind noch völlig in Ordnung und nicht von Rost befallen.

0-facher Vergrößerung, und man erennt deutlich die Vielzahl der kleinen ochfraßstellen.
as ist eine bemerkenswerte Feststelıng. Flächige Korrosion des Stahls der ewehrung im Beton kann theoretisch rst bei einem pH-Wert um 9 einsetzen, ı der Praxis aber beginnt das Rosten chon ab ca. pH 10,3. Dieser Effekt ist uf die Elementbildung mit nachfolgenem Lochfraß zurückzuführen. Bei Gaseton ist das nicht anders. Hier begüntigen die vielen kleinen Spalten und oren die Elementbildung.
ie pH-Messung ergab in allen Tiefen es Gasbetons Werte zwischen 8 und ,7; es war damit auf jeden Fall das chützende, alkalische Milieu schon abebaut.
ie Konsequenz ist: Man darf sich bei iasbeton, wie bei allen mehr oder weiger porösen Betonsorten (Blähschieer-, Blähton- und Porenbeton) nicht alein auf das schützende, alkalische Mieu verlassen, auch dann nicht, wenn ıan die Betondeckung über dem Stahl on 20 oder 25 mm auf 30 mm und mehr rhöht. Die Betondeckung muß bei poösen Betonen auf jeden Fall beträchtch über die Werte, die die DIN 1045 anibt, erhöht werden. Wenn bei einem uten Normalbeton die Karbonatisierung in der Tiefe von 11 bis 13 mm im Laufe der Jahrzehnte zum Stehen kommt, so ist das bei poröseren Betonen nicht der Fall, hier liegt die Karbonatisierungsfront sehr viel tiefer und auch die Gipsfront dringt hier schneller und tiefer ein.
Daher muß der eingebettete Stahl, die Drähte, die Bügel und Stangen und die Drahtgeflechte selber mit einem aktiven Rostschutz versehen werden. Das geschieht auch. So umhüllen die Hebel-Gasbetonwerke die Stahldrähte mit einem dichten zementgebundenen, alkalischen Milieu und diese Umhüllung kann durch eine zusätzliche Bindung durch Kunststoffe und andere organische Stoffe wie bestimmte Bitumensorten verstärkt werden. Diese Schutzbehandlungen sind weiter entwickelt und werden ständig verbessert.
Auch verzinkte Stahldrähte können verwendet werden, dann allerdings muß die Verzinkung dick genug sein, um alle Grate und Spitzen des Stahldrahtes ausreichend zu überdecken. Man muß sich darüber im klaren sein, daß die Zinkschicht letztlich auch nur eine *Opferanode* ist und wenn diese durchbrochen wird, ist der Schutz auch verloren. Zink wird auch unter dem Angriff der atmosphärischen Schadstoffe aufgezehrt und korrodiert. Auch dadurch geht der Schutz im Laufe der Zeit verloren.
Andere Schutzmethoden, wie z. B. das Tauchen des Bewehrungsstahls in Epoxid- und Methacrylharzlösungen oder Emulsionen (bzw. Hydrosole) und einem Zusatz von Zinkstaub oder Chromsalzen sind auch sehr sicher und sie mögen auch viel wirtschaftlicher und zeitsparender sein.

Sanierung

Man kann nachträglich das Rosten nicht beheben und man kann es auch nicht mehr aufhalten. Man muß im Hinblick auf die Festigkeit der Wand insgesamt auf die Bewehrung verzichten, sie sozusagen abschreiben. Das wird man in vielen Fällen auch können, im Zweifel kann man die Statik durch Anbindung an zu erstellende Stützen verbessern.
Optisch sind diese Rostungserscheinungen durch eine Trockenlegung der Wand und einen dichten Anstrich dauerhaft zu kaschieren. Man kann im Extremfall auch eine solche Wandfläche mit Leichtmetallplatten oder Asbestzementplatten verkleiden. IBF

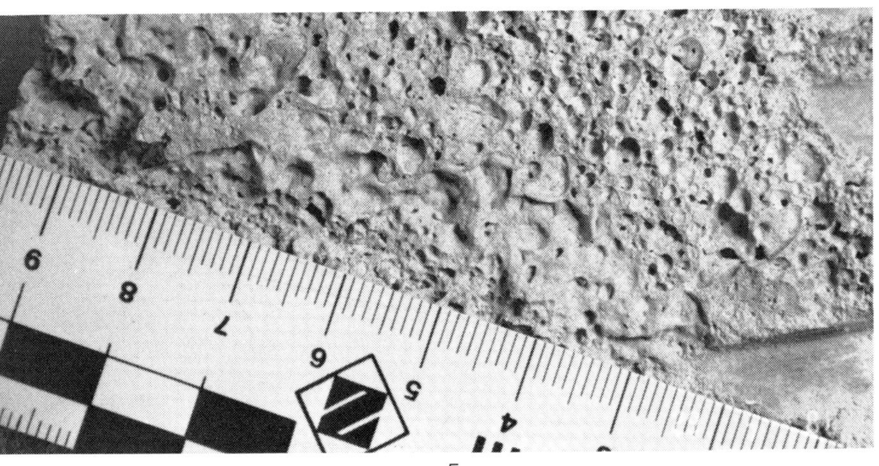

Abb. 3 u. 4 Der Gasbeton ist teils grobporig, teilweise auch von längeren Lunkern durchzogen. In dem einem Fall ist zu erkennen, wie diese Lunker bis an den Stahl der Bewehrung reichen.

Abb. 5 u. 6 Die rostende Oberfläche des Stahldrahtes in 50-facher Vergrößerung. Man erkennt bei beiden Stellen als korrosionsauslösende Momente, viele verschieden große Lochfraßnester.

5

6

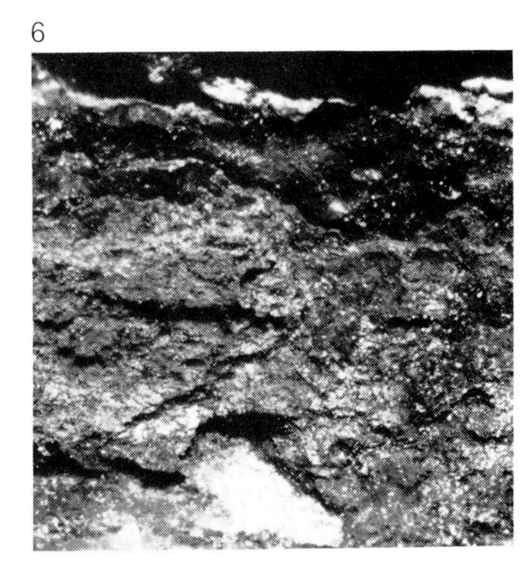

Verhütung von Schäden bei Montagebauten aus Beton-Sandwich-Platten bei gleichzeitiger Optimierung der bauphysikalischen Eigenschaften

Vorgefertigte Sandwichplatten, bestehend aus der tragenden Betonschale, einer Dämmplatte und einer dichten Vorsatzschale, hatten etwa ab 1960 sehr wesentlich dazu beigetragen, Großbauvorhaben schnell abzuwickeln.

Seit dieser Zeit sind die Anforderungen an Wärmedämmung und hinsichtlich des Wohnkomforts an einige Nebenbedingungen höher gestellt worden. Zudem kommt die Erfahrung, daß bei nicht gut durchdachten Wandkonstruktionen es zu Kondenswasserbildung in weniger belüfteten Räumen gekommen ist.

Diese Momente betreffen jedoch in gleicher Weise alle anderen Außenwandkonstruktionen aus den verschiedensten Baustoffen; sofern nicht alle bauphysikalischen Bedingungen ausreichend erfüllt sind, treten mehr oder weniger Mängel auf. Die Tatsache, daß heute weniger Beton-Sandwich-Platten hergestellt werden als vor etwa 12 oder 15 Jahren, beruht weniger auf Mängeln in der Entwicklung dieser Platten, also auf Kinderkrankheiten, als darauf, daß einmal heute sehr viel weniger Großbauvorhaben entstehen, die große Serien von vorgefertigten Teilen rechtfertigen, und daß heute eine Vielzahl anderer, energiesparender Außenwandsysteme entwickelt worden sind, die zum Einsatz kommen. Ob alle diese Systeme sich besser als gut konzipierte Sandwichplatten verhalten, sei dahingestellt und wird hier nicht untersucht.

Vorgefertigte Betonplatten für die Außenwände sind nach wie vor überwiegend Sandwichplatten. Wir verfügen heute nach ca. 25 Jahren Entwicklung solcher Bausysteme über sehr viel mehr Erfahrung, als es in der Hochkonjunktur der vorgefertigten Platten der Fall war. Heute sind wir in der Lage, nach exakten bauphysikalischen Erkenntnissen Sandwichplatten zu optimieren.

Über die Anforderungen an Sandwichplatten, die optimale Eigenschaften aufweisen sollen, wird in der Folge berichtet.

Bei der Herstellung von Beton-Sandwich-Platten wurden Anfang der 60er Jahre zuweilen Folgeschäden vorprogrammiert. Es kam zu Schäden im Bereich der Fugen, die Platten hatten eine unzureichende Wärmedämmung, andere Platten wiesen Risse auf und von anderen Platten fielen die Mittelmosaikplättchen der Bekleidung ab. In einzelnen Fällen wurden die Innenseiten der Platten naß, als Folge nur geringer Dämmung, von Wasseransammlung in der Dämmschicht und Anfall von Kondenswasser.

Es ging nun in der Folgezeit darum, diese Nachteile alle zu vermeiden und bauphysikalisch und wohnphysiologisch gute Platten und Montagebauten aus vorgefertigten Sandwichplatten herzustellen. Dieser Bericht hat deshalb ausschließlich einen positiven Aspekt, er befaßt sich mit der Herstellung brauchbarer Montageplatten, bei denen die oben erwähnten Nachteile nicht vorhanden sind. Wir haben aus Bauschäden gelernt — das ist der Titel dieses Buches und in diesem Rahmen soll der Bericht einen Beitrag leisten.

Abb. 1 Struktur des B 35 in $2\frac{1}{2}$-facher Vergrößerung

Abb. 2 Struktur des B 45 in $1\frac{1}{2}$-facher Vergrößerung. Man kann das sehr dichte Zementsteingefüge und die geringe Porosität erkennen.

Abb. 3 Die Aufnahme zeigt in $1\frac{1}{2}$-facher Vergrößerung die Struktur. Oben am Rand ist die farblose, carbonatisierte Zone zu erkennen. Der übrige Beton ist noch alkalisch, der pH-Wert ist höher als 10 und er wird durch Thymolphtalein dunkelblau gefärbt.

1

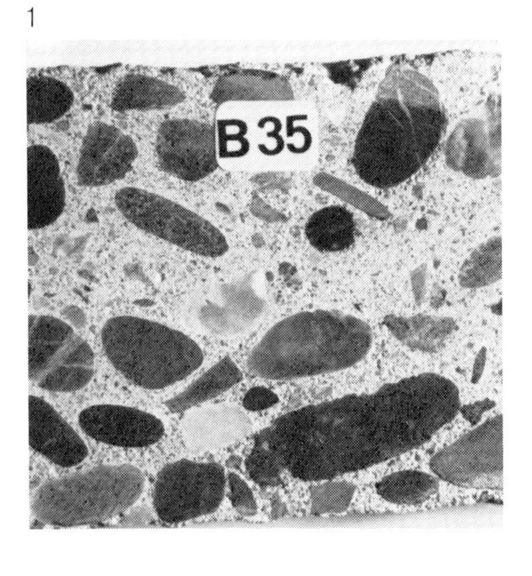

2

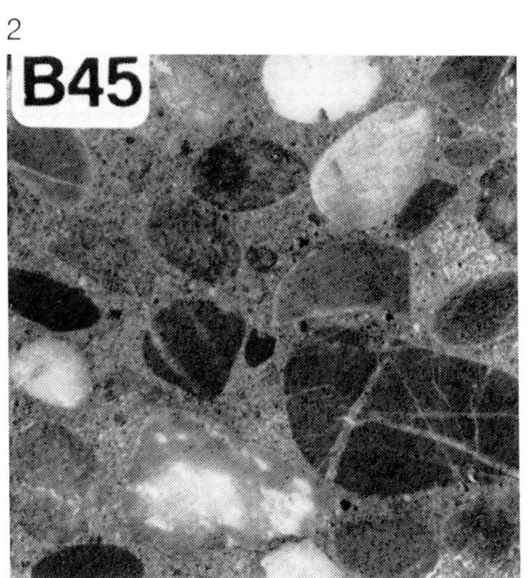

3

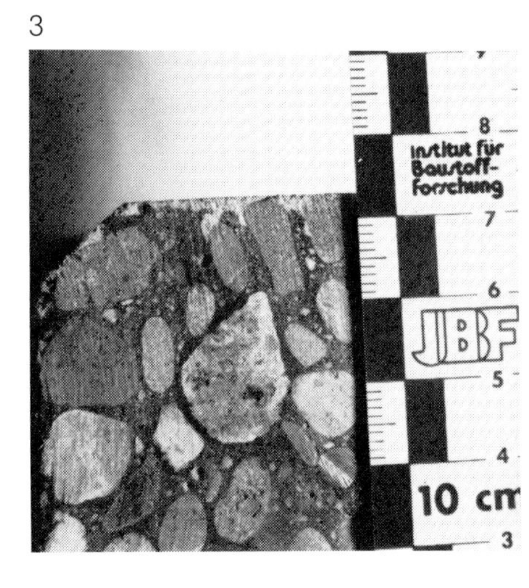

Die wirtschaftliche Bedeutung vorgefertigter Beton-Sandwich-Platten

Vorgefertigte Betonplatten eignen sich nicht nur für Großbauten, sie sind auch durchaus für mittlere Bauvorhaben geeignet. Dabei wird die Entwicklung von Sandwichplatten und eines Systems immer Sache der Bauunternehmen sein und wir haben Beispiele dafür, wie solche Systeme seit vielen Jahren zur Anwendung kommen und sich gut verhalten. Es sind die Vorteile, wie man sie bei der Herstellung von Großobjekten aus vorgefertigten Teilen und insbesondere Beton-Sandwich-Platten hat und nutzt.

Diese Vorteile sind:

— Schneller Bauablauf durch die Vorgabe der vorgefertigten, auch großformatigen Teile,

— der Rohbauablauf wird im wesentlichen auf die Montage reduziert,

— das Einhalten eines vorgegebenen Kostenrahmens,

— das Erstellen bauphysikalisch gut geplanter Bauten mit minimalem Risiko hinsichtlich Baufehler, unzureichender Wärmedämmung und anderer Fehler,

— geringere Kosten als die meisten anderen gleichwertigen Außenwandsysteme. Tragende Teile können in das vorgefertigte Werkstück mit integriert werden. Alle Funktionen, die sonst durch verschiedene Bauvorgänge, Bauteile und Detailarbeitsvorgänge erreicht werden, sind in der vorgefertigten Sandwichplatte optimal zusammengefaßt.

Die gute Ausführung der Montage und der Nebenarbeiten ist Voraussetzung der einwandfreien Funktionen und ist damit bei den spezialisierten Bauunternehmen bestens aufgehoben.

Die möglichen Nachteile vorgefertigter Beton-Sandwich-Platten-Baukonstruktionen sind:

— Verformung bei Platten größerer Längen (ab ca. 7,5 m), die durch eine richtige Nachbehandlung und richtigen Fertigungsablauf und konstruktive Maßnahmen bei Planung und Montage ausreichend berücksichtigt und vermindert werden können.

— Die Bewegung in der Vorsatzschale als Folge thermischer Belastung wiederum bei größeren Plattenlängen muß durch die richtige Berechnung der Bewegungen, Planung, Wahl des richtigen Verankerungssystems, Fugenauslegung und Abdichtung berücksichtigt und abgefangen werden. Die thermischen Einflüsse betreffen tragende Schalen, die keiner Sonneneinstrahlung ausgesetzt sind, nicht.

— Das Bauen mit vorgefertigten Beton-Sandwich-Platten erfordert eine vollständige und abgeschlossene Planung der Außenwand mit allen ihren Funktionen, der Konstruktion und ihren Details, der Haustechnik (z. B. Versorgungsleitungen, Schlitze etc.). Nach der Montage sind Änderungen kaum möglich. Dieses darf man jedoch kaum als Nachteil sehen, weil eine komplette und sorgfältige Planung auch erhebliche Vorteile bringt.

Anforderungen an Montagebauten aus vorgefertigten Platten aus der Sicht des Bauherrn

Neben den üblichen Anforderungen hinsichtlich der statischen Sicherheit, des Brandschutzes und der Wärmeschutzverordnungen, den geltenden Normen, werden heute von neuen Bauvorhaben verlangt:

— keine partiellen Durchfeuchtungen im Bereich der Fenster, der Bäder, Küchen und weniger durchlüfteten Räume,

— Langzeitbeständigkeit der Bauteile, so z. B. des Materials der Außenwand,

— keine zusätzlichen Wärmeverluste, die in den geltenden Normen und Verordnungen nicht erfaßt sind, so z. B. Verlust von Energie durch Herausdampfen von in den Außenwänden angesammeltem Regen- oder Kondenswasser,

— geringste Wartung der Bauteile, davon sind die Fassade, die Fenster und das Dach in erster Linie betroffen,

— geringste Verschmutzung der Wandflächen,

— ausreichender und sogar guter Schallschutz durch Außenwände und Fenster.

Die Anforderungen, so verständlich und normal sie uns erscheinen mögen, beinhalten eine ganze Serie oft schwieriger, technischer Anforderungen, die sowohl die Konstruktion als auch das Material betreffen, und man kann mit Recht sagen, daß Material und Konstruktion nicht voneinander zu trennen sind, weil sie einander bedingen. Befassen wir uns mit den einzelnen Konstruktionselementen, um sie dann nachfolgend in dem Zusammenbau (der Konstruktion) beurteilen zu können.

Die Betonplatten

Die tragende Betonplatte und die Betonvorsatzschalen sollen sich im Laufe längerer Zeitspannen nicht verändern. Beton ist ein sehr stabiler und durch Witterungseinflüsse belastbarer Baustoff. Wir kennen in Dänemark und im Frankfurter Raum Betonbauten, die heute gut 120 Jahre alt und noch intakt sind. Darüber ist in der Fachpresse berichtet worden.
Es muß die Vorbedingung erfüllt sein, daß der Beton ausreichend dicht gegen die Witterungseinflüsse, Gase wie H_2O, O_2, CO_2 und die zivilisatorischen Schadstoffe wie SO_2/SO_3 ist. Die Betondeckung über dem Stahl der Bewehrung sollte über die DIN 1045 eine größere Sicherheit bringen. Eine Erhöhung der Betondeckung über dem Stahl der Bewehrung auf 30 mm sowie größere Zementanteile ergeben mehr Sicherheit und auch eine höhere Alkalireserve. Diese Ausführung entspricht auch vielen Forderungen von Hochbauämtern aus neuerer Zeit.
Die Carbonatisierung eines dichten Betons, wie man ihn für Vorsatzschalen benötigt, bleibt in weniger belasteten Gebieten bei etwa 6 mm Tiefe stehen, in Industriegebieten und Großstädten noch unterhalb von 9 mm. Es stellt sich in Abhängigkeit der Wasserbelastung, der Einwirkung der Schadstoffe, der Dichtheit des Betons und der vorhandenen Alkalireserve ein dynamisches Gleichgewicht ein, welches die Carbonatisierung bestimmt und diese über so lange Zeit fixiert, wie eine Alkalireserve in der Platte vorhanden ist. Wir haben hier stabile Carbonatisierungsfronten an alten Betonbauten nach 120 Jahren feststellen können.
Durch verhältnismäßig geringe Wasseraufnahme und damit auch geringe Nachhydratisierungs- und Ausblutungstendenz von Kalkhydrat soll die Betonoberfläche auch sauber bleiben. Kann das nicht zufriedenstellend erreicht werden, ist es möglich, die äußere Betonschicht bis maximal 3 mm Tiefe durch eine hydrophobierende (wasserabweisende) Siliconharzimprägnierung zu schützen und sauber zu halten.
Die Schmutzbeladung und das Auftreten von Läufern kann dadurch wie auch durch geeignete Strukturen der Fläche vermindert werden, so auch durch die Herstellung einer dichten Vorsatzschale. Bei Farbanstrichen ist allerdings darauf zu achten, daß man langlebige Anstrichsysteme wählt mit geringster Wartung und geringsten Wiederholungs-(Instandhaltungs-)perioden. Darüber soll in dem Abschnitt *Oberflächenbehandlung* noch berichtet werden.

Bei einem System aus vorgefertigten Sandwichplatten wurden sowohl der Beton der tragenden Platte (B 45) wie der Vorsatzplatte (B 35) untersucht. Die *Abbildungen 1* und *2* zeigen den B 35 und B 45 im Schnitt. Man erkennt in beiden Fällen eine dichte Struktur. *Abb. 3* zeigt dann den Schnitt durch den B 35 der Vorsatzplatte mit der gleichzeitigen Messung des pH-Wertes des Betons und der Feststellung der Carbonatisierungstiefe.
Der Indikator (Thymolphtalein) zeigt hier den pH-Wert von 10 an, den Bereich, der noch für die Passivierung des Stahls im Beton ausreicht.
Die Carbonatisierungsfront bei dem Beton der Vorsatzschale, dem B 35, liegt nach einem Jahr zwischen 2 bis 3 mm Tiefe.
Der Wasserdampfdiffusionswiderstandsfaktor (μ) wurde ebenfalls bei den beiden Betonsorten gemessen, und zwar nach zwei verschiedenen Methoden. Einmal durch den Dampfdruck von innen nach außen, und einmal von außen nach innen, wobei eine Betonfläche von etwa 4 × 4 cm eingesetzt wurde. Beide Werte unterscheiden sich. Die Messungen wurden gegen geeichte Betonscheiben wiederholt. Nachstehend die Meßwerte nach DIN 52 615 (Tabelle 1):

Tabelle 1

Betonsorte	μ-Werte nach Messung von innen nach außen	μ-Werte nach Messung von außen nach innen	Kontrollmessung gegen geeichtes Material
B 35	121	130	120
B 45	137	140	135

Die Werte streuen nach der Meßmethode, doch genügt es, einen Mittelwert anzunehmen, denn auch die Betonschnitte müssen in sich streuen, je nachdem wie das Verhältnis von angeschnittenem Zuschlagkorn zum Zementstein ist.
Die Ausgleichsfeuchte der Betonproben, die im Freien lagen, betrug:

- B 35 1,7 Gewichtsprozent
- B 45 1,6 Gewichtsprozent

Die Carbonatisierungsfront bei dem Beton der Vorsatzschale, dem B 35, liegt nach einem Jahr zwischen 2 bis 3 mm Tiefe, das ist durchaus normal.

Die Dämmplatte

Verwendet wird zweckmäßig eine Mineralfasermatte nach DIN 4102 als A1 oder A2 ausgewiesen in hydrophobierter Ausführung. Diese Dämm-Matte soll im Normalfall eine Dicke von 60 mm haben, wobei die Dicke jeweils der geltenden Wärmeschutz- bzw. Energiesparverordnung anzupassen wäre. Der besondere Vorteil des Materials ist die geringe Wasseraufnahme, die gute Wasserdiffusion (Dampf- und Flüssigwasser) und auch die geringe Wasserspeicherung. Es eignen sich auch Hartschaumplatten, sofern diese den Anforderungen der DIN 4102 genügen. Hier sind die Wasserdiffusionsdaten jedoch andere und entsprechend zu berücksichtigen.

Die Wasserabweisung wurde als Randwinkel eines aufgesetzten Wassertropfens gemessen, er betrug im Mittel 93°. Das entspricht einer Grenzflächenspannung des Wassers auf dem Dämm-Material von ca. 41 mN/m. Diese wasserabweisende Ausrüstung bei der nicht kapillaren Matte reicht aus, um das Wasser abzuweisen; das Material ist nicht mehr wasserfreundlich, es fixiert kein Wasser und saugt es auch nicht auf.

Die Wasseraufnahme und Wasserabgabe wurde über 24 Stunden ermittelt. Die Matte wurde in Wasser gelegt und so beschwert, daß sie 50 mm unter dem Wasserspiegel verblieb.
Es wurde relativ wenig Wasser aufgenommen; in Volumenprozenten 2,6 und in Gewichtsprozenten etwa 28. Dabei wurde allerdings das Oberflächenwasser, die Wasserbeladung der Oberfläche mitgerechnet.
Die Wasserabgabe innerhalb von 24 Stunden verlief sehr schnell. Das ist für Dämmplatten ein entscheidendes

4

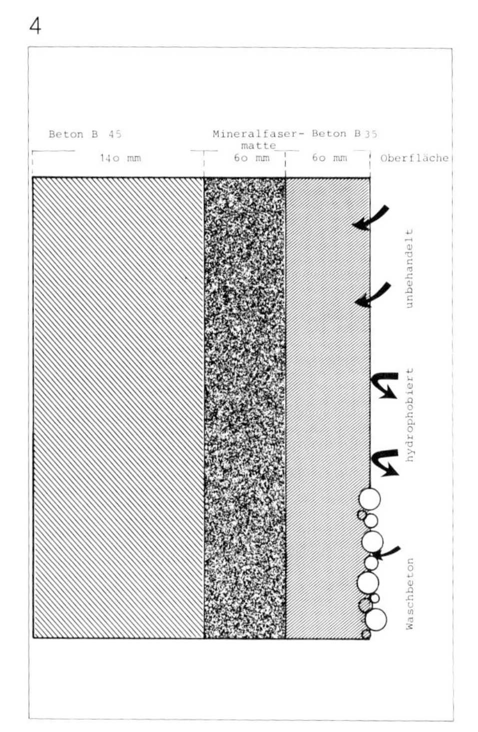

Abb. 4 Aufbau der untersuchten Sandwichplatte und Oberflächenfunktionen

Grafik 1

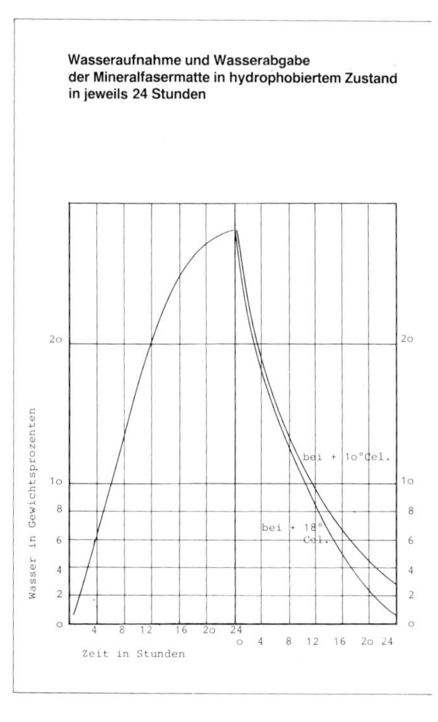

Kriterium. Die Austrocknung nach 24 Stunden erfolgt nahezu vollständig, und sie ist dabei kaum temperaturabhängig.
Die beiden Graphiken 1 und 2 zeigen einmal die Wasseraufnahme in Volumenprozenten und Wasseraufnahme und Wasserabgabe in Gewichtsprozenten im Verlauf von 24 Stunden und bei jeweils + 10° und + 18 °C.
Der Wasserdampfdiffusionswiderstandsfaktor wurde mehrfach bestimmt, er lag im Mittelwert bei $\mu = 5$.
Damit sind die Materialdaten bestimmt, wie sie in dem untersuchten System vorliegen. Die Skizze *Abb. 4* zeigt den Aufbau der Sandwichplatten.

Grafik 2

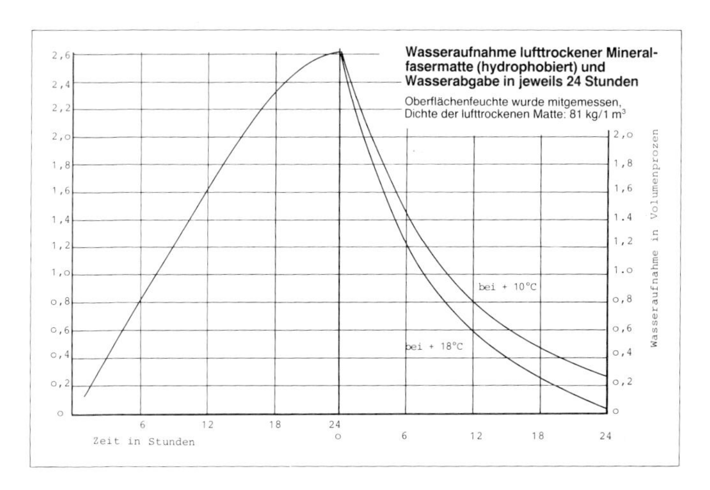

Die physikalischen Verhaltensweisen

Grundsätzlich soll die Dämmschicht so weit nach außen liegen, wie es konstruktiv möglich ist. Auf jeden Fall wäre eine innenliegende Dämmschicht aus vielen Gründen, die hier nicht diskutiert zu werden brauchen, unzweckmäßig. Ebenso unzweckmäßig ist das Anbringen einer Dampfsperre oder Dampfbremse an irgendeiner Stelle im Aufbau des Systems. In diesem Fall besteht das Risiko von Kondenswasseransammlung in der Platte. Theoretisch optimal wäre eine Steigerung der Wasserdampfdiffusionsmöglichkeit von innen nach außen. Bei Sandwichplatten ist diese Forderung nicht darstellbar. Es ist immer notwendig, einen Witterungs- und Feuchtigkeitsschutz außen aufzubringen. Man hatte das früher dadurch versucht, daß man die Außenflächen der Platte mit keramischem Material bekleidete. Diese Bekleidung führte dann zu Schwierigkeiten, wenn das Dämm-Material in der Lage war, Wasser aufzunehmen und festzuhalten, wenn die Taupunktfront im Laufe eines Winters ständig durch die Dämmschicht ging. Dafür liegen seit etwa 1960 sehr viele Beispiele aus der Praxis vor.
Daraus folgt zwangsläufig die Forderung nach der Möglichkeit einer gewissen, wenn auch eingeschränkten Wasserdampfdiffusion durch die Vorsatzschale und vor allem die Forderung, daß das Dämm-Material nicht Wasser speichern soll. Nach dem untersuchten System sind diese Forderungen sehr weitgehend erfüllt.

Der Nachweis des geeigneten und vertretbaren feuchtigkeitstechnischen Verhaltens soll nachstehend dargestellt werden.
Aus dieser Bestimmung wird ersichtlich, daß die Taupunktfront im Dämm-Material liegen wird und aus diesem Grunde sind die oben genannten Anforderungen an das Dämm-Material unabdingbar. Es versteht sich, daß neben der Möglichkeit des Abdiffundierens von Taupunktwasser aus der Dämm-Matte

5

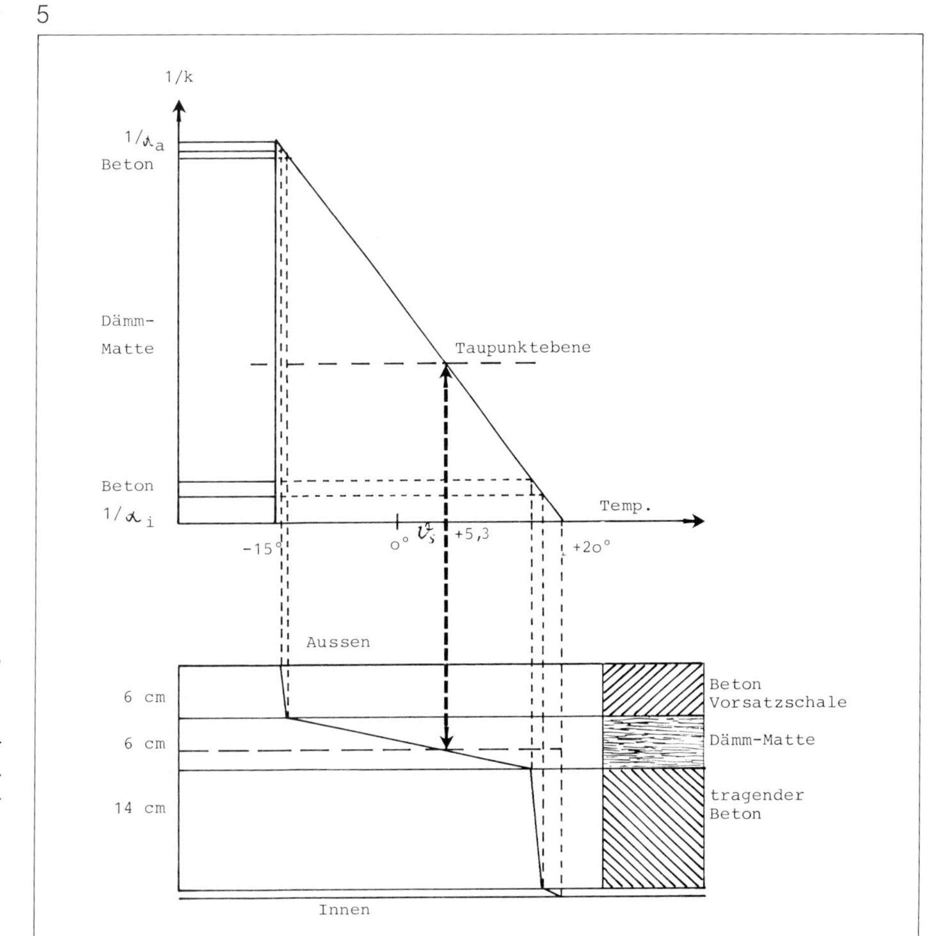

Abb. 5 Ermittlung der Taupunktebene auf graphischem Wege über das Grenzflächentemperaturdreieck.
Die Ermittlung der Dampfdruckdaten ist aus Raumersparnisgründen nicht dargestellt. Die Taupunktebene liegt in der Dämmschicht, welche wasserabweisend ausgerüstet ist, kein Wasser ansammeln kann und aus der Dämm-Matte kann das dort anfallende Wasser abdiffundieren.

Tabelle 2

1	2	3	4	5	6
Wandaufbau und Wärmeübergänge	d in m	λ W/mk	d/λ 1/α m^2k/W	tw K	tfw °C
Jahreszeit				Winter + 19,0	
Luft innen					
Grenzfläche α_i			0,13	2,517	+ 16,483
Stahlbeton B 45	0,14	2,1	0,067	1,107	+ 15,376
Dämmatte	0,06	0,04	1,5	29,042	− 13,666
Stahlbeton B 35	0,06	2,1	0,029	0,560	− 14,226
Grenzfläche α_a			0,04	0,774	
Luft außen					− 15,000
Summen	0,26		1,766	34,000	

auch die Möglichkeit des Ablaufens von Taupunktwasser gegeben sein muß. Diese Forderung sollte heute bei allen vorgefertigten und montierten Sandwichkonstruktionen erfüllt werden. Eine Belüftung der Dämmschicht ist bei Verwendung des Materials, welches kein Wasser speichert und einen sehr kleinen μ-Wert hat, nicht erforderlich. Die Grafik *Abb. 5* zeigt die oben genannten Werte grafisch übertragen, so daß die Lage der Taupunktebene erkennbar wird.

Die Funktion der Oberfläche

In dem bauphysikalischen System der Sandwichplatte spielt die Oberfläche eine wichtige Rolle. In *Abb. 4* sind verschiedene Oberflächentypen schematisch dargestellt. Von oben:

— unbedeckte glatte und unbehandelte Betonoberfläche, diese saugt das Wasser durch den Zementstein ein. Die Wassersättigung ist allerdings relativ gering. Ein Nachteil entsteht physikalisch durch die geringe Wasseraufnahme der Vorsatzschale nicht. Wir müssen nur die Verschmutzungstendenz berücksichtigen, die bei diesem dichten Beton nicht sehr groß ist, sowie die Möglichkeit des Ausblutens von Kalkhydratläufern und Flecken.

— Dann ist darunter die gleiche Oberfläche in hydrophobiertem Zustand dargestellt. Die Hydrophobierlösung dringt bei diesem dichten Beton maximal 1,5 mm tief ein, sie bringt aber den Erfolg, daß mit dem ablaufenden Wasser kein Schmutz eingeschwemmt wird, keine Verschmutzungen erfolgen und keine Kalkhydratläufer auftreten.

— Hinzu kommt der Oberflächentypus der Waschbetonoberfläche. Hier wird die Fläche durch herausstehendes Korn und den Zementstein gebildet, die überdeckende Zementleimschicht fehlt. Dieser Oberflächentypus ist sehr weitgehend identisch mit der gesandstrahlten, aufgerissenen Betonoberfläche, denn auch diese wird nur aus dem Zuschlagkorn und dem Zementstein gebildet, die Zementleimschicht fehlt.

— Eine weitere Möglichkeit besteht in dem Aufbringen eines farbigen Anstrichs. Damit wird die gleiche Funktion erfüllt, wie sie oben im hydrophobierten Zustand beschrieben wurde. Eine Farbgebung wird in manchen Fällen notwendig sein und man muß nur darauf achten, daß dieser Farbanstrich eine lange Lebenszeit hat und die Instandhaltungsintervalle lang werden (siehe Tabelle 2). Man wird so die Oberfläche der Vorsatzschale nach den Erfordernissen und auch den individuellen Wünschen herstellen. So zeigt *Abb. 6* als Beispiel einen Strukturbeton einer Vorsatzschale. Dieser Beton trägt einen wasserabweisenden grauen Lasuranstrich, der so dünn ist, daß er die Struktur des Betons exakt wiedergibt.
Damit kommen wir zu der Möglichkeit der farblichen Gestaltung und der Schutzanstriche auf Beton.
Es sei noch bemerkt, daß Betonoberflächen durch ihre Wasseraufnahme insbesondere bei den durch Regen beaufschlagten Seiten Wasserflecken erhalten, die den Beton bei Regen fleckig machen. Das tritt dann in besonderem Maße ein, wenn die Betonoberfläche flammgestrahlt oder sandgestrahlt worden ist. In diesen Fällen ist ein Schutz durch eine Hydrophobierung = wasserabweisende Imprägnierung notwendig.

6

7

Abb. 6 Lasierte Strukturbetonfläche aus dem Jahre 1970, die über 2 Jahre trocken und sauber geblieben ist.

Abb. 7 Abplatzen eines Acrylharzanstriches auf Beton nach 18 Monaten. Hier hatte man die Betonoberfläche vor dem Anstrich (Bezeichnung: »Lasur«) nicht ausreichend grundiert.

Farb- und Schutzanstriche

Eine farbliche Behandlung, die man zweckmäßig nicht nur als optische Schönung, sondern auch als Schutzanstrich ausbilden sollte, muß dauerhaft sein. Hier schwanken die Lebenserwartungen der Anstriche je nach System und Material zwischen 12 Monaten und 20 Jahren. *Abb. 7* zeigt beispielsweise den schnellen Verfall eines ungünstigen Systems.

Die Untergrundvorbehandlung, die wasserabweisende Grundierung ist in *Abb. 8* dargestellt. Man erkennt hier das Abperlen der Wassertropfen von der Betonoberfläche. In einem langlebigen wirksamen Schutzsystem ist diese Grundierung unerläßlich. Nur wenn der Beton ausreichend tief und satt grundiert worden ist, bleibt ein Deckanstrich auf ihm schadensfrei längere Zeit erhalten.

Als Deckanstrich verwendet man Lösungsmittelanstriche mit einer Bindung auf der Basis von Methacrylatcopolymeren. Diese sind weitaus beständiger als Acrylpolymere und man setzt ihnen zum Zwecke des besseren Eindringens und der Wasserabweisung noch Siliconharze zu. Diese Produkte bzw. das gesamte Anstrichsystem ist heute handelsüblich und wird von mehreren Firmen hergestellt.

Eine große Anzahl so behandelter Bauten, die Anfang der 60er Jahre auf diese Weise gestrichen wurden, stehen heute noch alle einwandfrei da.

Die Schutzstoffe

Die wasserabweisende Imprägnierung, die man kurz als Hydrophobierung bezeichnet, erfolgt auf einer Betonoberfläche dann, wenn kein Anstrich darauf folgt. Die Imprägnierlösung soll mindestens 5% eines hochmolekularen Siliconharzes enthalten. Dieser sichere Schutz bleibt etwa 10 Jahre erhalten und klingt dann langsam ab.

Eine vorübergehende nur etwa drei Jahre wirkende Hydrophobierung erreicht man durch die billigen Alkalisiliconate in 3 bis 5%iger wäßriger Lösung. Dieses aber ist nur eine temporäre Erstimprägnierung der frischen Platte, der dann in den ersten drei Jahren die endgültige Behandlung folgen muß.

Niedermolekulare Silicone und Silane haben auf Beton eine noch geringere Lebensdauer, wie es die Erfahrung zeigt.

Das Anstrichsystem besteht, wie oben bereits geschildert, dann noch aus dem Deckanstrich. Dieser wird durch eine Mischung von Methacrylcopolymeren mit Siliconharzen charakterisiert.

Unter dem Deckanstrich ist eine Grundierung der Betonoberfläche zwingend, damit eine Schutzfunktion erreicht wird und das ganze Anstrichsystem eine lange Lebensdauer hat.

Diese Grundierung besteht zu gleichen Teilen, aus etwa 6 und 6% des Methacrylcopolymerharzes und des Siliconharzes in Solventnaphtalösung. Es muß unbedingt der Fehler vermieden werden, diese Grundierlösung nur sparsam und oberflächlich aufzubringen. Sie muß dem Beton satt angeboten werden, so daß er sich damit vollsaugen kann. Dieses Schutzsystem hat eine gute und relativ lange andauernde Schutzwirkung, eine sehr gute Sauberhaltung und braucht nach unseren bisherigen Erfahrungen nicht vor 15 oder auch 20 Jahren erneuert zu werden.

Zusammenfassung

Man kann heute Sandwichplatten mit guten physikalischen Eigenschaften herstellen und mit ihnen sicher und rationell bauen. Entwicklungsschwächen vergangener Zeiten sind längst eliminiert, so daß es ungerechtfertigt wäre, das Bauen mit Beton-Sandwich-Platten heute damit zu belasten. Beton-Sandwich-Platten können in allen in Betracht kommenden Abmessungen hergestellt werden und die große Serie ist auch nicht mehr Voraussetzung für ihre Verwendung. Man sollte daher diesen rationellen und oft kostensparenden Weg des Bauens stärker berücksichtigen.

H.W.G.

8

Abb. 8 Betonoberfläche, die mit einer tief eindringenden und wasserabweisenden Grundierung versehen worden ist.

Schwierige Sanierung von Großbauten

Ein Fachunternehmen für die Instandsetzung von Bauwerken muß sich auf die einzelnen Arbeitsgänge spezialisieren können. Das gilt sowohl für die Führungskräfte, welche die Schadensanalysen vornehmen, die Sanierungsmethoden entwickeln und dann anbieten und auch die Baustellen leiten, wie auch für die einzelnen Facharbeiterkolonnen.
So werden geschulte Kolonnen eingesetzt von zwei bis vier Mann, die hauptsächlich lose Bauteile entfernen, den rostenden Stahl der Bewehrung freilegen und jede Art vorbereitender Arbeiten durchführen. Andere Kolonnen sanieren, verschließen diese Ausbrüche, bauen Teile neu auf und bringen, wenn notwendig, Rostschutzanstriche auf. Andere Kolonnen schließlich bringen die Imprägnierungen, die Grundierungen und die Farbdeckanstriche auf.
Nur ein Unternehmen von bestimmter Größe an kann seine Kräfte so einteilen und spezialisieren. Das aber ist notwendig um zügig und kostengünstig zu arbeiten. In diesem Bericht möchte ich einige Beispiele von Großbausanierungen zeigen, um Verständnis dafür zu gewinnen, wie schwierig es oft ist, Bauten, die mit vielen Problemen behaftet sind, wieder einwandfrei mit einem auch dazu vertretbaren Aufwand wiederherzustellen.

Sanierung des Schlosses Wilhelmsbad in Hanau

Es handelt sich hierbei um ein historisches, dem Denkmalschutz unterstelltes Bauwerk, aufgegliedert in vier baugleiche zweigeschossige Trakte mit ausgebautem Walmdachgeschoß und zwei dazwischen gegliederten ebenerdigen Trakten mit ausgebautem Satteldachgeschoß.
Saniert wurden vier Gebäude und ein Flachbau im Sockelbereich. Die Sockelflächen wiesen schwerwiegende Putzschäden auf, die auf zu hohe Durchfeuchtung und die daraus resultierende zu hohe Versalzung zurückzuführen waren.
Genaue Untersuchungen wie z. B. die chemischen Analysen der an Ort und Stelle genommenen Baustoffproben aus dem Putz- und Oberflächenbereich des Sockels haben optische Beurteilungen bestätigt. Die Mehrzahl aller Proben haben eine relativ starke Sulfatbelastung ergeben. Deutlich feststellbar war jedoch, daß diese Sulfate zum höherliegenden Mauerwerk hin abnahmen. Neben diesem Sulfatgehalt sind in einigen Proben auch Chloride nachgewiesen worden, die aber in der Intensität schwächer einzuordnen waren. Nitrate traten in geringer Konzentration auf, sind aber von besonderer Wichtigkeit, da diese schädlichen Salze mit chemischen Methoden nicht ohne weiteres behandelt werden können und in der Regel nicht als sanierbar einzustufen sind.
Die nachgewiesenen Karbonate waren von untergeordneter Bedeutung, da sie mit großer Sicherheit aus den verwendeten Bindemitteln wie Kalk und Zement stammten. Der pH-Wert aller Baustoffproben lag im Größenbereich von 7, woraus man schließen konnte, daß keinerlei Feuchtigkeitswanderungen durch pH-Unterschiede vorkommen können, und daß die verwendeten Bindemittel weitestgehend durchkarbonisiert waren.

Das gesamte Sockelmauerwerk ist sehr inhomogen aufgebaut und weist im wesentlichen drei Arten vor: Bruchsteinmauerwerk, reines Natursteinmauerwerk und Ziegelmauerwerk. Im Flachbau wurde außerdem Fachwerk angetroffen. Nach dem Entfernen des Altputzes aus Kalkzementmörtel und dem Abspitzen von überstehenden Bruchsteinen wurden zunächst die Fugen des gesamten Sockels 1,5 bis 2 cm tief ausgekratzt und mit der Stahlbürste alle lose anhaftenden Teile entfernt. Lose Steine im Mauerwerksverbund wurden, soweit sie von Hand wegnehmbar waren, entfernt mit leichten Hämmern abgeklopft. Die so entstandenen Öffnungen wurden ausgekehrt oder ausgeblasen, Tonziegel mit größeren Kammern wurden aufgeschlagen. Die so freigelegten, gesäuberten und trockenen Flächen erfuhren dann eine Salzbehandlung gegen Sulfate. Es wurden drei Behandlungen im Spritzverfahren mit zwischenzeitlich jeweils 24 Stunden Reaktionszeit durchgeführt. Das verwendete Präparat, das als Wirkstoff Bleihexafluorsilikat enthält wurde für die 1. Behandlung 1:3, 2. Behandlung 1:2 und 3. Behandlung 1:1 Raumteile Präparat und Wasser verdünnt.
Die befallenen Holzbalken der Fachwerkwände wurden zwecks Entfernung der zerstörten Holzteile und zur Freilegung der Bohrgänge abgebeilt und das freigelegte Holz gesäubert. Nicht mehr tragfähige Holzteile wurden gegen neues imprägniertes Holz ausgewechselt und anschließend das gesamte freigelegte Fachwerk zweimal naß in naß mit teeröl-

1

2

Abb. 1 Freigelegte Sockelflächen der Bebauung Schloß Wilhelmsbad. Der schadhafte Sockelputz wurde bis zum Fensterbereich entfernt.

Abb. 2 Mischmauerwerk bestehend aus Ziegeln, Bruchsteinen und Sandsteinstützen. Alle losen Bestandteile wurden entfernt.

freiem Holzschutzmittel gegen Insekten und Pilzbefall gestrichen. Ein oder zwei Tage später erfolgte ein satter Anstrich mit Xylamon. Als Putzträger erhielt der Sockel im Fachwerkbereich eine ganzflächige Überspannung aus Bitumenpappe und Ziegeldrahtgewebe.
Das gesamte Mauerwerk wurde vorgenäßt und anschließend mittels Nagelbrett ein flächendeckender Spritzbewurf aus Zement und grobkörnigem Sand im MV 1:1 als Haftgrund für den Sanierputz aufgekämmt. Die Hohlstellen mußten hierbei soweit aufgefüllt werden, daß für den Dämmputz eine Fläche entstand, die später eine ungefähr gleiche Putzstärke ermöglichte.
Nach drei Wochen Wartezeit ist dann ein einlagiger Sanierputz aus werksgemischtem mineralischen Material mit stark dampfdurchlässigen und hydrophoben Eigenschaften aufgetragen worden, der dem abgescheibten Altputz in Körnung und Struktur angeglichen wurde. Nach erneut zehntägiger Mindesttrockenzeit wurden die Sockelflächen sauer neutralisiert 1:5 verdünnt gestrichen und nachgewaschen. Sodann erfolgte Voranstrich und nachfolgender Schlußanstrich mit einem Silikatfarbanstrich.

Die Farben mußten entsprechend der angrenzenden Wandflächen für jedes Haus separat gemischt und die Übergänge zum alten bestehenden Anstrich nach Möglichkeit ansatzfrei genebelt werden. Die gesamten Sockelflächen wurden zum Abschluß nach etwa zweiwöchiger Trockenzeit mit einer alkali-UV-beständigen klebefreien Imprägnierung auf der Basis niedermolekularer höheralkylierter Siloxane im Flutverfahren hydrophobiert.

Instandsetzung von Kirchen – zwei Beispiele für inzwischen 15 sanierte Objekte

Glockenturm und Kirchenschiff der St. Judas Thaddäus Gemeinde in Berlin 42

Es handelt sich um einen 20 m hohen Glockenturm und um das Kirchenschiff. Beide Bauteile sind im Jahre 1958 in der damals üblichen Leichtbetonbauweise in Sichtbeton mit eingestreuten Putzflächen erstellt worden. In dieser Zeit wurde der Beton hauptsächlich mit Ziegelsplitt, einem Produkt der Trümmerverwertung, als Zuschlagstoff gemischt.

Dieses hatte zur Folge, daß dieser Beton in erhöhtem Maße porös und wasserdurchlässig wurde. Hinzu kam die Tatsache, daß die Betonflächen seit ihrer Herstellung keine Oberflächenbehandlung mehr erhalten haben. Seit geraumer Zeit und mit zunehmender Tendenz weist dieses Objekt nunmehr Betonabsprengungen unterschiedlicher Größenordnungen auf. Man kann daraus schließen, daß die Ursachen auf weitestgehender Karbonatisierung der zu wasserdurchlässigen Betonoberflächen zurückzuführen sind, und daß dadurch auch, bedingt durch sich ständig ändernde und jahreszeitlich bedingte Witterungseinflüsse, die dort zu dicht unter der Oberfläche liegenden Betonstähle korrodierten. Der Wasserdampf und CO_2 bilden Kohlensäure (H_2CO_3) und durchdringen schnell den porösen Beton und setzen das Ca O des Betons in $Ca\ CO_3$ um. Die Carbonatisierung läuft zügig ab.
Die Sanierung wurde damit begonnen, die Betonflächen auf Risse und Hohlstellen zu untersuchen und diese Stellen bis auf den strukturell gesunden Kernbeton abzustemmen und die darin befindlichen Bewehrungseisen freizulegen.
Speziell diese Flächen des Glockenturmes und des Kirchenschiffes wurden bis zum nichtrostenden Teil der Bewehrung und die restlichen Putz- und Betonflächen soweit erforderlich unter Verwendung von geeignetem Strahlgut druckluftgestrahlt.
Danach wurde der freiliegende, metallisch blanke Bewehrungsstahl zweimal mit Korrosionsschutz als Rostschutzschicht und Haftbrücke zugleich, für den nachfolgenden Mörtelaufbau behandelt. Alle Fehlstellen sind mit einem dampfdiffusionsfähigen mineralischen Reparaturmörtel auf Zementbasis grundiert und frisch in frisch mit einem rißfrei aushär-

3

4

5

Abb. 3 Abgebeilte Holzbalken des Fachwerkes. Das Ziegelmauerwerk wurde gesäubert und im unteren Bereich begradigt.

Abb. 4 Flächendeckender Spritzbewurf als Haftbrücke für folgenden Sanierputz.

Abb. 5 Seitenansicht der weitgeschwungenen Kirchenkuppel und Blick auf den Turm. Im Knickpunkt des Hauptträgers korrodierte Bewehrung mit Betonabsprengung.

tenden Reparaturmörtel gleicher Zusammensetzung flächenbündig aufgefüttert worden.

Wo es erforderlich war, wurden an den vertikalen und horizontalen Kanten Zusatzeisen aus Betonstahl I, Ø 6 mm, in der vorhandenen Bewehrung verankert, befestigt und in beigespannter Schalung an das vorhandene Material anmodelliert. Aufgetretene Risse in den Putzzonen wurden mit Acryldichtstoff ausgebessert, der bestehenden Struktur angepaßt und nach gründlicher Reinigung der Flächen mittels Haftvermittler vorgrundiert. Die Betonflächen erhielten abschließend einen zweimaligen Anstrich mit einer Farbe auf Dispersionsbasis – Methacrylatpolymer. Der Anstrich verhindert das Einwandern von Kohlendioxyd und Schwefeldioxyd-Gas. Die Farbstellung wurde im Ton an die Umgebung weitgehend angepaßt.

Glockenturm der St. Canisius Gemeinde in Berlin 19

Hier betrifft es den etwa 40 m hohen Glockenturm der St. Canisius Gemeinde. Der Turm wurde im Jahre 1955 erstellt.

Bei diesem Beton war die Karbonatisierung schon soweit fortgeschritten, daß die normal praktizierte Sanierung mit Reparaturmörtel in diesem Falle nicht durchgeführt werden konnte. Hier mußten nach Angaben des Statikers an den vertikalen und horizontalen Kanten zusätzliche Bewehrungseisen eingebunden und die in den freigelegten Schadstellen sichtbar gewordenen Bewehrungskörbe ergänzt werden. Anschließend sind die Hohlstellen nach vorbereiteten Maßnahmen in beigespannter Schalung im Spritzbetonverfahren vorsichtig aufgebaut worden. Anstrich und Farbgestaltung nach Absprache mit der Kirchengemeinde.

Fassadensanierung des Statistischen Bundesamtes in Wiesbaden

Es handelt sich um ein im Jahre 1954 erstelltes Gebäude in Stahlbetonskelettbauweise mit Beton- und Mauerwerksausfachungen. In seinen Ausmaßen ist es ca. 100 m lang, 20 m breit und über 13 Geschosse 46 m hoch.

Die Fassade ist an den Längsseiten (West- und Ostseite) in ihren Ausfachungen mit Betonbrüstungen und darüberliegenden Fensterbändern versehen. Die durch den Fensterbereich laufenden Betonstützen sind in Sichtbeton ausgeführt. Die Betonbrüstungen als Trägerflächen für Zementspritzbewurf ca. 2 cm Zementmörtel und darin eingebettetes Kleinmosaik.

Die Giebelseiten (Nord- und Südseite) in ihren Ausfachungen mit Hohlblockmauerwerk als Trägerflächen für Zementspritzbewurf ca. 2 cm Zementmörtel und eingebetteter 50×50 cm Werksteinplatten versehen.

Atmosphärische Einflüsse, die seinerzeit mangelhafte Verdichtung des Trägerbetons der Brüstungsflächen im unteren Bereich führten zu Durchfeuchtungen, Rißbildungen und Abplatzungen. Als

Abb. 6 Betonabsprengung über korrodierter Bewehrung im oberflächennahen Bereich. Schlecht verdichtete Zonen und Hohlräume im Beton.

Abb. 7 Druckluftstrahlen aller Betonflächen und freigelegter Stahleinlagen.

Abb. 8 Beiarbeiten einer Fehlstelle unter Verwendung von Hilfsschalung und Reparaturmörtel in die frische Haftbrücke.

Abb. 9 Spritzbetonauftrag an einer schwer geschädigten Stelle.

6

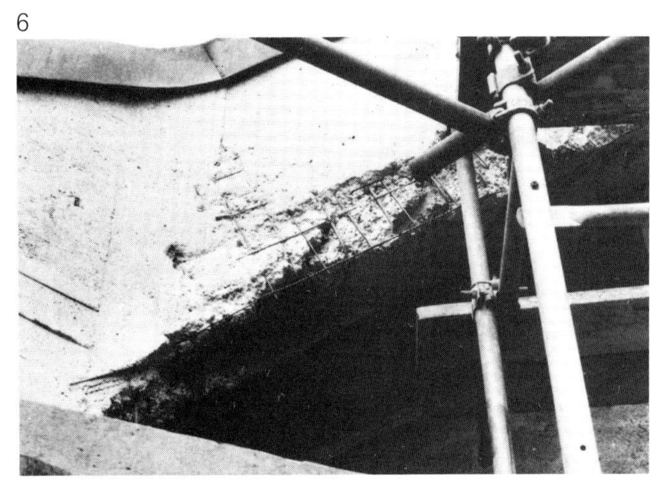

8

7

9

weitere Schadensursache ist die Durchfeuchtung des ungeschützten Mörtelfugennetzes der Kleinmosaikflächen zu sehen. Die Mörtelfugen ließen im Laufe der Jahre immer mehr Wasser durch, bis sie nicht mehr in der Lage waren, in Regenpausen auszutrocknen. Der Mörtel als Tragschicht quoll auf und bewirkte Abplatzungen kleinerer und größerer Flächen. Teilweise stürzten Teilflächen der Fassade ab.

Durch den ständig feuchten Trägerputz wurden die tragenden Betonflächen gleichfalls geschädigt. Durch schlecht verdichtete Zonen konnte Wasser an den Bewehrungsstahl gelangen und zu Korrosionsschäden an diesem führen. Die den Stahl schützende Alkalität des Betons wurde abgebaut. Die Karbonatisierung des Betons erreichte die Ebene der Stähle. Eine Reaktion zwischen dem CO_2 der Luft und dem $Ca(OH)_2$ im Zementstein. Die Rostung des Bewehrungsstahles setzte ein, wenn der pH-Wert des Betons unter 10 absank. Durch die Rostung des Stahles und der somit verbundenen Volumenvergrößerung wurde der den Stahl überdeckende Beton abgesprengt.

Es stellte sich die Frage, die vorhandene Fassade in ihrer ursprünglichen Form zu erhalten, also von Grund auf zu sanieren und wieder herzustellen oder eine gleichzeitig wärmedämmende, pflegeleichte und gegen äußere Einwirkungen weniger anfällige Konstruktion vorzuhängen. Gleichzeitig war dabei an einen Austausch der nicht mehr zeitgemäßen Fenster gedacht.

Nach reiflicher Überlegung und unter dem Aspekt – Wertverbesserung – entschied man sich für eine vorgehängte Metallfassade mit integrierten Fensteranlagen. Die vorhandene Fassadenkonstruktion als Träger der Metallfassade wurde wie folgt saniert.

Die gesamte Kleinmosaikbekleidung der Brüstungsflächen unterhalb der Fenster wurde auf nicht mehr tragfähige Bereiche untersucht und das lose Material einschließlich Mörtelbett mittels Drucklufthammer von der Betonunterkonstruktion gelöst und über Spezialschuttrutschen abgefahren.

Die so teilweise freigelegten Betonuntergründe wurden unter Zusatz einer Haftbrücke verputzt und den teilweise verbliebenen Kleinmosaikflächen höhengleich angepaßt.

Die Betonflächen im Bereich der korrodierenden Bewehrung wurden abgestemmt, diese freigelegt, metallisch blank entrostet und mit einem aktiven Korrosionsschutz zweimal beschichtet.

Der Ersatz fehlender Betonsubstanz, oft fälschlich als Betonsanierung bezeichnet, wurde vorgenommen unter Verwendung einer zementgebundenen Feinschlämme als Haftbrücke und frisch in frisch aufgetragenem Reparaturmörtel gleicher Art mit gröberem Korn. Dies erfolgte mittels beigespannter Stahlschalung bei guter Verdichtung des Reparaturmörtels von Hand.

Die an den Giebelseiten befindlichen Werksteinplatten wurden restlos abgeschlagen. Bei sichtbaren Korrosionsschäden am Bewehrungsstahl der Betonschürze wurde diese einer Stahlsanierung wie vor beschrieben unterzogen und gleichfalls fehlende Betonsubstanz ersetzt. M. H.

Abb. 10 Korrodierender Bewehrungsstahl und abgesprengte Klein-Mosaikfläche mit aufsitzender Aussinterung.

Abb. 11 Abstemmen der losen mit Kleinmosaik belegten Putzflächen in Schuttrutschen.

Abb. 12 Reparaturmörtelauftrag mit Hilfsschalung nach dem Verkürzen der Betonbrüstungen.

10

11

12

Schrägrisse in einer Putzfassade

Schadensbild

In einer dreigeschossigen Wohnanlage zeigen sich in der Fassade Risse. Zur Klärung der Verantwortung (Architekt, Statiker, Rohbauunternehmer oder Putzer) ist die Ursachenklärung von Bedeutung. Genannt werden folgende Ursachen:

a) Setzungen der Fundamente und des Mauerwerks.
b) Fehlerhafter Putzaufbau auf den Leichtbauplatten. Die Randbalken und Stürze, ausgeführt in Stahlbeton, erhielten eine äußere Wärmedämmung. Wurden der Übergang Holzwolleleichtbauplatten zum Mauerwerk und der Putz armiert?

Wenn die Leichtbauplatten korrekt verputzt wurden, handelt es sich dann um eine Folge von Bewegungen in Massivbauteilen, im Mauerwerk oder in der Gründung?

Schadensursache

Zur Klärung der Ursache wurden die gerissenen Putzflächen großflächig geöffnet. Dabei wurde festgestellt, daß keine Holzwolleleichtbauplatten nach DIN 1101, wie vom Vorgutachter angenommen, zum Einbau kamen, sondern sogenannte T-Platten, die aus gewellten Mineralfaserschichten, die mit einem Zementmörtel in kreuzweiser Schichtung miteinander verbunden sind, bestehen.

In dem Prospekt des Herstellers heißt es:
»Beide Plattenseiten haben eine kleinwellige Oberfläche, die Haftfläche ist deshalb 1,5mal so groß wie die Plattenfläche. Die Haftfestigkeit des Betons und Mörtels liegt über der Bruchfestigkeit der T-Platten.«
Für den Außenputz werden folgende Verarbeitungshinweise gegeben:

1

Abb. 1 In Höhe der Erdgeschoßdecke verläuft oberhalb des Sturzes ein feiner Haarriß, der in einem klaffenden, in der Fläche versetzten, Schrägriß endet. Handelt es sich um einen Setzriß als Folge einer Bewegung des Eckfundamentes?

Abb. 2 Auf der vorspringenden Hausecke der Vorderfront verläuft ein Riß horizontal in Höhe Oberkante Sturz bis in den Eckenbereich. Im Sturz zeigen sich verstärkt schräge Risse, die parallel orientiert sind und zur Ecke zeigen. Siehe dazu Detailfoto Abb. 3.

2

»Außenputz
Vor dem Aufbringen von Putz ist nach sorgfältigem Annässen der T-Platten zunächst ein dünner Zementspritzbewurf gemäß DIN 18 352 so aufzubringen, daß die Wellentäler in etwa verdeckt sind. Nach Abbinden dieses Spritzbewurfes kann jeder beliebige Außenputz fachgerecht aufgetragen werden.«

Sanierung

Die Untersuchung ergab, daß zunächst keine Leichtbauplatten nach DIN 1101 eingesetzt wurden, sondern nicht genormte Spezialplatten. Die Haftung zwischen Putz und Wellplatten ist ausgezeichnet, allerdings reicht die Eigenfestigkeit der Dämmplatte selbst nicht aus, die Scherkräfte, die durch das Schwinden des Putzes entstehen, auszuhalten, ohne Schaden zu nehmen.

Die zerstörten Wellplatten sind abzustemmen und durch ein anderes Dämmsystem mit neuem Putz zu ersetzen. Es bieten sich drei Möglichkeiten an:

1. Anbringung einer Leichtbauplatte durch Anklebung mit einem fetten Zementmörtel und zusätzliche mechanische Befestigung. Der aufzubringende Putz ist nach den Ausführungsrichtlinien der DIN 1102 »Holzwolle-Leichtbauplatten, Richtlinien für die Verarbeitung«, neu anzubringen.
2. Anbringung einer sogenannten Thermohaut mit Kunstharzputz in angepaßter Oberflächenstruktur.
3. Anbringung eines Wärmedämmputzes.

Den Parteien bleibt es überlassen, nach einem Baustellenversuch festzustellen, welche Ausführungsart sich am besten eignet, den Schaden dauerhaft zu beheben. Nach einer Standzeit von 4 Jahren sind Verformungskräfte aus Schwinden und Kriechen des Mauerwerks und der Stahlbetonkonstruktion auf 0 abgeklungen, so daß nach der Sanierung keine Risse mehr durch Verformungskräfte des Untergrundes entstehen. H. H.

3

4

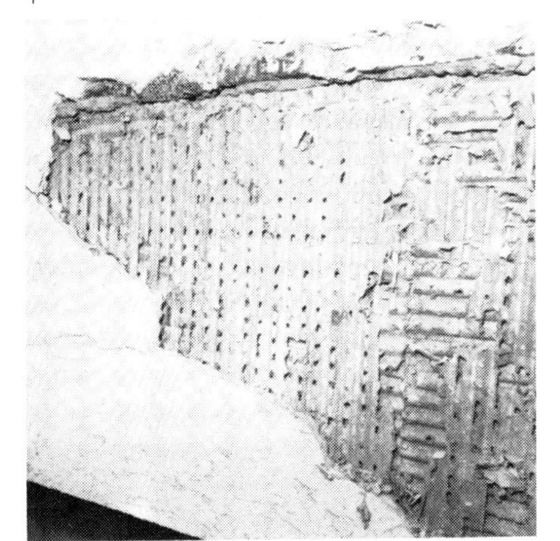

5

Abb. 3 Im Ausschnittfoto kann der Rißverlauf studiert werden. Der horizontale Riß wurde in Verlängerung des Eckmauerwerks vom Vorgutachter geöffnet.

Abb. 4 Vorgeführt wird die Öffnungsstelle der Putzflächen des Sturzes aus Abb. 1. Der Putzverbund mit der mineralischen Wellplatte ist kraftschlüssig erfolgt. Zwischen der 1. äußeren Wellenschicht und der 2. Wellenschicht kam es zum Abscheren in der Wellplattenverbindung. Jeder Putzgrund wird durch Schwindkräfte der aufgetragenen Putzschicht beansprucht. Der Putzgrund selbst muß in der Lage sein, diese Schwindkräfte ohne Materialzerstörung aufzunehmen.

Abb. 5 Sturzfläche der Außenfläche von Abb. 2 und 3, nach Abheben der losen, gerissenen Schicht. Die Putzhaftung zur T-Platte ist ausgezeichnet. Der flächige Abriß zeigt sich zwischen der 1. und 2. Schichtung der mineralisierten Wellelemente.
Siehe auch dazu Abb. 6.

Abb. 6 Detail

6

Schaden an einem Vollwärmedämmsystem

Bei dem zu behandelnden Objekt handelt es sich um eine Siedlung, in der zwei eineinhalbgeschossige Einfamilienhäuser zu einer Einheit aneinandergebaut wurden.
Die Gebäude haben Satteldächer, die mit Pfannen gedeckt sind. Die Längsachsen der Bauwerke zeigen von Westen nach Osten, so daß ein freistehender Giebel zur Westseite liegt.
Das Außenmauerwerk besteht aus 24 cm dicken HBL- und das tragende Innenmauerwerk aus 24er KSV-Steinen.
Der Rohbau einschließlich des Innenputzes wurde bis Ende des Jahres 1978 fertiggestellt.

Die Außenverkleidung, bestehend aus einem Vollwärmedämmsystem mit Kunststoff-Reibeputz, wurde über den Winter 1978/79 bis Ende April 1979 aufgebracht.

Schadensbild

Die ersten Schäden zeigten sich am Westgiebel nach ca. einem Jahr in folgenden Formen:

1. Vom rechten Endpunkt der Giebelfensterbank im Dachgeschoß nach unten verlaufend zeichnet sich ein ca. 3,00 m langer, senkrechter Riß im Oberputz ab.

2. In diesem Bereich können Blasenbildungen beobachtet werden, deren Ablösungen bis in die Gewebezone hineinreichen.

3. Ferner sind mehr oder weniger feine, senkrechte Risse parallel zueinander verlaufend im Oberputz sichtbar, die bis zu ca. 40 cm lang sind.

4. Darüber hinaus sind in unterschiedlichen Längen und in verschiedenen Formen kleinere Risse zu erkennen.

Schadensursache

1. Schadenspunkt

Senkrechter Riß vom rechten Endpunkt der Giebelfensterbank des Dachgeschosses nach unten verlaufend.
Bei den am Objekt zur Anwendung gelangten Fensterbänken handelt es sich um Aluprofilbänke mit seitlicher Aufkantung.
Entgegen jeglicher Handwerksregel, die besagt, daß eine Fensterbank mindestens 8 cm länger sein muß als die lichte Fensteröffnung breit ist, schließen diese Alubänke fast bündig mit den Fensterwandungen ab, so daß keine Putzüberdeckung erreicht wird.

Der Anschluß Fensterbankprofil/-leibung-Vollwärmedämmsystem wurde lediglich mit einem Dichtstoff abgespritzt, der aber keine Dichtigkeit erbrachte.
So drang das Regenwasser am Endungspunkt der Fensterbank in die Vollwärmedämmkonstruktion ein und durchnäßte, langsam nach unten wandernd, den Einbettmörtel bis zur Sättigung.
Beim ersten Frosteinbruch erfolgte eine Volumenvergrößerung, wodurch es zur Aufwölbung mit anschließender Rißbildung kam.

1

2

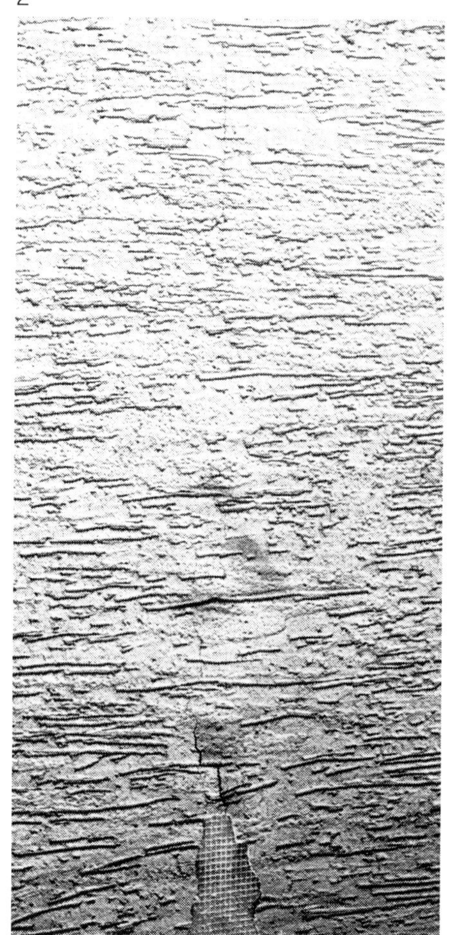

2. Schadenspunkt

Blasenbildungen mit Ablösungen des Einbettmörtels bis in den Bereich des Gewebes.
Die blasenförmige Ablösung ist eine Folge des in die Konstruktion eingedrungenen Wassers.
Das Wasser staute sich hier bis zur Sättigung des Einbettmörtels und führte dann zu einer Absprengung bei Frosteintritt.

3. Schadenspunkt

Parallel verlaufende Risse im Oberputz.
Wie vor Ort festgestellt werden konnte, lag bei Abheben des Reibeputzes eine Trennung in der Mitte des Einbettmörtels im Bereiche des Gewebes vor.
Die Überdeckung des Gewebes mit Einbettmörtel war viel zu gering.
Die anormale Festigkeit des Einbettmörtels sowie seine poröse Struktur ließen auf eine Überwässerung schließen.
Man kann davon ausgehen, daß man hier den zweiten Einbettmörtelauftrag, der das Mittigliegen des Gewebes in der Zugzone gewährleisten soll, einsparte, und statt dessen das Gewebe in den zu dünnen Mörtelauftrag einbügelte.
Die Vorschrift jedoch besagt, daß nur soviel an Fläche aufgezogen werden soll, wie man naß-in-naß verarbeiten kann, d. h. Gewebe in den ersten Mörtelauftrag einbetten und dann die zweite Mörtellage aufziehen, ohne daß die erste Lage bereits in Abbindung übergeht.
Die Risse zeigen, daß das Vollwärmedämmsystem unter Scher- und Zugspannung stand.
Aufgrund der Tatsache, daß der Einbettmörtel nicht die vorgeschriebene Härte, kp/cm^2, besaß, wurde der Reibeputz in Mitleidenschaft gezogen, er hielt der Zugspannung nicht stand und riß.
Die Voraussetzung für den funktionellen Lastabtrag in den Untergrund ist ein homogener Verbund zwischen den tragenden Schichten:
Glasseidengittergewebe, Einbettmörtel und Untergrund aus Polystyrol-Hartschaumplatte und Mauerwerk.
Daß der Einbett- und Klebemörtel hier eine der wichtigsten Funktionen übernehmen muß, ist eindeutig klar und braucht nicht besonders hervorgehoben werden.

4. Schadenspunkt

Kleine Risse in unterschiedlichen Längen und verschiedenen Formen.
Die auf *Abb. 4* gezeigten Risse sind die typischen Schrumpfungsspannungsrisse, die dann auftreten, wenn durch anormalen Windanfall dem aufgetragenen Mörtel das Anmachwasser entzogen wird. Dieses kann sogar dazu führen, daß der gesamte Putzauftrag verbrennt und entfernt werden muß.
Im vorliegenden Falle wurden diese Risse nur am Westgiebel beobachtet, wo eine Schwächung der Putzhärte nicht festgestellt werden konnte.
Es handelt sich hier also lediglich um einen Schönheitsfehler.

Sanierung

Bei den vorliegenden Beanstandungen/Schäden handelt es sich überwiegend um reine Bearbeitungsfehler bzw. Planungsfehler, die auf Nachlässigkeit zurückzuführen sind, da man sich über Handwerksregeln und Werksvorschriften leichtfertig hinwegsetzte.
Die Sanierung kann nur in der Weise vorgenommen werden, daß der Oberputz einschließlich des Einbettmörtels/Glasseidengittergewebes bis auf die Polystyrol-Hartschaumplatten entfernt und wieder unter Einhaltung der Verarbeitungsregeln neu aufgebaut wird.
Hierbei ist zu beachten, daß die Alufensterbänke, die zu kurz bemessen wurden, gegen entsprechend längere und passende ausgewechselt werden.

G. L.

3

Abb. 1 *Westgiebel.*

Abb. 2 *Senkrechter Riß, Blasen.*

Abb. 3 *Risse im Oberputz.*

Abb. 4 *Unterschiedliche Risse.*

4

Schadhafte Kunstharzputze über Vollwärmeschutzsystemen

Die Bekleidung von Fassaden mit Polystyrolschaumplatten ist heute ein übliches Verfahren, um die Wärmedämmung bei Altbauten nachträglich zu verbessern. Man verwendet dann entweder (früher) Formschaum oder heute die zuverlässigeren Hartschaumplatten. Diese Platten müssen nachgeschwunden sein, damit auf der Fassade keine Risse auftreten. Das ist bekannt und längst Regel der Technik.
Der Aufbau aller dieser Systeme ist auch annähernd gleich. Man klebt die Schaumstoffplatte mit punkt- oder streifenförmigem Kleberauftrag auf die Fassade, überzieht dann den Schaumstoff mit einer Kleberschicht, in die man Gewebe einbettet und setzt dann entweder einen mineralischen, kunststoffvergüteten Putz oder einen nur kunstharzgebundenen Putz davor.
Der Putz ist die Schwachstelle bei diesen Systemen. Die Dämmplatte selber ist mechanisch und chemisch sehr stabil. Der Putz reißt zuweilen aus verschiedenen Gründen auf. Risse oder Putzabplatzungen haben ihre Ursache entweder in Schwächen des Systems, das sind dann ausschließlich Materialschwächen, oder in der handwerklichen Verarbeitung. Meist kann man beides kaum auseinanderhalten, so wie in dem nachstehend beschriebenen Schadensfall.

Schadensbild

Von einem üblichen Vollwärmeschutzsystem auf der Westseite eines Baues wird der überdeckende Kunstharzputz aufgerissen und abgeworfen. Dabei bilden sich im Kunstharzputz, der sich vom Untergrund löst, zunächst Blasen und Taschen, die dann aufbrechen. Die *Abbildungen 1, 2* und *3* zeigen diesen Zustand in Nahaufnahme.
Der Kunstharzputz ist relativ hart und wenig dehnfähig. Bemerkenswert und als erste Schadensursache auffällig ist die Ablösung des Putzes vom glatten Untergrund. Dieser ist auf *Abb. 3* gut zu erkennen. Die Gewebeeinlage ist glatt überspachtelt. Dieser sogenannte Kleber ist eine Mischung von Zement und Kunstharz und wird dann auch hydraulisch aushärten.
Der Schaden ist lästig, weil viele Stellen des Giebels auf diese Weise im Putz zerstört sind und man sicherlich den ganzen Giebel neu verputzen müßte. Die Stellen an den Längsseiten des Baues, die nicht so voll dem Regen wie an der Westseite ausgesetzt sind und die auch weitgehend unter einem Dachüberstand liegen, sind nicht von diesem Schaden betroffen. Man wird deshalb auch einen Einfluß des auftreffenden Regens vermuten müssen.

Schadensursache

Die nachfolgenden Abbildungen verdeutlichen die Ergebnisse der Detailuntersuchungen. *Abb. 4* zeigt die Unterseite einer abgefallenen Putzfläche. Man sieht hier den Riß, wie er auch auf der Oberseite *(Abb. 5)* zu erkennen ist. Außerdem sind Schmutzeinschwemmungen auf der Unterseite im Bereich des Risses und der punktförmigen Durchbrüche zu finden. Auffallend ist wieder der glatte Negativ-Abdruck des Untergrundes.
Auch die *Abbildungen 6* und *7* zeigen den gleichen Zustand. Wieder lassen sich die feinen Risse durch den Putz verfolgen und die Schmutzeinlagerungen erkennen. Auch hier ist der Negativabdruck glatt, und die Gewebelagen markieren sich nur ganz leicht.

Es wurden Putzproben entnommen und daraufhin untersucht, ob sie Wasser quellend aufnehmen und dadurch weich werden. Würden sie in Wasser stark quellen, dann wäre die Taschenbildung erklärt.
Wasseraufnahme nach 24 Stunden:

Putzprobe I	9,6 Gew.-%
Putzprobe II	7,9 Gew.-%
Putzprobe III	9,5 Gew.-%

Die Wasseraufnahme ist relativ gering, andere Kunstharzputze nehmen auch 20% und im Extremfall bis zu 30% Wasser auf. Es ist damit ein recht brauchbares Bindeharz auf der Basis eines Acrylcopolymers verwendet worden.
Allerdings fällt die Zugfestigkeit (die Kohäsion) des Putzes mit der Durchfeuchtung und zunehmender Temperatur merklich ab (siehe Tabelle).
Die Messungen waren nicht einfach, weil die Putzfläche stark durchgerieben war. Die gemessene Zugfestigkeit wurde auf die dünnste Stelle im Prüfkörper bezogen. Wenn man sie auf einen Mittelwert beziehen würde, wären diese Daten sicher um die Hälfte kleiner. Außerdem wurden Prüfkörper mit Fehlstellen oder zu starken Querschnittschwächungen aussortiert. Der Wasserdampfdiffusionswiderstandsfaktor μ lag im Bereich von 55.
Erkennbar sind zunächst zwei Schadensursachen:

1. Der zu glatte Untergrund, der für keinen Putzauftrag geeignet sein kann. Wenn man einen glatten Untergrund haben will, dann muß man eine Klebverbindung zum darauf folgenden Putz herstellen.

1

2

3

Putzprobe	Zugfestigkeit in N/mm^2		
	trocken	naß bei + 16 °C	naß bei + 40 °C
I	0,52	0,17	0,08
II	0,57	0,19	0,1
III	0,51	0,16	0,07

Der glatte Untergrund war keineswegs zwingend, man hätte in den Kleber ein Korn von 1 oder 1,5 mm einbringen können, dann wäre die Verankerung besser geworden.
Auch die Klebfunktion hätte hergestellt werden können. Dieser Kleber konnte nicht kleben, weil der Zementzusatz (fein ausgemahlener Weißzement) eine schnelle Abbindung vorgab. Es sei denn, man hätte in den ersten Tagen nach 24 oder 48 Stunden den Deckputz aufgebracht, dann hätte er auch auf diesem Untergrund noch eine Haftung erlangt.
Die erste Schadensursache ist deshalb:

- Der Untergrund war zu glatt und zu hart,
- er hatte auch keine die Adhäsion begünstigende Klebeigenschaft.

2. Der Kunstharzputz löste sich vom Untergrund, auf dem er ohnehin kaum eine Haftung hatte, als er naß wurde. Er wurde dann auch wesentlich weicher und sein Zusammenhalt wurde geringer. Dadurch ist die Taschenbildung zu erklären, er sackte durch die eigene Schwere nach unten ab. Dabei wurden einzelne Stellen, auch im Querschnitt, geschwächt und es entstanden Risse.
Wasser drang durch die Risse ein und unterlief den Putz, so daß es zu noch weiteren, umfangreicheren Ablösungen kam.
Nach dem Wiederabtrocknen kam es zu Volumenänderungen und Spannungen, so daß neue Risse auftraten und sich die alten vergrößerten.

3. Zusätzlich kann als Schadensursache im Einzelfall noch eine Übernahme von Untergrundrissen in den Deckputz in Betracht kommen, so wie es die *Abb. 3* zeigt. Das sind aber ganz gewiß nur Einzelfälle, mit denen der Putz hätte fertig werden müssen und die nicht zum Abfallen geführt hätten, wenn die Ursachen nach 2 und 3 nicht gewesen wären.
Damit sind die Ursachen für den Schaden ausreichend aufgeklärt. Es sind sowohl System-, Material- als auch Ausführungsfehler. Der Kleber war in dieser Form nicht geeignet, und auch der Verarbeiter hätte frühzeitig merken müssen, daß der Untergrund nicht so glatt sein darf und daß er vor dem Überputzen schon zu fest und hart geworden war.

Man muß aber auch andererseits vorhalten, daß ein handelsübliches System so sicher und in der Gebrauchsanweisung alles so erklärt sein muß, daß der Verarbeiter keine Zweifel haben darf. Die Verantwortlichkeit aufzuteilen, ist dann eine Rechtsfrage.

Sanierung

Man muß davon ausgehen, daß grundsätzlich der Kunstharzputz am Untergrund unzureichend haftet. Außerdem ist der Untergrund alkalisch und wasserempfindlich, weil der Kleber einen Zementzusatz enthält. Diese Gründe reichen schon aus, um den Putz nicht länger auf dem Giebel zu lassen. Er muß vollständig abgenommen werden.
Anschließend kann der gleiche Kunstharzputz wieder aufgebracht werden, nachdem der Untergrund mit einem Kleber, der keinen Zement enthält, vorbehandelt wird. Der Untergrund muß dann rauh sein, ähnlich einem normalen Vorspritzbewurf. E. B. G.

Abb. 1 Hier ist der Kunstharzputz schon flächig abgeworfen und man erkennt unter dem Putz eine sehr glatte, mit Gewebe armierte Untergrundfläche.

Abb. 2 Der Kunstharzputz über einem Vollwärmeschutzsystem löst sich vom Untergrund und beult wie eine Tasche vor, bricht dann auf und fällt ab.

Abb. 3 Hier hat sich der Kunststoffputz von dem Untergrund gelöst und als Blase ausgebildet, die jetzt aufplatzt. Im Untergrund ist ein feiner Riß erkennbar.

Abb. 4 Unterseite der Putzprobe von Abb. 5 mit dem darin erkennbaren Riß. Man sieht auch, daß Schmutzwasser unter den Putz gelaufen ist.

Abb. 5 Oberfläche des Kunststoffputzes in etwa 2-facher Vergrößerung. Man sieht die rauhe Struktur und einen Riß.

Abb. 6 u. 7 Hier hat sich der Kunstharzputz blasenförmig vom Untergrund gelöst und man erkennt auf der Ober- und der Unterseite den Rißverlauf und Schmutz.

4

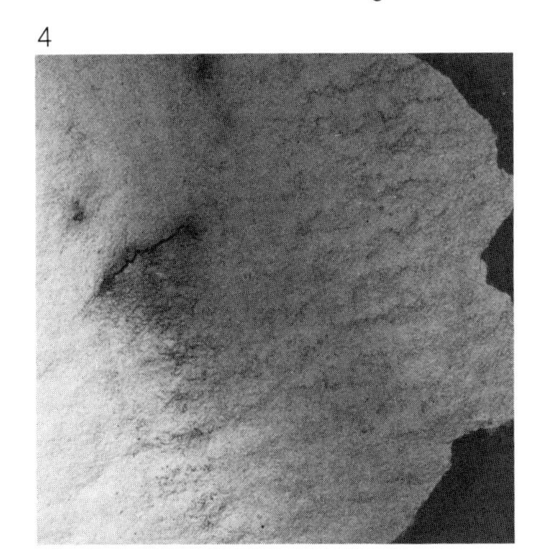

5

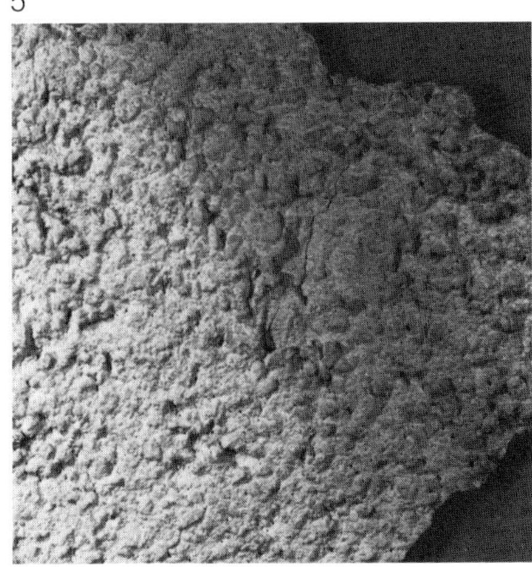

6

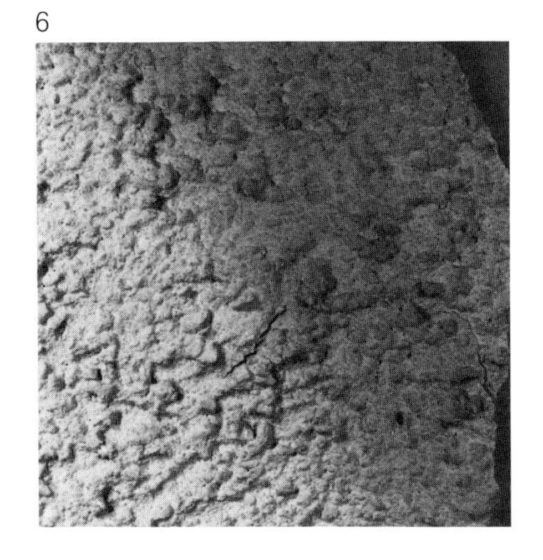

7

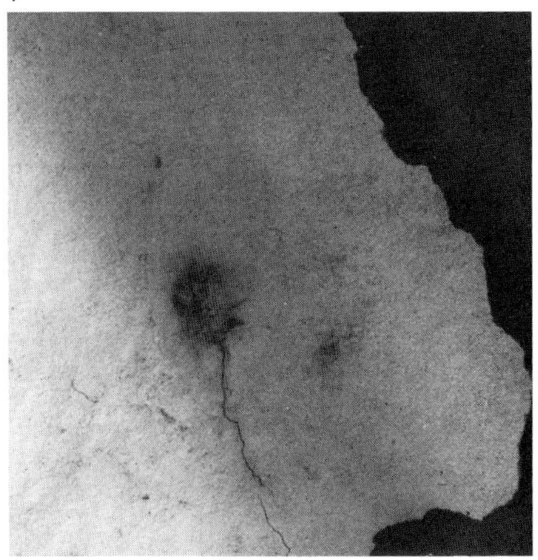

Überdeckung wärmedämmender Wandbaustoffe mit Putzen

Außenwände sind vielfach mit Platten aus Kunststoff-Schäumen bekleidet oder der Wandbaustoff selber ist aus wärmedämmendem Material wie Gasbetonsteinen, Bimsbetonsteinen, Hinsesteinen etc. hergestellt. Diese Außenwandflächen müssen nach außen hin verputzt werden, damit die Wand einen Abschluß hat, der sie vor der Witterung schützt.

Daraus ergibt sich bereits die Forderung nach einer schützenden Funktion des Außenputzes bei wärmegedämmten oder wärmedämmenden Außenwänden. Diese Forderung wird teilweise recht gut, aber teilweise auch unzureichend erfüllt. Außerdem sind diese Putzschichten rißgefährdet.

Der nachfolgende Bericht befaßt sich mit der Funktion dieser Putzschichten, den im Putz auftretenden Rißtypen und der Untersuchung der Ursachen solcher Risse im Putz. Es sind hier eine Vielzahl von beobachteten Schäden zusammengefaßt, um zu allgemein gültigen Schlüssen zu kommen.

Dämmstoffe und Putze

Als Dämmstoffe für die Fassade wird man in der Regel Polystyrolschaumplatten, und zwar vorwiegend formgeschäumte Platten verwenden. Diese werden heute für den »Vollwärmeschutz« in erheblichen Schichtdicken eingesetzt. Hinzu kommen die Dämmputze, die dem Grunde nach den Dämmplatten sehr ähnlich sind, und die vielen wärmedämmenden Wandbaustoffe, wie die Gasbetone und vor allem die Leichtbaustoffe, die man mit Hilfe von Bims herstellt.

Die Fassaden von Außenwänden solcher Stoffe müssen verputzt werden. Konventionell wird eine Grundputzlage von etwa 15 mm Dicke aufgebracht, die mit Gewebe, Drahtgeflecht oder auch Streckmetall armiert sein kann je nachdem, welchen Untergrund man überspannen will; darauf folgt dann eine Lage Deckputz.

Das ist der normale Aufbau, von dem selten abgewichen wird. Vereinzelt setzt man Monoputze ein, die für diese Funktion nicht ohne Risiken sind und auch kunstharzgebundene Putze als Deckputze. Der Putzer und Stukkateur bringt dabei nicht nur die Putze auf, sondern auch die Kunststoffschaumplatten, also das gesamte Vollwärmeschutzsystem. Diese Arbeiten haben aber auch die Maler und Spezialfirmen übernommen, wobei es fraglich ist, ob diese Unternehmen mit dem schwierigen Problem der Herstellung der äußeren, schützenden Putzschicht zurechtkommen.

Es werden viele solcher Systeme auf dem Markt angeboten; nach einer Auszählung im Jahre 1980 waren es 126 Firmen, die Vollwärmeschutzsysteme an-

1

2

3

4

Abb. 1 In dem Putz über dem Wandleichtbaustoff zeichnet sich ein breiter Riß ab.

Abb. 2 Der breite Riß wurde geöffnet, und man findet unter der Putzschicht einen Spalt in dem Baustoff der Wand vor.

Abb. 3 Dieser Riß im Putz verläuft horizontal über einer Fuge im Mauerwerk der Wand, einer Lücke in der zementgebundenen Klebeschicht für die Schaumstoffplatte und dem darüberliegenden Stoß zwischen den Schaumstoffplatten. Dieses Zusammenfallen verschiedener Stoffe konnte auch die dünne Gewebearmierung nicht überbrücken.

Abb. 4 Risse in der Putzschicht über den darunterliegenden Dämmstoffplatten. Diese Risse folgen exakt dem Verlauf der offenen Stöße zwischen den Dämmstoffplatten.

Abb. 5 Stöße zwischen den Dämmstoffplatten, die sich in der Putzschicht als Risse auswirken.

Abb. 6 In dem Bereich eines der Risse ist die Wand geöffnet worden. Man findet die Stöße der Dämmstoffplatten unter den Rissen vor sowie das darunterliegende Kalksandsteinmauerwerk, welches keine Risse aufweist.

Abb. 7 u. 8 Von der Fensterecke schräg nach oben gehender Riß. Die Ursache ist, wie es die nächste Abb. zeigt, ein Stoß in der darunterliegenden Holzwolleleichtbauplatte.

boten. Diese Systeme unterscheiden sich nicht wesentlich in dem Aufbau der Schichten. Immer ist es eine aufgeklebte oder angedübelte Schaumstoffplatte, die dann nach außen armiert und beschichtet wird.

Die Putzsysteme über einem wärmedämmenden Wandbaustoff sind allerdings ausschließlich Sache der Putzer und Stukkateure. Oft aber sind diese mineralischen Baustoffe mit organischen Dämmstoffen in Flächenteilen, so z. B. über den Fenstern, kombiniert, so daß zusätzliche Probleme entstehen.

Die Funktion der Putze über Dämmstoffen

Zunächst soll die Putzschicht einen wichtigen optischen Ausgleich über den Wandbaustoffen bringen. Dieser optische Ausgleich ist gleicher Art wie der optische Ausgleich über wärmedämmenden und nicht wärmedämmenden Systemen.

Die Dämmstoffe nehmen entweder extrem schnell und viel Wasser auf, wie z. B. Gasbetone und Bimsbausteine, oder sie nehmen kaum Wasser auf, wie z. B. die Polystyrolschaumplatten. Entsprechend haben die darüberliegenden Putze unterschiedliche Funktionen.

ist der »Untergrund« wassersaugend, so ist es zwingend, die darüberliegenden Putzlagen (Unterputz und Deckputz) wasserdicht oder wasserabweisend herzustellen. Das gilt für die genannten mineralischen Untergründe und die Dämmputze, die ja halbmineralischer Art sind, wobei die Bindung mineralisch und die Zuschläge weitgehend organisch sind.

Den Putzen werden wasserabweisende Stoffe zugegeben, damit sie ihre Funktion erfüllen können. Es sind einmal die flüssigen Metallseifen, die man den Putzen mit dem Anmachwasser zusetzt oder die pulverförmigen Metallseifen, die dem Trockenmörtel zugemischt werden. Die Wirkung der pulverförmigen Zusätze ist dabei deutlich besser, erfordert aber noch besondere Zusätze, damit eine Nutzbarkeit bei dem Anmachen des Putzes noch eine gewisse Zeit bis zur Aushärtung gegeben ist.

Die Wirkung der flüssigen Zusätze läßt nach 5 bis 6 Jahren merklich nach, die der pulverförmigen Zusätze nach 12 bis 15 Jahren.

Es ist nun eine alte Streitfrage, ob man diese wasserabweisenden Zusätze in den Unterputz oder in den Deckputz gibt. Man kann beides tun, je nach den Anforderungen an die Funktionen des Putzes. Wird man so z. B. auf eine Sauberhaltung der Putzoberfläche Wert legen, so muß man die wasserabweisenden Zusätze in den Deckputz geben, will man nur eine Wassersperre im Untergrund, so wird man den Unterputz wasserabweisend ausrüsten.

Der Begriff »wasserdicht« ist dabei wenig angebracht, weil der Putz in keinem Fall dicht wird. Es wird lediglich die Wasserabweisung des Putzes erreicht, wobei die Kapillarität des Putzes gebrochen ist und in eine Kapillarinaktivierung umschlägt.

Physikalisch ist das der Effekt der Grenzflächenspannung. Dieser ist bei den zement- und kalkgebundenen Putzen in der Regel nur 2 bis 3 mN/m (Millinewton pro m), was typisch für eine wasserfreundliche Oberfläche ist. Nach Zusatz wirksamer Metallseifen erreicht die Grenzflächenspannung aber Werte von ca. 20 mN/m und der Wassertropfen bleibt auf dem Putz stehen und dringt nicht in die Kapillare ein.

Wir haben auch noch zusätzlich die Möglichkeit, den Deckputz mit einer Siliconharzlösung (Siloxanharzlösung) zu imprägnieren, wobei man Grenzflächenspannungen um 50 mN/m erreicht; dies wäre ein exzellenter Schutz gegen Wasser.

Eine andere, wichtige Funktion der Putze ist das Herstellen geschlossener

5

7

6

8

Oberflächen. In anderen Worten: die Putzoberfläche darf keine Risse und Löcher aufweisen. Es ist eine alte Regel, daß der Unterputz dick sein muß und weicher als der Untergrund. Damit fängt er schon eine Reihe von Bewegungen des Untergrundes ab. Der Deckputz erledigt dann die Restfunktion, er soll auch nicht zu dünn und noch weicher sein als der Unterputz.
Das funktionierte auch immer recht gut, solange es um normale Untergründe, wie z. B. Ziegelmauerwerk, ging. Wir kennen rund 2200 Jahre alte römische Putze, die so aufgebaut waren und noch heute keine Risse aufweisen. Wir können sie überall in Süditalien vorfinden.
Bei den relativ weichen und weniger stabilen Untergründen ist das Risiko der Rißbildung größer. Risse treten häufiger auf und wir werden uns in der Folge mit einer Reihe solcher Rißtypen befassen.

Risse im Putz

Zunächst einige Beispiele aus der Praxis. Die *Abbildungen 1* und *2* zeigen einen Riß, der durch beide Putzlagen geht und eindeutig auf eine Lücke (Fuge) im Untergrund, zwischen zwei zementgebundenen Bimsbausteinen zurückzuführen ist. Hier vermochte es die kombinierte Putzlage nicht, die Bewegung des Untergrundes zu überbrücken und man hätte hier diese Fuge füllen und die Putzlage darüber armierend überbrükken müssen.
Fast die gleiche Ursache hat der Riß, den *Abb. 3* zeigt. Hier war die Lücke in dem Stoß zwischen den Dämmplatten, der wiederum über einer Fuge in dem Mauerwerk der Wand lag und der auch nicht mit armiertem Kleber überbrückt worden ist. Klaffende Stöße in den Dämmplatten erzeugen Bewegungen, die auch mit einer Gewebearmierung nicht sicher abzufangen sind, wie es die *Abbildungen 4, 5* und *6* zeigen. Diese Risse gehen dann durch den Putz hindurch.
Es handelt sich bei allen diesen Rissen, die wir bisher diskutiert und in den *Abbildungen 1* bis *5* gezeigt haben, um die Bewegung aus dem Untergrund, die die beiden Putzlagen nicht aufnehmen können. Sie können sie deshalb nicht aufnehmen, weil der Putz damit ohnehin schon überfordert wird und weil das System: harter Untergrund, mittelharter Grundputz und weicher Deckputz nicht vorhanden ist. Der Untergrund ist sogar oft weicher als der Unterputz.
Eine Variante dazu zeigen die *Abbildungen 7* und *8*. Wir erkennen hier von der Fensterecke ausgehend, einen feinen Riß *(Abb. 7)* und vermuten zunächst, daß dieser Riß auf den Materialübergang zwischen der Dämmung über dem Fensterputz und dem Wandmaterial zurückzuführen ist. Das ist nicht der Fall; der Riß ist durch einen Stoß in der Dämmplatte, einer Holzwolleleichtbauplatte, bedingt. *Abb. 8* zeigt diesen Stoß, der nur sehr schmal ist. *Abb. 9* zeigt dann noch ergänzend regelmäßige Risse in der Fassade, die entlang den offenen Stößen von Polystyrolschaumdämmplatten verlaufen.
Dieser Rißtyp begegnet uns in den verschiedensten Variationen in Putzflächen. Wir wollen ihn als den Rißtyp I bezeichnen. Die Skizze *(Abb. 10)* zeigt ihn in zwei Varianten und in der Skizze *Abb. 11* ist er ebenfalls, in einer anderen Variante, dargestellt.
Von den sogenannten statischen Rissen wollen wir bei unserer Betrachtung absehen. Statische Risse sind Risse, die durch Bewegungen des Baukörpers oder Teilen der Wand entstehen und die meist an den schwächsten Stellen der Wandscheibe auftreten, so z. B. von den Fensterecken ausgehend. Wir wollen sie deshalb nicht diskutieren, weil sie bei jedem Putzsystem auftreten können und bei den Vollwärmeschutzsystemen noch in geringstem Umfang.

9

10

Typ I
Typ II
Typ II
Typ I

Abb. 9 Das Bild zeigt die regelmäßigen Risse im Deckputz über den Stößen der darunterliegenden Dämmstoffschicht.

Abb. 10 Rißtypen bei Putzüberdekkungen von Leichtbaustoffen.

Abb. 11 Schnitt durch den Dämmschicht-Putz-Aufbau mit den zwei an den entnommenen Proben vorgefundenen Rißtypen.

Abb. 12 Statischer Riß, der sich im Putz stark abzeichnet, im Mauerwerk der Wand aber sehr viel schmäler verläuft. Diese Risse findet man stets in dem Bereich der Fensterecken oder an anderen Flächen, bei denen die Wandfläche unterbrochen wird.

Abb. 13 Riß über dem Fenster.

Wichtig sind aber die Risse, die nur im Putz auftreten und auch nur durch den Putz im Zusammenbau mit der darunter liegenden Dämmschicht bedingt sind. Wir wollen sie den Rißtyp II nennen, und auch solche Risse sind in den *Abbildungen 10* und *11* dargestellt.

Die *Abbildungen 12, 13* und *14* zeigen diese Risse. Um zu verstehen, wie es zu den Rissen dieses Typus kommt, müssen wir noch einmal den Putzaufbau diskutieren. Zunächst liegen beide Putzschichten über einem Dämmstoff und dieser bremst die Wärmeableitung in die Wand. Die Folge ist, daß sich die Putzschicht aufheizt. Sie heizt sich entsprechend der Himmelsrichtung und ihrer Farbe unterschiedlich auf, in der Regel am stärksten an der West- und dann an der Südseite des Gebäudes.

Ein mittelweicher Putz der Mörtelgruppe II vermag nun mehr oder weniger gut die damit auftretenden, thermischen Bewegungen aufzunehmen, auch wenn er stellenweise feine Risse erhält. Ein festerer Putz z. B. der Mörtelgruppe IIb oder III vermag das nicht mehr. Der Deckputz über dem Unterputz vermag es noch besser, Bewegungen abzufangen, weil er weicher ist bzw. weicher als der Unterputz sein muß. Dazu benötigt er aber eine gewisse Schichtdicke, die vernünftigerweise 6 mm nicht unterschreiten darf.

Treffen die Bedingungen nicht zu, kommt es zu den thermischen Spannungsrissen. Die Putzschale heizt sich auf und kann die damit verbundenen Bewegungen nicht schadlos in sich aufnehmen. Dabei ist es im Prinzip gleich, welcher Art der wärmedämmende Untergrund ist. Man wird bei einer sehr starken Wärmeleitungsbremse, so bei den Polystyrolschaumplatten, die untere Putzlage auch stets armieren.

Es kommt zur thermischen Rißbildung dann, wenn:

- der Unterputz zu hart ist,
- der Deckputz wenig gebunden oder aber zu hart ist,
- die Armierung durch Gewebe im Grundputz zu schwach ist, so daß die Fasern spleißen,
- der Deckputz so stark durchgerieben ist, daß die Schichtdicke fehlt,
- der Deckputz zusätzlich dunkel eingefärbt ist, so daß er sich übermäßig aufheizt.

Abb. 15 zeigt im Schnitt einen solchen Riß und wir erkennen, daß dieser nur durch die beiden Putzlagen (trotz der Armierung) geht. *Abb. 16* zeigt die Oberfläche eines Deckputzes, der so stark durchgerieben ist, daß stellenweise kaum eine Dicke von 1 mm vorhanden ist; solche Deckputze sind sinnlos und haben keine Funktion. Ein normaler Edelputz mit Kratzstruktur in der Dicke von 10 mm, der nur bis zu 6 mm durchgekratzt ist, hätte sehr viel besser seine Funktion erfüllt.

Es ist überhaupt erstaunlich, wie oft völlig durchgeriebene Putze verwendet werden. Sie sind weder schön noch bleiben sie sauber, noch haben sie einen Sinn. Wenn man die Oberfläche aufrauhen will, was viel für sich hat, dann kann man sehr viel besser mit den normalen Edelkratzputzen arbeiten.

11

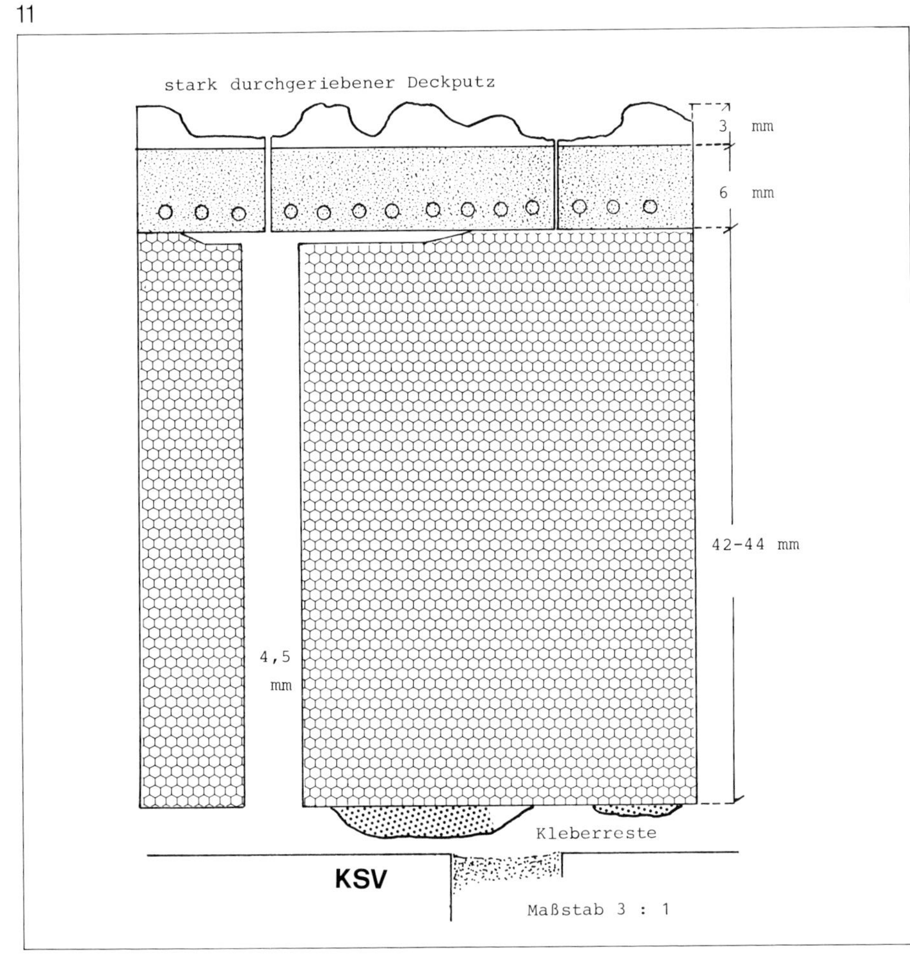

12

13

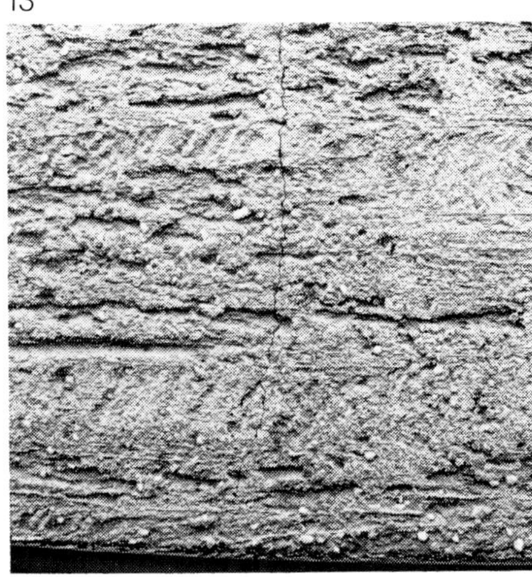

Abb. 17 zeigt einen mit Drahtgewebe armierten Putz in dem Bereich des Materialüberganges von einer Holzwolleleichtbauplatte zu einem Bimsbaustoff der Wand. Hier ist kein Riß aufgetreten, die Armierung hat Bewegungen aufgenommen. Aber auch hier ist der Deckputz durch starkes Durchreiben nahezu völlig zerstört worden.

Zusammenfassung

Putzüberdeckungen von Wärmedämmsystemen oder auch wärmedämmenden Wandbaustoffen werden für die Praxis immer interessanter. Es sind vor allem die *mineralischen Putze,* die dafür in Betracht kommen; sie sind sehr viel langzeitbeständiger als die organisch gebundenen Putze, bei denen das Bindemittel dispergierte Polymere von Estern sind und wir wissen, daß Ester mehr oder weniger der Hydrolyse unterliegen, oft schon nach drei Jahren, bei den beständigen Typen jedoch sehr viel später. Zudem haben diese Kunststofftypen noch andere Risiken, wie Schrumpfvorgänge, Wasseraufnahmevermögen, Zerstörung durch Mikrolebewesen, Pilzbefall etc.

Die mineralischen Putzsysteme müssen den Anforderungen an die beschriebenen Untergründe angepaßt werden, damit sie die erforderlichen Funktionen erfüllen und die Rißrisiken vermeiden. Hinzu kommt dann die Forderung nach Sauberhaltung der Deckputzflächen.

Man kann die Anforderungen erfüllen, wenn man die heute verfügbaren, recht weit entwickelten Grundputze (Unterputze) einsetzt und dort bewehrt, wo es darum geht, Bewegungen des Untergrundes abzufangen.

Hier kommt aber ein neues Moment hinzu, welches weder in der DIN 18 550 noch in der Einteilung der Putzgruppen enthalten ist. Der Unterputz muß relativ weich werden, weicher als die wärmedämmenden Untergründe bzw. im Notfall nicht wesentlich härter als diese. Er muß dennoch einen erhöhten Zusammenhalt (Kohäsion) haben, mit anderen Worten: eine erhöhte Zähigkeit. Diese Forderungen kann man durch Zusätze von geeigneten Kunstharzdispersionen erfüllen.

Der Deckputz muß weich bleiben, jedoch auch eine merklich bessere Kohäsion erhalten, er sollte wasserabweisend ausgerüstet werden, damit er nicht verschmutzt und Wasserlaufbahnen aufweist. Sehr wichtig ist es, auf ein Durchreiben zu verzichten, welches allein Nachteile bringt, und statt dessen in der Edelputzkratzstruktur zu bleiben, wobei die echte verfügbare Dicke nicht weniger als 6 mm sein darf. Ein Deckputz von 1 mm oder gar weniger als 1 mm Dicke an den durchgeriebenen Stellen vermag keine noch so kleinen Bewegungen mehr abzufangen.

Dann sollte dem Putzaufbau und der Putzqualität deshalb auch mehr Aufmerksamkeit geschenkt werden, weil ein Verputz dem Grunde nach wartungsfrei ist im Gegensatz zu einem Farbanstrich über dem Putz. Einmal ist ein solcher Anstrich immer eine Dampfbremse, die das Austrocknen der Außenwände behindert und dann muß jeder Anstrich in mehr oder weniger langen Intervallen (2 bis 15 Jahre je nach Anstrichsystem) erneuert werden. Deshalb zahlen sich geringe Mehrkosten für einen erstklassigen Putz immer aus. IBF

Abb. 14 Über dem Fenster befindet sich eine Holzwolleleichtbauplatte, durch deren Bewegung der Riß im Putz entstanden ist.

Abb. 15 Die Deckputzschicht über dem Grundputz ist unregelmäßig aufgerissen und 0,2 bis 5 mm dick. Man erkennt diesen Zustand in der Aufsicht wie im Schnitt.

Abb. 16 Einer der schmalen Risse im Deckputz wird im Schnitt in 2-facher Vergrößerung dargestellt. Man sieht, daß dieser Riß nicht durch die Dämmstoffschicht geht; er ist allein im Unterputz, der mit Gewebe armiert ist, und in der oberen Putzschicht vorhanden.

Abb. 17 In dem Bereich des Materialüberganges zwischen Holzwolleleichtbauplatten und dem Wandbaustoff sind keine Risse vorhanden, weil dieser Bereich 30 cm breit mit Stahldrahtgeflecht überspannt ist.

14

17

15

16

Typische Schäden an Außenputzen

Der Zufall ergab es, daß ich zu einem Termin bei Frankfurt zu früh ankam und noch zwei Stunden Zeit hatte. Der Vorort hatte viele Baustellen, Altbauten standen vielfach zwischen Neubauten. In einer Straße standen renovierte Altbauten und dazwischen neue Häuser. Bei der Betrachtung der Fassaden, die alle verputzt waren, fiel eine große Zahl von Putzschäden auf, jedes Haus zeigte andere, aber typische Putzschäden.

Es ist interessant, diese typischen Fehler nebeneinander aufzuzeigen und daraus Schlüsse auf Mängel der handwerklichen Ausführung, des Materials und auch des Langzeitverhaltens zu ziehen. Unter diesen Voraussetzungen hat eine solche Darstellung in dem Buch ihren Sinn, denn es geht ja darum, aus Schäden zu lernen.

Schadensbilder und Schadensursachen

1. Fester Putz auf weichem Untergrund

Bei einem Neubau waren die Dielen über den Fenstern aus Gasbeton, armiert mit einzelnen Stahldrähten. Das ist eine sehr vernünftige Konstruktion, sehr viel besser als die labilen und wasseraufnehmenden Holzwolleleichtbauplatten.
Über dem Gasbeton ist die Putzschicht abgeplatzt, wie es *Abb. 1* zeigt. Der Verbund zwischen dem zementgebundenen Putz und dem Gasbeton ist gut, die Ablösung erfolgte im Gasbeton, dessen Bruch-(Zug-)Festigkeit geringer ist als hier der Verbund an der Grenzfläche und die Bruchfestigkeit des relativ festen Putzes. Der Schaden war vorhersehbar.

Zunächst widerspricht es der alten Putzerregel, daß man nie ein festes Material auf ein darunter liegendes, weiches Material fest und kraftschlüssig aufbringen darf. Umgekehrt ist es bauphysiologisch richtiger. Diese Regel scheint zunehmend in Vergessenheit zu geraten. Man baut vom festen Untergrund nach außen immer weicher werdend auf. Zugegeben, bei dem Verputz von Gasbetondielen ergeben sich dabei Probleme, die aber gelöst werden müssen.
Allein durch die Schwindspannung einer festen, zementgebundenen Putzschicht entstehen bleibende Spannungen zwischen dem weicheren Untergrund und dem Putz. Dann werden auch thermische Bewegungen wirksam, die sich zunächst nur in der Putzschale auswirken, weil diese auf einem recht guten Dämmstoff liegt. Sind erst einmal Risse entstanden, dann läuft dort das Regen-

1

2

3

4

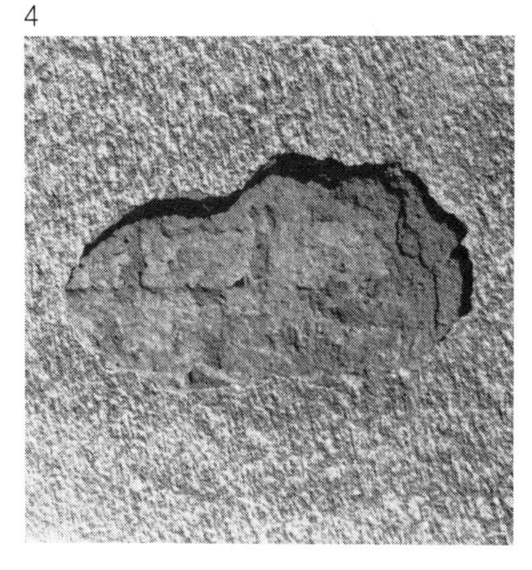

Abb. 1 Der ca. 20 mm dicke Putz, Mörtelgruppe II, über dem Gasbeton löst sich ab, wobei die Ablösung vorwiegend im Gasbeton stattfindet. Der Putz ist fester als der Gasbeton. Außerdem ist erkennbar, daß eine starke Wasserbelastung dieser Stelle stattgefunden hatte, man sieht Ausblutungen aus feinen Rissen des Putzes im Sturz. Wahrscheinlich hat dann Frosteinbruch die endgültige Sprengung vollzogen.

Abb. 2 Abwerfen des überdeckenden Putzes vom Gasbeton an Stellen, die von Wasser durchfeuchtet werden. Man erkennt, wie die Streckmetallarmierung am Untergrund zwar hält, der Putz aber abplatzt.

Abb. 3 Abgeplatzte Putzteile von dieser Stelle unter dem Fenster, auf deren Rückseite noch der Vorspritzbewurf haftet.

Abb. 4 Der hier kunstvoll aufgebrachte Deckputz hat auf der zweifachen Lage eines alten und weichen Grundputzes, der früher die obere Putzlage gewesen ist, keinen Halt. Hinzu kommt, daß der Putz von Wasser unterlaufen wird und sich jetzt die gesamte Putzlage vom Mauerwerk ablöst.

wasser hinein und durchfeuchtet den Untergrund. Da die Putzschicht relativ dicht ist und ein guter zementgebundener Putz immerhin Wasserdampfdiffusionswiderstandsfaktoren (μ_{H2O}) um 60 bis 80 aufweist, kann das dort angesammelte Wasser bei Frosteinbruch zu Absprengungen führen.

Das zeigt an einem anderen Beispiel auch sehr gut *Abb. 2.* Hier hat auch die Ausführung mit einer Streckmetallbewehrung und einem Vorspritzbewurf nicht vor der Zerstörung durch eingedrungenes Wasser geschützt.

Es ist auf jeden Fall notwendig, einen Unterputz der Mörtelgruppe II aufzubringen und darauf einen Deckputz, der merklich weicher ist. Mindestens eine der Putzlagen muß wasserabweisend ausgerüstet sein, damit es nicht zu diesen Durchfeuchtungen kommt. Die Streckmetallbewehrung mit einem darauf liegenden Vorspritzhaftbewurf ist auf keinen Fall nachteilig und vermindert das Risiko.

2. Reparaturputz auf altem Untergrund

Abb. 4 zeigt eine abplatzende Deckputzschicht. Hier ist eine alte Putzfläche neu verputzt worden und man hat die alten Putzlagen darunter gelassen. Die genaue Untersuchung zeigt, daß es eine Vorspritzbewurflage und zwei weiche Putzlagen sind. Die beiden weichen, nur kalkgebundenen Putzlagen, welche auch Lehmanteile enthalten, sind weich und sandend. Sie eignen sich nicht als Untergrund für einen neuen Deckputz, sofern dieser dauerhaft an der Wand bleiben soll.

Man erkennt auch gut auf dem Bild wie sich der Deckputz flächig löst, er hatte sich mit dem weichen und sandenen Untergrund nie richtig binden können. Jede thermische Spannung und jede Eisbildung unter der Decklage bringt sie schon zum Abplatzen.

Richtig wäre es gewesen, den alten Putz vollständig zu entfernen und dann über einem dicken Vorspritzbewurf, der die Löcher und Fugen im Bruchsteinmauerwerk des Untergrundes etwas ausgleicht, eine Unterputz-Ausgleichsschicht der Mörtelgruppe IIb aufzubringen und dann einen etwas weicheren Deckputz darüber zu setzen.

Abb. 5 zeigt an der gleichen Wand einen ähnlichen Sachverhalt, hier ist allerdings der Vorspritzbewurf nicht oder kaum auf dem Untergrund vorzufinden. Derartige Fehler oder Fehlleistungen entstehen dann, wenn gedankenlos gearbeitet wird oder man es versucht, durch Pfusch Kosten zu sparen, was aber nie gelingt.

3. Programmierte Frostsprengungen

Abb. 6 zeigt eine zerstörte Fensterbank. Solche Fensterbänke findet man sehr oft bei Altbauten. Hier ist der Mörtel, aus dem die Fensterbank aufgebaut ist, ge-

5

6

7

Abb. 5 Der neu aufgebrachte Deckputz liegt hohl, er wird von Wasser unterlaufen und hat auf dem alten Grundputz keine Haftung. Es fehlt hier der Vorspritzbewurf, welcher allerdings voraussetzt, daß der alte weiche Grundputz abgeschlagen wird. Darauf wäre dann der Vorspritzbewurf zu bringen, dann der Grundputz und schließlich der möglichst wasserdichte Deckputz.

Abb. 6 Die Wasserbelastung der verputzten Fensterbank aus Mauerwerk ist erheblich und infolge der Durchfeuchtung und bei Frostbelastung verfallen Putz und Fensterbank.

Abb. 7 Die Fensterbank aus Mörtel verfällt besonders schnell in der Ecke, die sehr durch Wasser belastet ist.

rissen, das Wasser drang ein, der Mörtel wurde feucht und bei Frosteinbruch setzte sogleich die Zerstörung ein, bis dann im Laufe der Jahre der Zustand erreicht wurde, wie wir ihn im Bilde sehen. Die *Abbildungen* 7 und 8 zeigen an einem anderen Bau den gleichen Vorgang. Im Bereich der Fensterecken und von einem kleinen Flachdach ausgehend, ist viel Wasser in den Putz gelangt, der dann bei Frost nach und nach geprengt wurde.

Die Konsequenz, die wir daraus ziehen müssen, ist:

— Alle Anschlüsse von Putz- und Mörtelflächen an die unteren Fensterschenkel müssen gut abgedichtet sein, es darf kein Riß offen bleiben, durch den Wasser hineinlaufen kann,

— Alle besonders wasserbelasteten Mörtel und Putzflächen, die selber nicht wasserdicht sind, sollten zweckmäßig eine Flächendichtung durch eine Imprägnierung oder einen Anstrich erhalten.

Wenn man diese wenigen Grundsätze beachtet, werden Putzteile nicht durch Frosteinwirkung zerstört werden.

4. Kunstharzvergütete Putze verhalten sich anders

Kunstharzvergütete Putze sind keine Kunstharzputze, die mit Kunstharzdispersionen gebunden sind. Die kunstharzvergüteten Putze enthalten fast immer Zement als Bindemittel. *Abb. 9* zeigt eine obere Lage eines solchen Putzes, die sich vom Untergrund ablöst. Auf dem rauhen, alten Putzuntergrund ist eine weiße Feinschlämmschicht, und darauf liegt die kunststoffvergütete Putzlage. Die Haftung des kunststoffvergüteten Putzes auf dem Feinputz ist gering, der Feinputz selber haftet nicht gut auf dem alten Untergrund. Es sammelt sich Wasser in der Fassade an, weil der kunststoffvergütete Putz einen Wasserdampfdiffusionswiderstandsfaktor μ um 100 hat und gegenüber den sehr viel besser dampfdurchlässigen darunter liegenden Putzen (μ zwischen 6 und 15) eine erhebliche Dampfbremse darstellt. Sehr viel besser wäre es gewesen, über den gereinigten Unterputz einen Edelputz aufzubringen, auf jeden Fall aber zunächst die dünne Feinputzschicht zu entfernen.
Setzt man dem zementgebundenen Putz viel Kunstharzpulver oder Kunstharzdispersion zu, wie man das heute bei einigen Klebern macht, dann behindert die Kunststoffdispersion das Abbinden des Zements und andererseits greift die Alkalität des Zements den Kunststoff an, der dann teilweise in Polyalkohole hydrolysiert, seine Binderkaft vermindert und die entstandenen Polyalkohole schädigen wiederum die hydraulische Bindung. Es sind eben Stoffe, die sich nicht vertragen und die man nicht zusammenbringen darf — jedenfalls nicht in etwa gleichem Verhältnis.
Abb. 10 zeigt derartigen Verfall von vergütetem Putz, wobei auch der in gleicher Weise vergütete, darunter liegende Kleber um das Gewebe verfallen ist. Damit ist auch der Untergrund (Kleber) weich und sandend geworden und als tragfähiger Untergrund zusätzlich ungeeignet.
Abb. 11 zeigt einen stark kunststoffvergüteten Putz, der durch Eigenschwinden ein Rissenetz erhalten hatte. Es ist leider nicht bekannt, wie alt der Putz ist. Die Untersuchung auf Kristallisation unter dem Mikroskop deutet auf ein Alter um fünf Jahre, doch kann der Kunststoffzusatz auch die Kristallisationsprozesse des Kalks verfälschen. Dieser Putz ist Zement/Kalk-gebunden. Hier nahm der Kunststoffanteil an Volumen ab und ist chemisch verfallen (Hydrolyse).

8

9

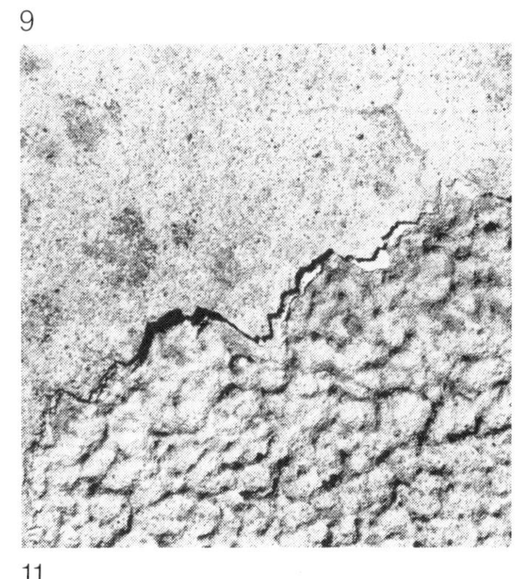

10

11

Abb. 8 Auch diese mit Mörtel aufgebaute Ecke wird stark mit Regenwasser belastet, das von dem kleinen Flachdach herabläuft. Hier fehlt die richtige Wasserabführung. Der oft nasse Putz/Mörtel wird bei Frost gesprengt.

Abb. 9 Der mit Kunstharz vergütete Deckputz platzt vom Untergrund großflächig ab. Die Ursache ist eine Zwischenlage eines hellen Anstrichfilms, der auf dem Untergrund nicht mehr haftet, weil der daraufliegende Deckputz eine starke Zugspannung auf ihn ausübt.

Abb. 10 Hier hat sich keine korrekte Abbindung des Zements und auch nicht des Kunststoffes eingestellt bei einem Zement- und Kalkanteil von ca. 30% und einem Kunstharzanteil von ca. 5%. Auch der Kleber wird nicht fest, er enthält 32% Zement und 9% Kunstharz.

Abb. 11 Der Putz ist nach etwa fünf Jahren durch chemischen Verfall des zugesetzten Kunstharzes nachgeschwunden und zeigt jetzt ein Rissenetz.

5. Spannungen zwischen Mauerwerk und Putzschale

Von einer gesamten Mauerwerkswand fällt der Putz ab. Das Haus ist hier sicher nicht älter als zwei Jahre. *Abb. 12* zeigt das Kalksandsteinmauerwerk, an dem noch Reste des Putzes hängen. Zunächst ist diese Erscheinung unerklärlich. Bei genauerem Hinsehen findet man zunächst, daß auf dem Kalksandsteinmauerwerk kein Vorspritzbewurf liegt. Die Absprengung erfolgte überwiegend an der Grenzfläche zum Putz, aber auch im Kalksandstein. Reste des Putzes haften kaum an. Diesen Resten kann man aber entnehmen, daß es ein Zement-Kalk-Putz mit erheblicher Härte ist.
Die Absprengung erfolgte aufgrund von Spannungen in der Fassade. Fugen sind nicht angelegt, aber auch bei der Länge von ca. 11 Metern nicht unbedingt erforderlich, jedenfalls nicht bei einem normalen Edelputz. Die Spannungskräfte müssen erheblich gewesen sein, denn die Steine sind teilweise angerissen. Frostsprengungen sind es nicht, denn die ganze Fassade ist vollständig gleichmäßig zerstört. Die ganze Erscheinung bleibt im Endeffekt rätselhaft, und man wird es nie ganz klären, ob hier Schwindspannungen in der frischen KS-Steinwand eine Rolle gespielt hatten oder eine zu starke Schwindspannung des harten Putzes. Auf jeden Fall aber wäre ein Vorspitzbewurf und darauf eine Zwischenlage eines Grundputzes ein sehr viel sicherer Aufbau gewesen. *Abb. 13* zeigt ergänzend dazu die richtige Oberfläche eines Vorspritzbewurfs von 5 bis 7 mm Dicke.

6. Mit Anstrichen kann man einen Putz schlachten

Anstriche sollen schützen. Oft stellt man einen Putz, einen Glattputz speziell dafür her, damit er einen Farbanstrich erhalten und tragen kann. Anstriche sollen schützen, so glaubt man wenigstens und so werden diese angeboten. Das gilt ganz gewiß für die Schutzanstriche, keineswegs aber für die Decoranstriche, und man kann auch mit dem besten Anstrichmaterial einen dafür nicht geeigneten Untergrund zerstören.
Dafür Beispiele in der gleichen Straße. Die *Abbildungen 14* und *15* zeigen einen Putz, der mit einem dicken Kunstharzdispersionsanstrich überstrichen worden ist. Man sieht wie sich der Anstrichfilm vom Untergrund flächig ablöst und wie er aufreißt. Auf der Fläche des Untergrundes sind sowohl Risse wie auch weiße Kalkausblutungen zu erkennen. Diese Kalkausblutungen entstehen durch Wasseransammlung unter dem Anstrichfilm, wobei die feinen Haarrisse dann die wasserführenden Adern darstellen. Der Vorgang ist einfach und wird sehr oft nicht zur Kenntnis genommen.
In den Putz eingedrungenes Wasser kann durch den relativ dichten Anstrichfilm nicht schnell genug nach außen abdampfen und es sammelt sich hinter dem Film an. Während der normale Putz μH_2O-Werte zwischen 10 und 70 hat, so hat ein überdeckender Anstrichfilm μH_2O-Werte von 500 bis 1500 und ist damit eine wesentlich stärkere Dampfsperre. Diese Wasseransammlung führt zur Bildung von Kalktrennschichten unter dem Film und dieser reißt dann auch über den Haarrissen auf und damit beginnt schon die Zerstörung. Sehr schön ist dieser Prozeß auch in *Abb. 16* zu sehen. Hier reißt der Film exakt über den feinen Haarrissen im Putz auf.

Das ist eine alte Erscheinung und man muß es endlich lernen, diesen Schadensverfallsursachen wirksam zu begegnen. Das beste Verfahren, um diese Anstrichfilmabplatzungen zu verhindern, ist es einmal tief eindringend und wasserabweisend den Putz zu grundieren, wobei Eindringtiefen von 5 oder 10 mm leicht zu erreichen sind und dann auch Anstrichsysteme zu wählen, deren Dampfbremsfunktion in einer noch vergleichbaren Größenordnung zum darunter liegenden Putz steht.

12

13

14

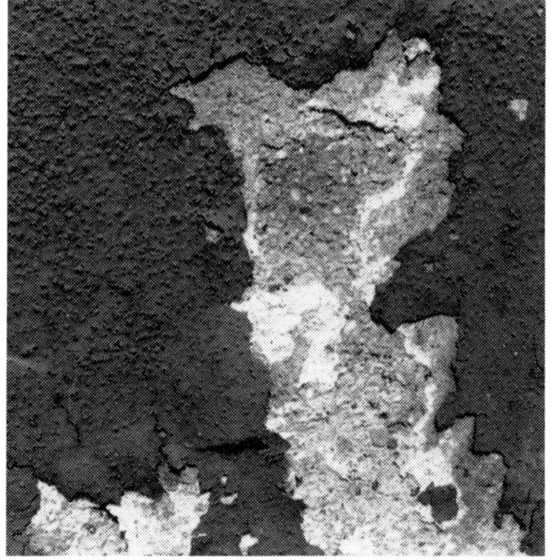

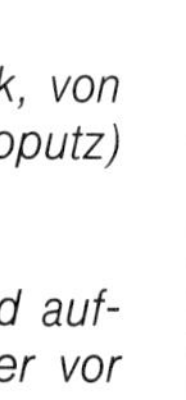

15

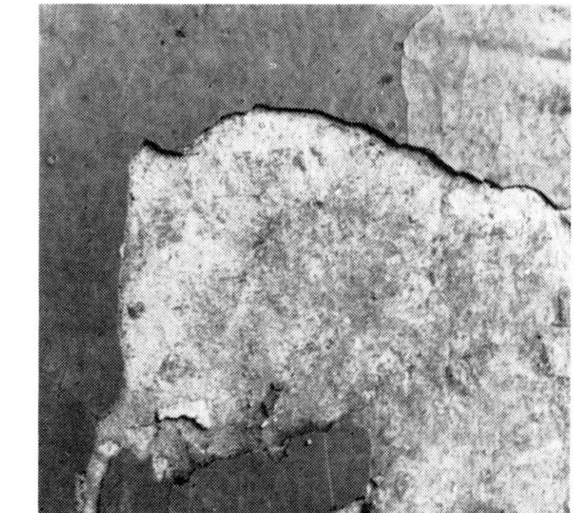

Abb. 12 Kalksandsteinmauerwerk, von dem die Putzschicht (harter Monoputz) abgeplatzt ist.

Abb. 13 Richtig aufgebauter und aufgebrachter Vorspritzbewurf, wie er vor allem in Süddeutschland üblich ist, in der Dicke von 5 bis 7 mm.

Abb. 14 u. 15 Sowohl der Anstrichfilm löst sich vom Untergrund wie auch die obere Deckschicht des Putzes mitsamt dem Anstrichfilm.

7. Stauwasser zerstört den Putz

Die weitere Begehung des Straßenteils ergab noch eine Reihe weiterer Putzschäden. Einige davon seien gezeigt. Die *Abbildungen 17* und *18* zeigen an verschiedenen Häusern den gleichen Vorgang, auch wenn das Erscheinungsbild verschieden ist.

In beiden Fällen handelt es sich um Stauwasser, welches wirksam wird. An der Ecke in *Abb. 17* staut sich das Wasser auf einer deutlich sichtbaren Kante. Von unten durch kleine Risse dringt es in den Putz ein, durchnäßt diesen, und dann setzt der unter 7. geschilderte Prozeß ein. Während die Anstrich-Putzoberflächenschale noch zusammenhängend aufliegt, ist der Putz dahinter durch ständige Auswaschung weich geworden und verfällt. Offensichtlich war hier auch der Zusatz an hydraulischer Bindung zu gering oder nicht vorhanden.

In *Abb. 18* sehen wir einen horizontalen Riß, aus dem reichlich Kalkmilch herausgeflossen ist. Der hinter dem Deckanstrich liegende Putz ist durch Wasser eluiert, ausgewaschen worden. Die Untersuchung zeigt schnell, daß in dieser Höhe ein horizontal liegender Betonbalken endet, er ist mit überputzt worden. Wasser, welches in der Wand und der äußeren Putzschicht von 26 bis 34 mm Dicke anfällt, staut sich über der oberen Kante des Betonbalkens, der auch nur rund 8 mm überputzt ist. Hier bildet sich dann aufgrund der Wasserbelastung der Riß, aus dem das Wasser herausquillt.

Bei solchen Konstruktionen nützt es nichts, den Übergang zwischen den verschiedenen Baustoffen mit einem Drahtgewebe oder Streckmetall zu überspannen, es ist allein wichtig, nicht diese Menge Wasser in die über dem Balken liegende Wand hineinzulassen. In anderen Worten: die Putzfläche bedarf eines Schutzes, damit sie nicht in diesem Umfang Wasser aufnimmt.

Zusammenfassung

Eine größere Zahl verschiedener Putzschäden konnte so auf kleinem Raum gefunden werden. Sicher sind diese Schäden nicht umfassend für alle möglichen Putzschäden, doch geben sie einen Überblick über häufige und typische Fehler, die bei der Planung und der Ausführung gemacht werden. Es sind kaum Materialfehler dabei, jedoch viele Ausführungsfehler, die durch Gedankenlosigkeit und Leichtfertigkeit entstehen.

Abb. 19 zeigt dann abschließend noch eine Erscheinung, die man nicht den Schäden zuordnen kann und die hier gezeigt wird, weil sie in dieser Form selten ist, nämlich eine Salpeterausblühung, die nur dann auftritt, wenn es sich um eine sehr alte Wand handelt, die lange Zeit mit organischen Stoffen belastet gewesen ist. E. B. G.

Abb. 16 Hier ist sehr gut zu erkennen, wie der Anstrichfilm über den Rissen im Putz aufreißt und dann abgeworfen wird. Der Anstrichfilm auf dem ziemlich weichen Putz liegt nur lose auf, er wird von Wasser unterlaufen, weil eine Grundierung des Untergrundes fehlt.

Abb. 17 In dieser Sockelecke staut sich das Wasser auf dem Vorsprung. Die mit einem Anstrich versehene Feinputzschicht ist naß geworden, aufgerissen und durch den Wasserstau im Unterputz ist der Putz in der gesamten Ecke zerstört.

Abb. 18 Hinter dem Riß liegt die Oberkante eines Betonbalkens, der mit überputzt ist. Hier bildet sich der Riß, weil der Materialübergang nicht überspannt wurde. Der Riß ist schon einmal ausgebessert worden mit dem Erfolg, daß er jetzt doppelt auftritt wie links im Bild zu erkennen. Über dem Betonbalken staut sich das Wasser und läuft aus dem Riß nach außen.

Abb. 19 Eine der seltenen Salpeterausblühungen, wie sie zuweilen bei sehr altem Mauerwerk im Sockelbereich vorkommen.

16

17

18

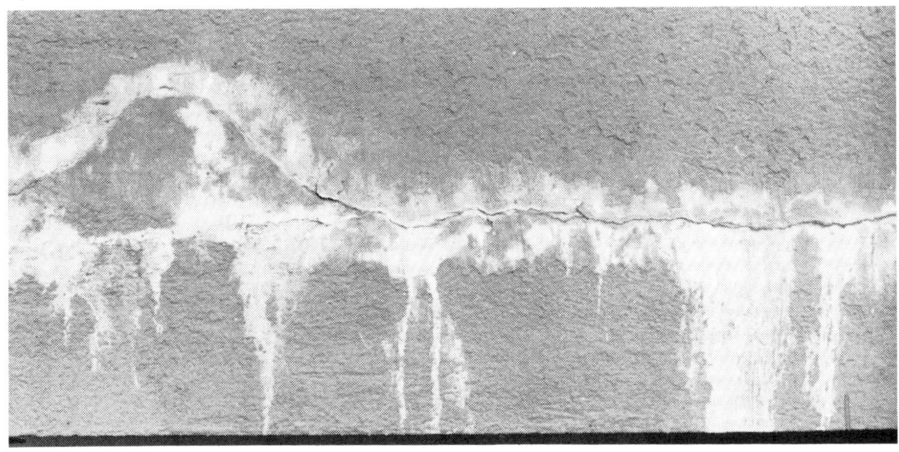

19

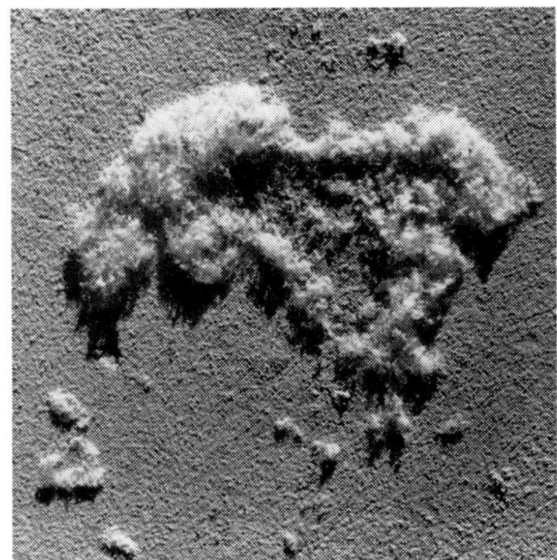

Sanierung von Fassaden in Mischbauweise

Unter dem Eindruck vieler und teilweise gravierender Bauschäden steht die Instandsetzung der Außenwände von Gebäuden seit einiger Zeit im Vordergrund dringlicher Bauaufgaben. Das vielfältige Angebot von Sanierungsmethoden erscheint vor allem in anwendungstechnischer Hinsicht so verwirrend, daß der Verfasser beabsichtigt, die Einsatzmöglichkeiten und Auswahl der Verfahren zu erleichtern.
Der vorliegende Beitrag berichtet über eine Fassadensanierung u.a. mit Spritzbeton an einem zwanzig Jahre alten Industriegebäude in Mischbauweise.

Dieses ,in mehrere Trakte gegliederte Bauwerk *(Abb. 1)* ist insgesamt 150 m lang, bis zu 24 m breit, teilweise sechs Geschosse hoch und wird von einem Stahlbetonskelett getragen. Die Betonglieder treten gegenüber den Fensterbändern und großflächigen Ausfachungen mit Vormauerklinkern unauffällig zurück. Die Instandsetzung ist im Spritzbetonverfahren ausgeführt, ohne das architektonische Bild zu stören.

Schadensbild

Während das Klinkermauerwerk auf eine der Nutzungszeit entsprechende Weise verschmutzt war, wiesen die der Witterung ausgesetzten Stahlbetonflächen eine Karbonatisierungstiefe im Mittel von 17 mm auf. Der dadurch verursachte Korrosionsprozeß an den in diesem Bereich liegenden Stahleinlagen führte zur Abhebung des Betons im Stahlüberdeckungsbereich und besonders häufig in Bereichen unzureichender Betonüberdeckungen und hier vor allem in den Zonen der einliegenden Bügelbewehrung.
Im ersten Arbeitsgang — dem Abklopfen — erwiesen sich auch zahlreiche andere Stellen hohlliegend, d.h. im Stadium kurz vor der Absprengung des überdeckenden Betons *(Abb. 2)*.

Schadensursache

Karbonatisierung, d.h. Umwandlung des freien Kalks (Calciumhydroxyd) im Beton unter dem Einfluß von Kohlendioxyd aus der Luft in Kalkstein (Calciumkarbonat), vollzieht sich nach neueren Erkenntnissen im Laufe von zehn bis zwanzig Jahren, je nach Betongüte, wobei der Eindringtiefe bei etwa 15 mm Grenzen gesetzt sind, weil die Karbonatisierung in der Regel nicht weiter eindringt. Diese als statistisches Mittel zu verstehenden Angaben sind in vielen Fällen deutlich unter- oder überschritten. Dies aufgrund eines dynamischen Gleichgewichtes.
Durch Auftragen einer Thymolphthaleinlösung lassen sich exakte Grenzen zwischen ursprünglichem Beton alkalischen Milieus und karbonatisiertem Beton in durchaus unregelmäßigem Verlauf feststellen (pH 10), dessen tiefste Spitzen den Mittelwert erheblich übersteigen. Es liegt auf der Hand, daß die in solchen, meist Rissen folgenden Spitzen ohne alkalische Passivierung des Stahls liegende Bewehrung rostet, wobei es aber, parallel zur Karbonatisierung verlaufend, ebenfalls einiger Zeit bedarf, bis größere, durch Volumenzunahme druckentwickelnde Rostmengen Betonschalen abzusprengen vermögen *(Abb. 3)*. Der Festigkeitsverlust ist bei karbonatisierten Betonen meist ohne Bedeutung für das Bauwerk. Durch den Verlust seines alkalischen Milieus verliert aber der Beton seine rostschützende Eigenschaft *(Abb. 4)*. Wenn man letztere durch einen modernen Sanierungsaufbau ersetzt, welcher sich wasserdampfbremsend, kohlendioxydgasbremsend und hydrophob verhält, dann kann man noch festsitzenden, nicht rostunterwanderten, karbonatisierten Beton in der Wand belassen.

1

2

3

4

Abb. 1 Südfassade der Wartungshalle mit Stützen- und Riegelsystem und ausfachendem Klinkermauerwerk.

Abb. 2 Betonstütze mit Gefügelockerungen des Betons über Bewehrungsstahl.

Abb. 3 Großflächige, schalenförmige Betonabsprengung im Eckbereich aufgrund rostender Stahleinlagen.

Abb. 4 Nicht genügend überdeckter Bewehrungsstahl.

Sanierung

Eine solche Lösung erleichtert Finanzierungsentscheidungen (Kosten steigen mit der Masse auszutauschenden Betons) und vermeidet Beeinträchtigungen des statischen Verhaltens der Konstruktion.
Aus diesen Gründen wurde bei dem hier behandelten Bauwerk fester Beton belassen. Die freigelegten Stahleinlagen wurden mittels Druckluftstrahlen entrostet (Normreinheitsgrad SA 2 1/2). Das Anspritzen neuen Betons geschah innerhalb abgrenzender Schalungen 3 cm stark, auf unversehrten, sandgestrahlten Flächen und in größeren Auftragsstärken auf den stärker beschädigten Bereichen bis in einer Tiefe von ca. 8 cm *(Abbildungen 5 und 6)*. Die Oberfläche wurde abgerieben und spritzrauh belassen als Untergrund für die anschließend folgende Anstrichbeschichtung *(Abbildungen 7 und 8)*.
Um den Spritzbeton zusätzlich vor erneuter Karbonatisierung zu schützen, wurde ein gezielt formulierter Anstrich aufgelegt.

Solche speziellen Reinacrylatdispersionsfarben weisen Diffusionswiderstandszahlen zwischen zwei und fünf Millionen gegen Kohlendioxyd nach *Engelfried* und 2 bis 3 Millionen gegen Wasserdampf auf. Nach der DIN 52 615 liegen die Werte allerdings zwischen 1000 und 2000.
Sie sind voraussichtlich alle sieben bis zehn Jahre zu erneuern. Echte Schutzanstriche auf der Basis gelöster Methacrylatpolymere haben dagegen Lebenserwartungen von etwa 20 Jahren, wobei es entscheidend auf die tief eindringende Grundierung ankommt.
Die Sanierung der Klinkerausfachungen geschah durch Hochdruckdampfstrahlen mit waschaktiven Zusätzen, deren Reste mittels Klarwasserspülung sorgfältig entfernt wurden. Schutz vor erneuter Durchfeuchtung erzielte man mit einer transparenten Imprägnierung auf Siloxanharzbasis, bei deren Auftrag besonders sorgfältig auf die Behandlung des Mörtelfugennetzes zu achten war. Bei solchen Imprägnierungen ist nämlich zu berücksichtigen, daß die verwendeten Mittel Risse nur bis 0,1 mm Weite zu überbrücken vermögen. Das Fugennetz war daher zu überprüfen und an größeren Rissen zu erneuern. Die Imprägnierung wird in einem Zeitraum zwischen fünf und zwölf Jahren durch atmosphärische Einflüsse abgebaut. Siloxane besitzen eine Lebenserwartung um zehn Jahre und sind danach zu erneuern.

Eine weitere Schadensursache, die unterschiedliche thermische Dilation und Kontraktion verschiedener Baustoffe in einer Fassade wird oft übersehen, wenn es sich um ausfachendes Mauerwerk an Stahlbeton handelt. Am gegenständlichen Bauwerk waren an den Berührungslinien keine Bewegungsfugen vorgesehen; sie haben sich daher auf natürliche Weise in Form von Ablösungen (Rissen) ausgebildet, durch welche gelegentlich Wasser eindrang. Die Fugen des Mauerwerks gegen die Betonkonstruktion waren daher auszufräsen, der Fugengrund mit Schaumstoffschnüren zu hinterlegen und mit zweikomponentiger dauerelastischer Masse zu füllen. In gleicher Weise mußten die Fugen zwischen Metallfenstern und Stahlbeton behandelt werden, deren Füllung verrottet war. Auch beim Verschluß von Bauwerksfugen ist zu beachten, daß derzeit Füllmassen eine Lebenserwartung zwischen fünf und zwanzig Jahren besitzen; letzteres trifft für das hier verwendete Polysulfid zu. M.H.

Abb. 5 Kantenschalung vor Auftragung des Spritzbetons.

Abb. 6 Spritzbeton-Auftrag an seitlicher Laibung.

Abb. 7 Spritzrauhes Abziehen nach dem Entfernen der Hilfsschalung.

Abb. 8 Spritzbetonfläche vor Auftrag des Schutzanstriches.

5

6

7

8

Defekte Verblendschale

Abb. 1 Die Verblendsteine lösen sich an der Nord-West-Ecke vollständig aus dem Verband.

1

Schadensbild

Ein älteres Wohnhaus ist verblendet worden. Der Untergrund war ein alter Kalkputz, und darauf ist eine Verblendschale angesetzt worden. Es zeigte sich schon nach wenigen Monaten, daß sich die Verblendschale aus Klinkern vom Untergrund absetzte, die Steine sich herauslösten und die Mörtelfugen zwischen den Klinkern abzureißen begannen.

Es stellte sich ein echtes Schadensbild ein. Die *Abbildungen 1* bis *4* bringen dafür Beispiele. *Abb. 1* zeigt eine Ecke der Verblendschale, die sich herauslöst; man hat den Eindruck, daß die Klinker nur lose auf der Wand liegen. Sobald die Spannung aus der Verblendschale herausgenommen ist, wie es an der Ecke der Fall ist, lösen sich die Steine vom Untergrund und voneinander.

Die *Abbildungen 2* und *3* zeigen dann das Fugenbild zwischen den Klinkern der Verblendschale. Der Fugenmörtel macht einen sehr schlechten Eindruck, er ist bröckelig und mürbe. Außerdem ist der Übergang zwischen Stoß- und Lagerfugen stellenweise sehr schlecht eingebügelt, wie es besonders die *Abb. 3* zeigt.

Nach Herausnehmen eines der Steine ist der Untergrund erkennbar. *Abb. 4* zeigt diesen Untergrund, den Kalkputz, welcher im Laufe der Jahre recht fest geworden ist, aber an seiner Oberfläche eine dicke schwarze Schmutzschicht trägt. Gegen diese Schmutzschicht ist die Verblendschale angemörtelt worden. Man erkennt auf *Abb. 4* noch zwei Haltedrähte, einer davon ist im Fugenmörtel, und einer im Putz verankert. Die Haltedrähte bestehen aus korrosionsbeständigem Material.

Schadensursache

Der beschriebene Schaden setzt sich durch die ganze Verblendschale fort, die sich z. B. an den Türanschlüssen insgesamt abhebt. Es sind Proben des Fugenmörtels und des Ansatzmörtels entnommen worden. Die Analyse wird nachstehend angegeben *(siehe Tabelle 1).*

Die Bindung des Mauermörtels ist außerordentlich mager, die Bindung des Fugenmörtels liegt auch etwas unter dem Durchschnitt. Zusätzlich wurden die Sieblinien ermittelt *(siehe Tabelle 2):*

Tabelle 1: Mörtelanalyse

Bestandteile	Mauermörtel Anteile in Gew.%	Fugenmörtel Anteile in Gew.%
Wassergehalt	2,3	1,8
Kalksteinsplit	0,6	—
Salzsäurelöslicher Anteil abzüglich Kalkstein	8,7	
Zement		18,6
Sande	88,4	79,6
	100,0	100,0

Tabelle 2: Sieblinien der Sande

Kornfraktion in mm	Mauer-mörtel Gew.%	Fugen-mörtel Gew.%
0 –0,2	2,61	4,12
0,2 –0,4	14,21	29,22
0,4 –0,7	31,45	55,41
0,7 –1,0	20,40	9,81
1,0 –1,25	5,78	0,58
1,25–2,0	11,82	0,67
über 2 mm	13,72	0,19
	100,00	100,00

Diese Sieblinie ist noch einmal grafisch dargestellt, und es ist zu erkennen, daß der Feinstkornanteil beim Fugenmörtel vielleicht gerade noch ausreichen könnte, bei dem Mauermörtel jedoch einerseits zu niedrig ist, andererseits wieder die sehr geringe Bindung viel zu stark beansprucht. Der ganze Aufbau stimmt nicht.

Neben diesen Mängeln des Mörtels ist vor allem die fehlende Vorbehandlung des Untergrundes, des alten Putzes, für den Schaden verantwortlich. Der Untergrund ist nicht vorbereitet worden, er ist nicht gesandstrahlt, er ist nicht ange-

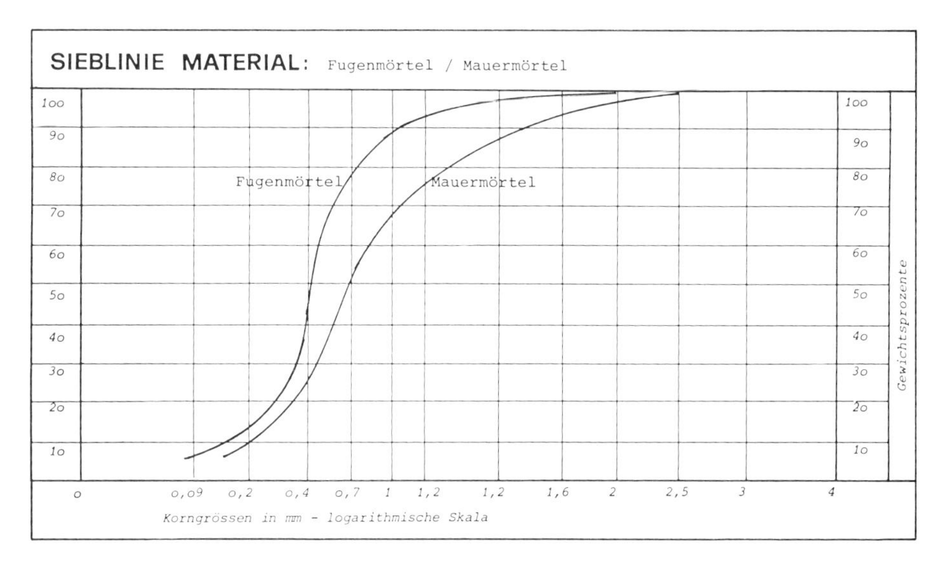

spritzt und nicht einmal gereinigt worden. Auf diesem verschmutzten Untergrund konnte der Ansetzmörtel überhaupt nicht halten.

Richtig wäre es gewesen, den Untergrund sorgfältig vorzubereiten, einen Haftvorspritzbewurf aufzubringen und dann die Klinker mit einem gut gebundenen Mörtel anzusetzen.

Der Fugenmörtel ist handwerklich in weiten Bereichen sehr schlecht verarbeitet. Wäre der Untergrund ausreichend vorgenäßt gewesen, hätte aber auch der etwas schwach gebundene Fugenmörtel noch seine Funktion erfüllen können. Hier liegt der wesentliche Fehler bei der handwerklichen Leistung.

Sanierung

Die Verblendschale ist vollständig abzuschlagen, der Untergrund ist, wie oben beschrieben, richtig vorzubehandeln und vorzunässen. Dann ist es am einfachsten, die gesamte Verblendschale im Vormauermörtel hochzuziehen und die Fugen im Glattstrich auszubilden. IBF

2

Abb. 2 Der Fugenmörtel ist nicht ausreichend in die Fugen zwischen den Verblendsteinen eingebügelt, er ist zudem mürbe und schlecht abgebunden, er fällt heraus.

Abb. 3 Auch hier ist zu erkennen, wie schlecht der Fugenmörtel eingebügelt worden ist, insbesondere bei den Übergängen von Stoß- zu Lagerfuge.

Abb. 4 Nach Herausnehmen eines nur losen, verbundenen Verblendsteines ist dahinter die alte Putzschicht mit ihrer verschmutzten Oberfläche erkennbar. Man sieht auch zwei Drahtanker, die im alten Putz befestigt sind.

3

4

Durchfeuchtung bei Hochlochziegelmauerwerk

Bei einem größeren Bauvorhaben kommt es zu umfangreichen Durchfeuchtungen. Zunächst wurde vermutet, daß es sich um Baufeuchte handelt, doch nehmen diese Durchfeuchtungen dauernd zu, so daß es als wahrscheinlich erscheint, daß ein Wasserdurchtritt durch die Wand erfolgt.

Schadensbild

Der Regelwandquerschnitt sind 24 cm Hochlochziegel, daran angesetzt eine Schalenfuge von etwa 2 cm Dicke und vorgesetzt ohne eine Luftschicht Lochklinker 2 DF von 11,5 cm.
Das äußere Erscheinungsbild zeigen die beiliegenden *Abbildungen 1, 2, 3* und *4*. Diese Ausblutungen aus den Fugen und geringfügige Ausblühungen aus den Steinen sind praktisch an allen Fassadenseiten vorzufinden. Die Überprüfung durch Anspritzen zeigt, daß Fugen und Steine schnell das Wasser aufsaugen.
Teile der Klinkerfassade sind vor etwa 12 Monaten mit Silan satt imprägniert worden. Auch diese Flächen saugen begierig Wasser auf, wie auf *Abb. 5* zu sehen ist. *Abb. 6* zeigt das Wasseraufsaugen einer nicht mit Silan behandelten Fläche. Hier hat offensichtlich die Silanbehandlung nichts genützt, man erkennt zwischen den beiden Flächen keinen Unterschied.
Der Fugenmörtel ist handwerklich gut eingebracht und gut eingebügelt. Er ist zementgebunden und verhält sich gegenüber dem Regenwasser so, wie es normalerweise Fugenmörtel tut, d. h. er saugt ihn mehr oder weniger auf.

Die Detailbilder lassen gut erkennen, daß es vornehmlich der Fugenmörtel ist, der besonders durch die hohe Wasserbelastung der Fassaden von Südwest bis Nordwest ausblutet (s. die *Abbildungen 2* und *3*). Lästig bei dieser Durchfeuchtung ist das Durchdringen des Wassers bis auf die Innenwandflächen und aus diesem Grunde müssen die Durchfeuchtungen abgestellt werden.

Schadensursache

Das Wasser dringt durch Steine und Mörtelfugen hindurch. Das ist für eine Klinker- oder Ziegelverblendschale nicht außergewöhnlich und dann der Normalzustand, wenn der Stein nicht sehr dicht ist oder wenn man nicht einen wasserdichten Fugenmörtel verwendet (wie z. B. IPA-Saniermörtel oder Strasser-Putz SP 3). Die Tatsache, daß hier keine Hinterlüftung der Vorsatzschale besteht, kann dabei nicht ins Gewicht fallen, denn dieses ist nur eine Hilfs- bzw. Verlegenheitsmaßnahme, bei der vorausgesetzt wird, daß die Verblendschale der Durchfeuchtung preisgegeben wird und nicht in die Wärmedämmung einzubeziehen ist.

1

Abb. 1 Starke Wasserbelastung der Verblendschale in dem Bereich der Wasserspeier von den Balkonen. Hier sind regelmäßig starke Ausblutungen und Ausblühungen vorzufinden.

Abb. 2 Ausblutung von Kalkhydrat aus den Mörtelfugen, die fast alle mit Kalk belegt sind.

Abb. 3 Hier ist ein starkes Ausbluten von Kalkhydrat aus dem Fugenmörtel zu sehen, das Kalkhydrat überflutet die Steinfläche.

Abb. 4 Neben einer nicht sehr starken Kalkausblutung aus den Mörtelfugen sind Gips-($CaSO_4$)Ausblühungen aus dem Stein zu erkennen, ebenfalls als Folge hoher Wasserbelastung der Fassade.

Abb. 5 Die vor 12 Monaten mit Silan teilweise imprägnierte Klinkerfassade saugt das Wasser begierig auf. Die Behandlung hat nichts genützt.

Abb. 6 Diese nicht behandelte Fläche saugt das Wasser genausogut auf. Es ist kein Unterschied zur behandelten Fläche zu erkennen.

Eine vorgesetzte Schale muß in jedem Fall gegen Regenwasser ausreichend dicht gemacht werden, wozu wir heute alle technischen Möglichkeiten haben. In der Schalenfuge befinden sich einige Hohlräume, was zur lokalen Ansammlung von Wasser führen kann, aber nicht muß. Es sieht vielmehr so aus, daß das Wasser den Zement in den Mörtelfugen nachhydratisiert und das Kalkhydratwasser über die Steine läuft. Ganz deutlich zeigen das die *Abbildungen 2* und *3*. Auf *Abb. 4* erkennen wir noch andere Zusammenhänge. Dieses ist eine Ecke, die von der Ostseite gesehen wird. Wir erkennen auf den Steinen Gipsausblühungen. Diese stammen entweder aus dem Stein selber, welcher nach der neuen Norm bis zu 0,08 Gewichtsprozente SO_4 enthalten darf, oder aber sie sind Folge des sauren Regens, welcher vornehmlich Schwefelsäure enthält.

Wichtig ist auch die Beobachtung, daß hier einige der Übergänge zwischen Stoß- und Lagerfuge unzureichend eingebügelt sind. Das spricht für die Verwendung eines nur erdfeuchten Mörtels, der sich schlecht einbügeln läßt. Es kommen so viele kleine Details zusammen, welche das Eindringen des Wassers begünstigen. Hinzu kommt, daß es sich bei der Wand um Hochlochziegel handelt und bei der Verblendschale um Lochklinker, so daß auch hier die Widerstandsfähigkeit gegen größere Wassermengen allein durch die geringere Masse des Wandmaterials verringert wird. Das alles ist aber kein grundsätzlicher Fehler und auch kein wesentlicher Schaden, wenn man die damit erreichte bessere Wärmedämmung dagegensetzt.

Sanierung

Es ist zunächst erforderlich, die hartnäkkig festsitzenden Kalkhydratausblutungen von der Fassade zu entfernen. Das geschieht am besten durch Dampfstrahlen, nachdem man die Fassade leicht sauer (saurer Steinreiniger 1:10 verdünnt) vorgenetzt hatte. Die weißen Ausblutungen und auch die Gipsausblühungen werden damit fast vollständig entfernt.

Als zweiter Arbeitsgang ist es notwendig, vereinzelte defekte Stellen im Fugenmörtel auszubessern. Die Ausbesserung sollte dabei mit einem wasserdichten Fugenmörtel vorgenommen werden. Dem Mörtel sollte etwas Kunstharzhaftemulsion zugesetzt werden, damit dieser Mörtel auch eine ausreichende Haftung hat.

Schließlich sind alle so vorbereiteten Fassadenflächen mit einer 5%igen konventionellen Silikonharzlösung zu fluten oder mit der Frankfurter Bürste zu imprägnieren.

Nicht geeignet sind dafür Wasserglas, Kieselsäureester und Silane, weil deren Wirkung entweder sehr gering ist, oder nach etwa 18 Monaten erlischt. E. B. G.

2

3

4

5

6

Silicatanstrich auf Kalksandsteinen

Kalksandsteinfassaden eines Neubaues wurden 1975 mit einem Silicatanstrich versehen. Dieser Anstrich verfiel rasch, so daß ein neuer Silicatanstrich nach Entfernen des alten Anstrichs in den Jahren 1979 und 1980 aufgebracht wurde. Dieser begann 1981 und zunehmend 1982 abzublättern, so daß es fraglich wurde, ob ein Silicatanstrich für einen dauerhaften Schutz geeignet ist.

Schadensbild

Der neue Reparaturanstrich sollte die Kalksandsteinfassade vor dem Eindringen von Wasser und vor Verschmutzung schützen. Er sollte auch längere Zeit wartungsfrei auf der Fassade verbleiben. Das sind Anforderungen, die heute jeder Bauherr stellt und die völlig normal sind. Anstriche nur um der Schönheit willen und solche Anstriche, die man nach wenigen Jahren wieder erneuern muß, sind heute nicht aktuell und nicht gefragt.
Der auf eine gereinigte und instandgesetzte Fassade aufgebrachte Anstrich auf Silicatbasis zeigte nach knapp zwei Jahren die ersten Abblätterungen. Diese Schäden umfaßten keineswegs die gesamte Fassadenfläche, sie traten hier und dort auf und es zeichnete sich bereits ab, daß in nicht ferner Zeit der Anstrich so weit verfallen sein wird, daß die Fassaden neu eingerüstet und gestrichen werden müssen.

Schadensursache

Anstrichproben wurden entnommen und unter dem Mikroskop untersucht. Die Anstrichproben lösten sich leicht von der Kalksandsteinoberfläche ab. Die Proben wurden auch dort entnommen, wo sich die ersten Schäden abzeichneten.
Die *Abb. 1* zeigt die Oberfläche des Anstrichfilms in 10-facher Vergrößerung. Man erkennt das Rissenetz und zahlreiche Poren. Es war jedoch notwendig, eine stärkere Vergrößerung anzuwenden, um diese Poren und Risse noch besser erkennen zu können. *Abb. 2* zeigt die Oberfläche dann an einer anderen Stelle in 35-facher Vergrößerung. Auch hier sind die Risse deutlich erkennbar. Sie haben Breiten von ca. 0,07 bis 0,1 mm und sie reichen durch den gesamten Anstrichfilm hindurch.
Die Poren sind im Durchmesser ca. 0,12 bis 0,15 mm und sie gehen ebenfalls durch den ganzen Anstrichfilm hindurch. Eine Schutzfunktion gegenüber Wasser ist damit nicht gegeben. Die Oberfläche des Anstrichfilms ist ausgesprochen rauh *und* zerklüftet *und* begünstigt in hohem Maße die Verschmutzung der Fassade.

1

Abb. 1 Oberfläche des Silicatanstrichs in 10-facher Vergrößerung. Es sind zahlreiche Poren und feine Schwindrisse zu erkennen.

Abb. 2 Oberfläche des Silicatanstrichs in 35-facher Vergrößerung. Deutlich sind die Risse und die zahlreichen Poren erkennbar. Diser Anstrichfilm kann nicht wasserdicht sein.

Abb. 3 Oberfläche des Silicatanstrichs in 10-facher Vergrößerung. Der linke Teil ist angenetzt, der rechte Teil ist trocken. Dieser Teil des Anstrichs ist kaum mit Poren und Rissen versehen.

Abb. 4 Die Fassade dieses Kalksandsteinbungalows ist 1961 gestrichen worden. Er steht heute noch in dem Zustand wie ihn das Bild aus dem Jahre 1981 zeigt. Die Wand im Vordergrund ist rund 10 Jahre später angebaut worden und mit einer weißen Dispersionsfarbe gestrichen worden.

Dem Anstrichmittel auf Silicatbasis (Kaliumwasserglas) ist ein Alkalisiliconat zugesetzt worden, welches die hohe Wasserfreundlichkeit des silicatischen Materials aufheben und dem gesamten Film eine gewisse Wasserabweisung verleihen soll. Die Überprüfung ergab, daß dies auch der Fall ist.
Die geringe Grenzflächenspannung des silicatischen Materials von maximal 5 mN/m und die damit verbundene Wasserfreundlichkeit wird durch die höhere Grenzflächenspannung des Siliconats von ca. 20 mN/m gebrochen. Die Probe zeigte eine leicht erhöhte Grenzflächenspannung, die nachgemessen werden konnte, sie liegt in dem Bereich um 12 mN/m ±2.
Die *Abb. 3* zeigt in 10-facher Vergrößerung, wie ein Teil der Anstrichfläche genetzt wird, der andere trocken geblieben ist. Der genetzte Teil saugt das Wasser nur zögernd auf. Von einer ausgesprochenen Wasserabweisung, wie man sie heute mit wasserabweisenden Imprägnierungen oder Anstrichen erhält und die eine Grenzflächenspannung zum Wasser von ca. 50 mN/m aufweisen, kann allerdings nicht die Rede sein.

Das Abblättern des Anstrichs hat folgende Ursachen: Wasser dringt durch die Poren und Risse hindurch und durchnäßt den Kalksandstein. Dieser blutet dann Kalkhydrat aus, das sich als amorpher Kalk unter dem Silicatanstrich absetzt, den ohnehin nur schwachen Verbund zum Film löst und ihn dann als Trennschicht abwirft. Das ist ein Vorgang, der keineswegs auf die Wasserglasanstriche begrenzt ist, er findet bei allen Anstrichtypen statt, die keine tief in den Kalksandstein eindringende Grundierung haben oder die eine solche Grundierung nicht vorsehen, wie z. B. Silicatanstriche. Ohne eine solche Grundierung kann der Stein nicht wasserabweisend gegen eindringendes Wasser geschützt werden, und die Haltbarkeit des Anstrichs wird damit begrenzt.

Sanierung

Zunächst ist der Anstrichfilm vollständig zu entfernen. Die Kalksandsteinfassade muß vollständig sauber sein, es dürfen keine Reste des Silicatanstrichs auf ihr verbleiben. Man kann die Fassade mit Druckwasserstrahlen, Heißwasserdruckstrahlen und nur notfalls mit Naßsandstrahlen vom alten Anstrich befreien.
Die dann saubere und trockene Kalksandsteinfläche muß anschließend mit einer tiefeindringenden wasserabweisenden Grundierung imprägniert werden. Solche Imprägnier-Grundierungen sind heute handelsüblich und werden bei Kalksandsteinen eingesetzt. Da Kalksandsteine gut diese Imprägnierungen aufnehmen, die man satt durch Airleßspritzen aufträgt (nur notfalls dreimal satt mit der Bürste), wird man pro m² ca. 0,5 Liter brauchen.
Anschließend nach einer Wartezeit von ca. 12 Stunden kann dann die Fassade mit einer wasserabweisenden Farbe gestrichen werden. Solche Silicon-Acrylanstriche, sogenannte Siloxananstriche, haben sich auf Kalksandsteinfassaden seit mehr als 20 Jahren bewährt. Sie halten die Fassaden sauber und trocken und verfallen nicht. *Abb. 4* zeigt dafür ein Beispiel. Die unabdingbare Voraussetzung ist allerdings die vorhergehende satte und tief eindringende Grundierung. IBF

2

3

4

Abdichtung von Fugen zwischen Holz und Mauerwerk

Fugen zwischen Baustoffen, die sich in sehr unterschiedlicher Stärke bewegen, sind immer schwer zu dichten. Das ist so zwischen Metallen einerseits und mineralischen Baustoffen andererseits, wie auch zwischen Holz und mineralischen Baustoffen und Bauteilen aus mineralischen Baustoffen. Es soll hier am Beispiel eines Schadens diese Problematik beschrieben werden.

Schadensbild

Die Mauerwerksausfachung zwischen Holz und dem Mauerwerk ist abzudichten. Sie ist mit einem weißen Siliconkautschuk erfolgt, wobei eine Fugenbreite von 9 bis 12 mm gewählt und ausgeführt wurde.
Nach 15 Monaten traten dann durchweg und beidseitig Abrisse zwischen Dichtstoff und Holz auf. Die *Abb. 1* zeigt die Abrisse in einer Breite von 2,5 bis maximal 3 mm. Durch diese Risse tritt Wasser in die Wand ein.
Die *Abb. 1* zeigt auch Risse im Holzbalken, die sicherlich von Quell- und Schwindbewegungen im Holz herrühren. Dazu muß man wissen, daß auch imprägnierende Schutzmittel keinen Schutz gegen eindringendes Wasser darstellen und auf keinen Fall dann, wenn bereits die ersten Risse entstanden sind.

Schadensursache

Man muß davon ausgehen, daß das Mauerwerk sich durch Schwinden oder thermische Bewegungen nur so geringfügig verändert, daß keine merkbare Belastung für den Dichtstoff in der Fuge entsteht. Dagegen unterliegt die gesamte Holzkonstruktion, die mit dem Mauerwerk verbunden ist, erheblichen Bewegungen. Diese können thermischer Art sein — auch Quell- und Schwindbewegungen spielen eine Rolle — und in vielen Fällen ist das Holz noch relativ frisch, so daß es an Wasser verliert, Länge und Volumen verringert werden und Risse auftreten.
Die erste Abdichtung der Anschlußfuge ist daher immer mehr oder weniger provisorisch, es sei denn, man verwendet gut abgelagertes Holz und schützt es wirksam gegen das Eindringen von Feuchtigkeit.

Sanierung

Der Dichtstoff in der Fuge ist zu erneuern. Es kann der gleiche Dichtstoff verwendet werden, denn dieser zeigt keine Ausblutungsspuren und keine Fassadenverschmutzungen. Die Neuabdichtung sollte in einer trockenen Periode vorgenommen werden.
Das Holz ist mit einem gegen Wasser schützenden Anstrich zu behandeln. Es kann auch eine Grundierung oder Imprägnierung sein, die in das Holz eindringt und so den Charakter der Holzoberfläche bewahrt. Es gibt heute auf dem Markt ausreichend wasserabweisende Dünnlasuren, die sich dafür eignen. Wenn man das Holz gegen Wasser so schützt, werden sämtliche Quell- und Schwindbewegungen wesentlich, erfahrungsgemäß auf einen Rest von 30%, reduziert. Der Dichtstoff in der Fuge wird damit wesentlich weniger belastet. IBF

1

Abb. 1 Abrisse beidseitig des Holzbalkens zum Dichtstoff nach 15 Monaten. Südseite des Baues, betroffen sind aber alle Seiten.

Durch feuchtes Mauerwerk abblätternde Farbe unter schlecht eingedichteten Fenstern

Schadensbild

Unterhalb eines dreiteiligen Fensterbandes zeichnet sich bereits ein halbes Jahr nach Anstrichfertigstellung ein deutliches Abplatzen des hellen Anstrichfilms ab. Obwohl dies zuerst nur nach einer handwerklichen Fehlleistung des Malermeisters aussah, wundert es doch, daß derartige Erscheinungen erstmals nur unter dem Fenster auftraten. Erst als auch an der Wandinnenseite Feuchtigkeitserscheinungen auftraten, ging man der Sache nach und stellte die Ursache im Bereich der Fensteranschlüsse fest. Dort waren zwischenzeitlich Fugen und Abrisse des Mörtels entstanden, die Feuchtigkeitseinfluß ins Mauerwerk förderten.

Schadensursache

Nach Einbau und sicherer Verankerung der Fenster im Baukörper wurden die Anschlußfugen lediglich mit Mörtel verfüllt. Um im unteren Fensterbereich das Abfließen des Wassers zu beschleunigen, wurde die Sohlbank zusätzlich abgeschrägt, jedoch ebenfalls mit Mörtel ausgebildet. Derartige Fenstereindichtungen sind jedoch in unserem Klima nicht ausreichend. Innerhalb kurzer Zeit reißt der Putz vom Holz ab, und es entsteht eine Fuge, in die das auf der Fassade ablaufende Wasser eindringen kann. In den meisten Fällen ist nachfolgend aber keine Entwässerungsmöglichkeit vorhanden, durch die das eingedrungene Wasser wieder abgeführt werden kann. So kommt es, wie in den *Abbildungen 1 und 2* zu erkennen ist, zu ständig zunehmender Feuchtigkeitsanreicherung in dem unter den Fenstern liegenden Mauerwerk. Aber nicht nur an den Baukörperanschlußfugen ist die Feuchtigkeit eingedrungen. Wie in *Abb. 2* zu erkennen ist, wurde die Fensterkoppelfuge ebensowenig abgedichtet. Der Tischler hatte beim Zusammenfügen der Fenster nicht an die Abdichtung gedacht, und so lief auch von diesem Punkt ständig Wasser in den Baukörper.

Nicht nur diese Fuge, sondern auch der offenporige Anstrich sorgten gleichzeitig für Feuchtigkeitsanreicherung im Holz. Da durch den dunklen, fast schwarzen Anstrich die Oberflächentemperatur selbst bei geringer Sonneneinstrahlung bis zu 80°C anstieg, wurde dem Holz sehr schnell die aufgespeicherte Feuchtigkeit wieder entzogen. So kam es zu ständigen Quell- und Schwindbewegungen, welche zu Rissen *(Abb. 2)* in der angeputzten Fenstersohlbahn führten und letztendlich die angeputzte Fläche vom darunterliegenden Mauerwerk abtrennte. So entstanden abermals Kapillaren und Fugen, in die Wasser eindringen konnte.

Da durch die bauphysikalischen Grundsätze der ständige Feuchtigkeits- bzw. Wasserdampftransport im Mauerwerk abläuft, dringt die angesammelte Feuchtigkeit von innen hinter den Anstrichfilm, der die Feuchtigkeit nicht so schnell wie notwendig abgeben kann und langsam abplatzt. *Abb. 3* zeigt den Farbzustand, ein halbes Jahr nach Fertigstellung der Anstricharbeiten.

Sanierung

Um hier vernünftig zu sanieren, müssen alle vermörtelten Anschlußfugen entfernt und die Abdichtung mit einem elastischen Zweikomponenten-Polysulfid-Dichtstoff (z.B. Thiokol) nach DIN 18 540 durchgeführt werden. Dies gilt auch für die Mörtelsohlbank, die ja sowieso ihre Anhaftung zum Untergrund verloren hat. Nach erfolgter elastischer Abdichtung der Anschluß- und Koppelfugen kann eine Fertigteilsohlbank aus Aluminium montiert werden, nachdem zuvor eine Mörtelschräge nach Putzlehre des Sohlbankprofils abgezogen wurde.

Der defekte Anstrichaufbau sollte an allen nicht haftenden Stellen mechanisch oder unter Zuhilfenahme einer geeigneten Beize entfernt werden. Nützlich wäre nun, das Mauerwerk erst einmal austrocknen zu lassen, um es dann mit Imprägnierung und Fassadenschutzfarbe farblich neu zu gestalten. Die Austrocknung wird relativ schnell erreicht, da ja zuvor der ständige Wasserzufluß durch elastische Versiegelung im Fensteranschlußbereich unterbunden werden konnte. K.N.

Abb. 1 Eine gemauerte Fassade mit blätterndem Anstrich unter einer Fensteröffnung.

Abb. 2 Undichte Koppelfuge der Fenster und bereits abgerissene Mörtelsohlbank.

Abb. 3 Ein Ausschnitt des abblätternden Anstrichs auf der gemauerten Fassade.

1

2

3

Defekte Abdichtung von Fensteranschlußfugen

Schadensbild

Bei einem Neubau zeigen die Fensteranschlußfugen zwischen Holz und Beton nach etwa einem Jahr Abrisse. Der Dichtstoff in der Fuge setzt sich von der Betonflanke ab und verschiedentlich reißt der Dichtstoff auch vom Holz. Die *Abbildungen 1* und *2* zeigen diesen Zustand.

Die Fugenbreiten liegen zwischen 5 und 10 mm und dabei sind die schmaleren Fugen regelmäßig defekt geworden. Die Rißbreite zwischen Dichtstoff und Fugenrand liegt zwischen 1,5 und 3 mm, das sind 30% der Fugenbreite. Diese Abrisse treten vornehmlich an der Süd- und an der Westfassade auf.
Die Abrißfläche des Dichtstoffes zum Beton ist klebrig, an der Grenzfläche liegt eine klebrige Schicht auf. Das ist auf den *Abbildungen 3* und *4* gut zu erkennen. Die Haftung zum Holz ist durchweg besser und hier treten nur vereinzelte Ablösungen auf. Während sich der Dichtstoff von der Betonfläche leicht ablöst, muß man ihn in der Regel vom Holz abschneiden *(Abb. 5)*.
Die Betonoberfläche trägt einen Acrylanstrich in Betongrau hell, wie er vom Planer so vorgegeben wurde. Der Dichtstoff ist eine Polysulfidmasse und diese ist über einen Voranstrich sowohl auf der Betonflanke wie auf der Holzflanke aufgebracht worden. *Abb. 6* zeigt in schematischer Darstellung den Schnitt durch diese Fuge und ihre Abdichtung in dem vorgefundenen Zustand.

Schadensursache

Vom Dichtstoff wurde eine Probe entnommen und untersucht. Es handelt sich um einen Polysulfiddichtstoff mit einer Shorehärte Skala A und einem Polysuldifgehalt von 24 und 27 Gewichtsprozenten. Es sind offensichtlich zwei unterschiedliche Konfektionierungen des Dichtstoffes zum Einsatz gekommen, aber in keinem Fall ist der notwendige Mindestanteil an Bindemittel von 30% erreicht worden. Je weniger Bindemittel ein Dichtstoff enthält, um so höher wird der Weichmacheranteil liegen und um so größer ist die Gefahr der Weichmacherwanderung aus dem Dichtstoff in einen Anstrichfilm wie in diesem Fall in den Acrylharzanstrich auf dem Beton. Das Acrylharz ist durch den Weichmacher aufgeweicht worden und so entstand eine klebrige Trennschicht, welche die Haftung des Dichtstoffes auf der Betonfläche verhinderte.
Hinzu kommt, daß der Dichtstoff mit nur 24 bzw. 27 Gewichtsprozent Bindemittel bei 30% der Fugenbreite an Dauerbelastbarkeit vollständig überfordert ist. Er kann bei diesem Bindemittelgehalt allenfalls 15 oder 16% der Fugenbreite an Dauerbelastbarkeit aufnehmen. Der Dichtstoff mußte daher bei den schmalen Fugenbreiten abreißen.
Das sind die beiden Ursachen für das Versagen dieser Abdichtung. Hinzu kommt, daß eine zusätzliche Bewegung eintritt, wenn das Fensterholz abtrocknet, dann verwindet sich das Fenster regelmäßig, sowie auch unter thermischen Einflüssen. Das dunkel lasierte Fenster ist der Wärmeeinstrahlung auch erhöht ausgesetzt.
Damit liegen die wesentlichen Ursachen für den Schaden im Bereich der Planung und der Bauleitung. Es hätten derart schmale Fugen bei den relativ breiten Fenstern (mehr als 2 m Breite) nicht ge-

1

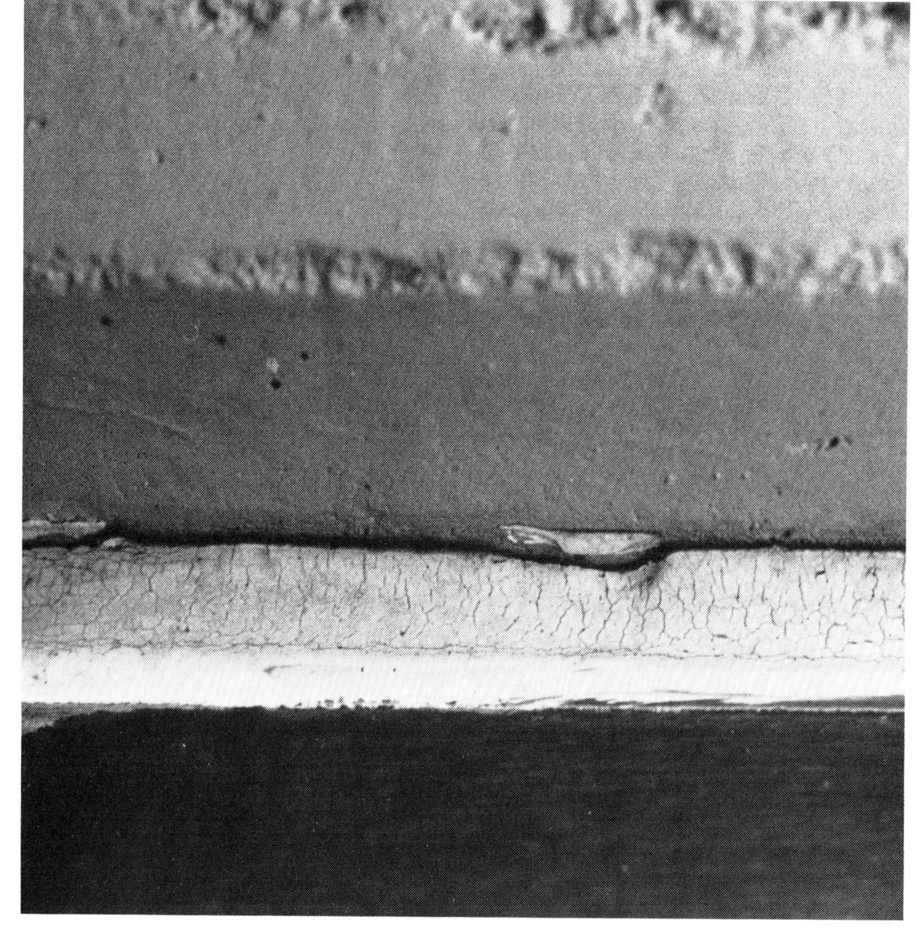

2

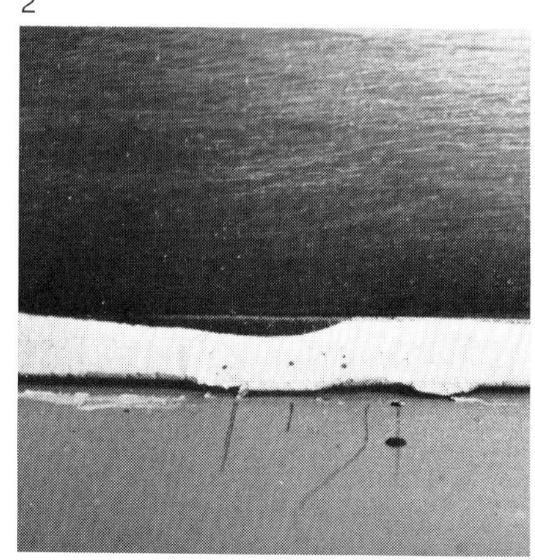

plant und auch nicht ausgeführt werden dürfen. Das hätte der Planer, der bauleitende Architekt mit Sicherheit wissen müssen. Der Verfuger andererseits war nicht in der Lage, die Bewegungen nachzurechnen, er hätte sich aber bei dem Hersteller des Dichtstoffes rückversichern müssen, ob dieser für derart schmale Fugen mit erhöhter Belastung auch geeignet ist. Es wäre schon ausreichend gewesen, wenn dieser Dichtstoff für die Bereiche Fassaden und Fensteranschlüsse mit einem Merkblatt oder Prospekt angeboten worden wäre.
Eine weitere Ursache des Schadens ist das Anfugen auf einen bereits angestrichenen Beton. Heute verwendet man fast ausschließlich auf Beton nur Qualitätsanstriche und diese enthalten alle Acrylharze. Das ist allgemein bekannt und es gibt auch sehr viele Fachleute, die davor warnen, Dichtstoffe auf Acrylanstriche aufzubringen.
An dieser Schadensfolge sind beteiligt: Der Planer und der bauleitende Architekt, die einen zeitlichen Ablauf von Fugenabdichtung und Anstrich hätten vorschreiben müssen und darauf hätten achten müssen, daß dieser Ablauf auch wirklich eingehalten wird. Auch der Fugenabdichter hätte wissen müssen, daß er auf einen Anstrich keine Fugenabdichtung aufbringen darf, auch wenn dafür ein spezieller Haftvoranstrich angeboten wird und vom Hersteller des Anstrichs — wie in diesem Fall — gesagt wird, daß gegen eine Fugenabdichtung keine Bedenken bestehen.

Sanierung

Die Fugen sind vom alten Dichtstoff zu befreien, die Fugenflanken sind sorgfältig zu reinigen und der Acrylanstrich abzuschleifen. Die zu schmalen Fugen sind auf 10 mm Breite nachzuschneiden. Angeschnittenes Holz ist gegen biologischen Angriff wieder nachzuimprägnieren.
Anschließend ist die Fuge nach DIN 18 540 Teil 2 und 3 ordnungsgemäß wieder zu dichten, wobei darauf zu achten ist, daß Polysulfiddichtstoff verwendet wird, dieser aber mindestens 30 Gewichtsprozente an Bindemittel enthält. IBF

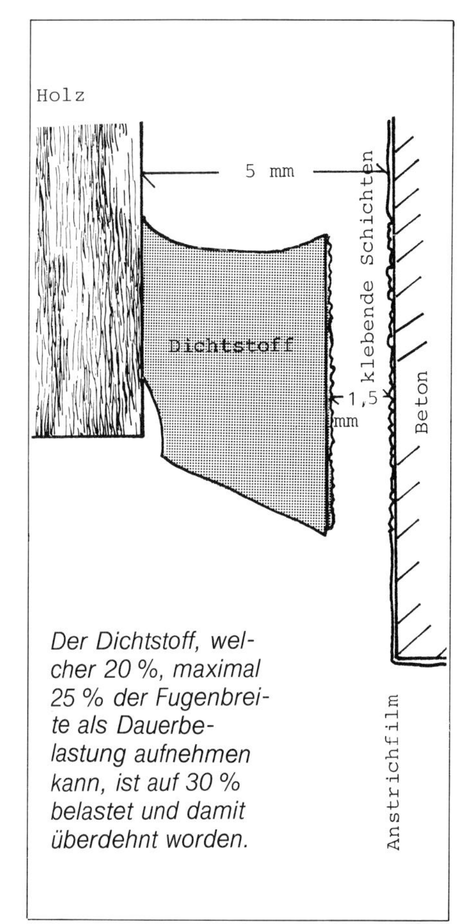

6

3

4

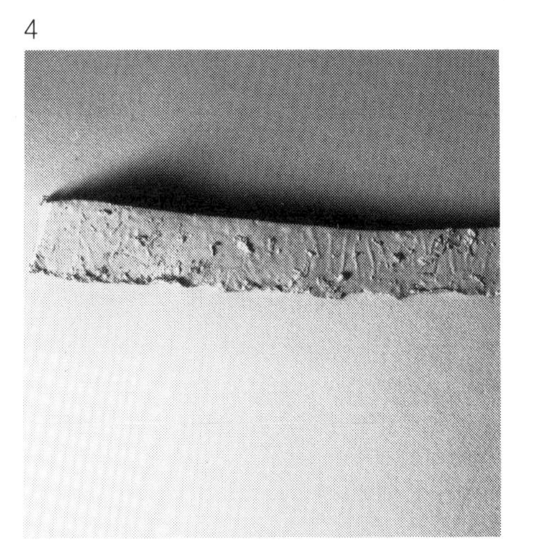

5

Abb. 1 Abriß des Dichtstoffes an der Betonflanke.

Abb. 2 Abriß des Dichtstoffes vom Beton und stellenweise auch vom Holz des Fensterrahmens.

Abb. 3 Der Dichtstoff löst sich vom Beton leicht ab und hinterläßt eine klebrige Schicht.

Abb. 4 An der Grenzfläche des Dichtstoffes zum Beton verbleibt ebenfalls eine klebrige Schicht.

Abb. 5 Während der Dichtstoff sich leicht vom Beton ablöst, muß er vom Holz abgeschnitten werden.

Abb. 6 Darstellung einer typischen Fuge zwischen Beton und Holzfensterelement. Die Fuge ist sehr schmal, der Dichtstoff ist überdehnt und der Anstrichfilm wird durch Weichmacher aus dem Dichtstoff klebrig.

Durchfeuchtung durch mangelhaft eingedichtete Lüftungsklappen an Fenstern

Ständig dichter werdende Fenster machen eine einfache Spaltlüftungsmöglichkeit immer mehr erforderlich. Fenster-a-Werte (Wertangabe über Luftdurchgang in m^3 pro lfm Fensterfalz und Stunde bei einem Druckunterschied von 1 mm WS) von 0,00 ... sind in Prospekten namhafter Fensterhersteller, als ihr Beitrag zur Energieeinsparung, keine Seltenheit. Infolge des mangelnden Frischlufteintritts steigen die Meldungen über schlechtes Raumklima an, und alles, was überhaupt nur organische Bestandteile besitzt, fängt an zu schimmeln.

Die Industrie schaltete schnell und entwickelte einfache, aber auch komplizierte, sogar schalldämmende Lüfter mit Wärmetauscher, die vom Fensterbauer ohne großen Mehraufwand in geplante Fenster eingebaut werden können. Derartige Lüftungssysteme gestatten praktisch ganztätige Belüftung der Wohnräume, ohne daß man allzu große Energieverluste in Kauf nehmen muß. Daß jedoch auch beim Einbau derartiger Lüftungseinheiten Kriterien zu berücksichtigen sind, zeigen folgende Schadensschilderungen.

Schadensbild

An den Fenstern einer neuen Wohnsiedlung wurden vom Auftraggeber einfache Lüftungsmöglichkeiten vorgeschrieben, welche der Fensterbauer in seine Fenster mit einzubauen hatte.

Kurz nach Einzug häuften sich die Beschwerden der neuen Mieter über ständige Durchfeuchtungen im Fensterbereich, die sie auf der vorhandenen Fensterbank feststellten. Obwohl die eingebauten Isolierglaseinheiten mit einer guten Versiegelungsmasse nach Vorschrift versiegelt waren, zeigte sich bei Regenwetter auslaufendes Wasser unter der raumseitig angebrachten Glashalteleiste. Eine Überprüfung der Glasversiegelung ergab keine Mängel, und auch die eingezogene Gummilitze im Öffnungsbereich der Lüftung schien überall intakt. Erst bei genauerem Hinsehen entdeckte man einen kleinen Spalt an der Kontaktstelle Lüftungsklappe-Flügelholz *(Abb. 1)*.

Schadensursache

Derartige Lüftungssysteme sind deshalb beim Fensterbauer so beliebt, weil sie ohne größeren Aufwand wie die Verglasungseinheit selbst eingebaut werden können. Die einzubringende Scheibe muß nur um die Höhe der gewünschten Lüftung kleiner gewählt werden, und dann ist die Lüftungsklappe bequem auf das Glas mit einer vorhandenen U-Schiene aufzustülpen.

Die Klappe liegt also genau im Glasfalzbereich und muß demnach genau wie die Isolierglaseinheit eingebaut und versiegelt werden.

Wie in den *Abbildungen 1 und 2* zu sehen, hat der Hersteller dieser Fenster daran nicht gedacht, und so endet die Versiegelung des Glasers genau dort, wo die Lüftungsklappe beginnt.

Das in den vorhandenen Spalt eingedrungene Wasser fand so seinen Weg hinter der vollkommen intakten Versiegelung und trat unter der innenliegenden Glashalteleiste ins Rauminnere. Bemerkt sei noch, daß sich unter der Versiegelung, welche nur in einer Stärke von 4x5 mm eingebracht ist, ein fugendimensionierendes Vorlegeband befindet, welches grundsätzlich keine dichtende Funktion übernehmen kann.

Sanierung

Um hier dauerhaft Abhilfe zu schaffen, genügt es nicht, wenn die erkennbaren Ritzen einfach mit Versiegelungsmasse »zugeschmiert« werden, sondern das komplette System muß wieder ausgebaut und vorschriftsmäßig neu abgedichtet werden. Da hierbei auch die Scheibe mit heraus muß, ist es doch ein ziemlicher Aufwand. Vor allen Dingen ist die Haftung der Neuversiegelung nicht auf allen alten Versiegelungsgründen gewährleistet, so daß auch hier äußerste Vorsicht geboten ist. Außerdem wird der Anstrich im Kontaktbereich beschädigt, den es vor Neueinbau auszubessern gilt.

Da das zuvor beschriebene U-Profil unterhalb der Lüftungsklappe zur Glasaufnahme nicht hohl bleiben kann, ist auch hier darauf zu achten, daß der verbleibende Hohlraum vollsatt mit Dichtstoff ausgespritzt wird, damit sich kein Kondensat niederschlagen kann. Aluminium ist bekanntlich ein sehr guter Wärmeleiter und demzufolge immer der kälteren Außentemperatur angepaßt. Dadurch schlägt sich schnell Kondensat nieder.

Eine weitere Möglichkeit, eventuell eindringendes Wasser wieder abzuführen, besteht darin, daß man den Glasfalz durch mindestens 6 bis 8 mm große Bohrungen entwässert. Dabei ist zu beachten, daß diese Bohrungen wieder mit Farbe geschützt werden müssen und daß derartige Entwässerungen nur als äußerste Notbremse dienen sollen, um eventuell durch defekte Versiegelung einfließendes Wasser wieder abfließen zu lassen. Ebenso brauchen sie, um zu funktionieren, eine Belüftung im oberen Fensterbereich. Es versteht sich von selbst, daß die Belüftungsbohrungen an witterungsempfindlichen Stellen anzubringen sind. K.N.

1

2

Abb. 1 Ein nicht abgedichteter Spalt im Kontaktbereich Lüftungsklappe-Fenster, durch den das Regenwasser eindringen kann. Sehr schön sind auch die Befestigungsschrauben der Verkleidung und die Aluminiumstöße zu sehen, in die ebenfalls Wasser eindringen kann.

Abb. 2 Die gesamte Fenstereinheit mit Glas in eingebautem Zustand.

Durch mangelhafte Leimverbindung und dunkle Fensteranstriche abblätternde Farbe

Farbabplatzungen sind erste Anzeichen von Baumängeln und bedürfen ihrer Beachtung, wenn größere Schäden vermieden werden sollen. Rechtzeitiges Erkennen spart Kosten und hilft oft, wertvolle Substanz zu erhalten. Farbabplatzungen müssen jedoch nicht sein, wenn schon bei Gestaltung und Konstruktion physikalisch bedingte Kriterien berücksichtigt und Feuchtigkeitsanreicherungen vermieden werden.
Holzfenster sind im Zeitalter der Kunststoffe in Verruf geraten, nur weil man aus eingetretenen Schäden nicht gelernt und immer weiter risikovoll und schadensreich produziert hat. Dabei ist Holz einer der ältesten Baustoffe der Weltgeschichte, und zahlreiche Kulturdenkmäler aus Holz sind heute noch in einwandfreiem Zustand. Hat man das Umgehen mit bewährten Baustoffen verlernt?
Farbliche Gestaltung mit oft unverantwortlichen Dunkeltönen, großflächige Verglasung mit schweren Isolierglaseinheiten in unterdimensionierten Holzquerschnitten, ungeeignete Anstrichsysteme und wassersammelnde anstatt abweisende Profilierungen sind die Hauptursachen und haben einen geradezu phantastischen Fensterwerkstoff in Mißkredit gebracht.

Schadensbild

Fall 1: An einem Wohnblock wurden alle Wohnzimmerfenster mit isolierverglasten Schwingflügeln ausgerüstet. Bereits im zweiten Jahr nach Fertigstellung machten sich an diesen Fenstern Farbschäden bemerkbar. Der flächig sehr gut erscheinende Fensteranstrich fing im Bereich der Wassernasen an zu blättern, und der Bauherr sah sich veranlaßt, dem Malerbetrieb eine Mängelrüge auszustellen. Durchfeuchtungen wurden bis zu diesem Zeitpunkt noch nicht gemeldet, und so blieb der Fensterbauer vorerst verschont. *Abb. 1* zeigt die geschilderte Beanstandung. Sehr schön sind bereits erste Risse im Holz zu sehen.

Fall 2: An Holzfenstern eines Schulneubaus kam es schon vor der Einweihung zu Garantiereklamationen, da Durchfeuchtungen und Farbabplatzungen gemeldet wurden. An Fensterelementen aus Kiefernholz öffneten sich die Leimverbindungen, und der dunkelblaue Lackanstrich fing an abzublättern. Ablaufendes Fassadenwasser drang in die Verglasung ein und durchfeuchtete den gerade erst angelegten Estrich, bevor dieser mit Kunststoff-Fußboden verse-

1

2

hen werden konnte. Farbspielereien mit weißen Fensterflügeln und dunkelblau lackierten Rahmenelementen wurden in ihrem Kontrast durch Holzrisse und blätternde Farbe bereichert. Die *Abbildungen 3 bis 5* zeigen die beanstandeten Leimverbindungen.

Schadensursache

Die Dichtungsebene Flügel—Rahmen muß möglichst dem direkten Einfluß ablaufenden Wassers entzogen werden. Insbesondere der in den *Abbildungen 1 und 2* gezeigte Fenstertyp einer Schwingflügelkonstruktion macht dies im unteren Bereich erforderlich, da hier die sonst im Fensterbau üblichen Regenschutzschienen zum Ableiten von eingedrungenem Wasser nicht vorhanden sind. Aus diesem Grunde versah der Fensterbauer diese Schwingflügel mit einer Wassernase, welche er im unteren Flügelprofil einnutete und durch PVA-Leim befestigte. Derartige Nut- und Verleimtechniken sind im Fensterbau durchaus üblich, bedürfen jedoch bei der Fertigung einigen Sachverstands, damit Schäden wie in den *Abbildungen 1 und 2* nicht eintreten.
Wasserabweisprofile aus Holz, zu denen eine derartige Wassernase gezählt werden muß, sollten von vornherein so profiliert sein, daß sie schnell das Wasser ableiten und die darunter liegende Dichtungsebene schützen. Schlecht profilierte Wassernasen halten das Wasser zu lange auf ihrer Oberfläche fest und setzen die Leimverbindung viel zu großen Feuchtigkeitsbelastungen aus. Da Schwingfensterkonstruktionen selbst in leichtgeöffnetem Zustand noch relativ gut vor Regen schützen, muß der schnelle Wassertransport auch in diesem Zustand noch gewährleistet sein, da erfahrungsgemäß derartige Fenster bei leichten Regenschauern nicht sofort geschlossen werden. Wie in *Abb. 2* zu sehen, sind die Wassernasen kaum abgeschrägt, so daß sich in geöffnetem Zustand in der nun entstandenen V-Naht eine Wasserrinne bildet, deren Wasser ständig die Leimfuge befeuchtet. PVA-Leime sind sogenannte reversible Kunststoffe, die bei ihrer Austrocknung Wasser abgeben und so die erhärtete Leimverbindung schaffen, die aber jederzeit wieder gering Feuchtigkeit aufnehmen können, wenn sie ständigen Wasserbelastungen ausgesetzt sind. Durch diese nachträgliche Feuchtigkeitsaufnahme beginnen sie zu quellen und lösen sich letztendlich, wenn dieser Vorgang öfter wiederholt wird. Geöffnete Leimverbindungen machen jedoch den Weg zum vollkommen ungeschützten Holz frei, das aufgrund seiner hohen Hygroskopie dieses begierig aufsaugt. Hier macht sich der große Nachteil bemerkbar, daß Holzfenster erst nach durchgeführter Verleimung mit feuchtigkeitsabweisender Imprägnierung nach DIN 68 800 geschützt werden. Man befürchtet, daß bei umgekehrter Arbeitsfolge aufgrund öliger Substanzen in der Imprägnierung Leimschwierigkeiten auftreten. *Abb. 1* zeigt deutlich die Schadensfolge solcher Feuchtigkeitsaufnahme im Holz, das ständig quillt und bei nachfolgender Wasserabgabe wieder schwindet.

Da der Anstrichfilm, der ja eigentlich nur das Holz vor Feuchtigkeit schützen und für ständiges Feuchte-Gleichgewicht sorgen soll, immerhin mit ca. 90 μ Schichtstärke aufgebracht ist, bildet dieser bei Feuchtigkeitsabgabe aus dem Holz solange erheblichen Widerstand, bis er großflächig abgedrückt wird. Immer größere Flächen rohen Holzes werden der Witterung ausgesetzt, die Quell- und Schwindbewegungen im Ablauf beschleunigen.
An den Fenstern in den *Abbildungen 3 bis 5* sorgte der dunkelblaue Farbanstrich für wesentlich schnelleren Schadensablauf durch erhöhte Temperaturen auf der Anstrichfläche.
Dunkle Farbtöne führen durch ihre Lichtabsorption zu Wärmeentwicklungen, die wiederum erhöhte thermische Belastungen zur Folge haben. Durch diese Belastungen sinkt der Feuchtegehalt des Holzes nicht selten weit unter Normalwerte. Die Folge daraus sind freiwerdende Spannungskräfte, die ohne weiteres Glasversiegelungen und Leimverbindungen überfordern. Die *Abbildungen 3 bis 5* zeigen, wie weit sich, in relativ kurzer Zeit, die Leimverbindungen schon geöffnet haben und wiederum ungeschütztes Holz dem Witterungseinfluß ausgesetzt ist. Da sich un-

3

4

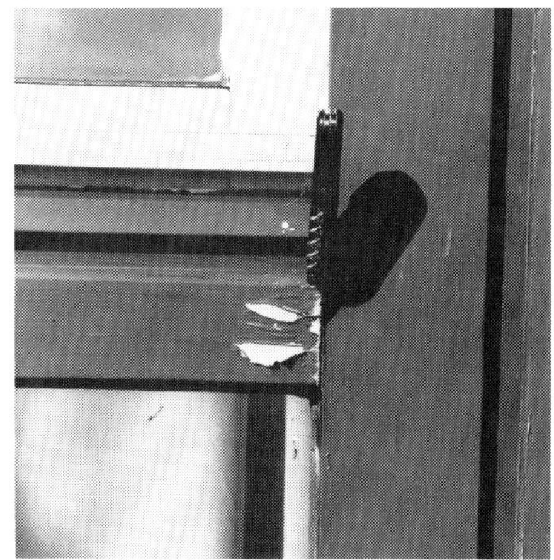

5

Abb. 1 und 2 Ein eingenuteter und eingeleimter Wetterschenkel, an dessen Verbindungsstelle bereits die Farbe blättert.

Abb. 3 bis 5 Geöffnete Holzverbindungen an dunklen Holzfenstern. Das Holz ist rissig und Farbe blättert.

ter der abgerissenen Leimverbindung in *Abb. 4* die direkt in den Rahmen eingebaute Isolierglaseinheit befand, konnte das ablaufende Wasser in den Verglasungsraum einlaufen und im Glasfalz hinter einer zu diesem Zeitpunkt noch vollkommen intakten Versiegelung ins Rauminnere gelangen.
Sehr schön ist in *Abb. 5* die unter der Regenschutzschiene zum Fensterpfosten hin entstandene Wassertasche zu sehen. Derartige Wassertaschen lassen Wasseransammlungen zu und setzen so die dort vorgenommene Holzverbindung viel zu langen Feuchtigkeitseinflüssen aus. Außerdem wurde versäumt, die Fensterkoppelfuge wie beim Fenster in *Abb. 4* einzulegen und die beiden Fenster nahezu stumpf gegeneinander verbunden, so daß auch hier sehr schnell eine gefährliche Wassereinflußmöglichkeit durch thermische Bewegung erfolgte.

6

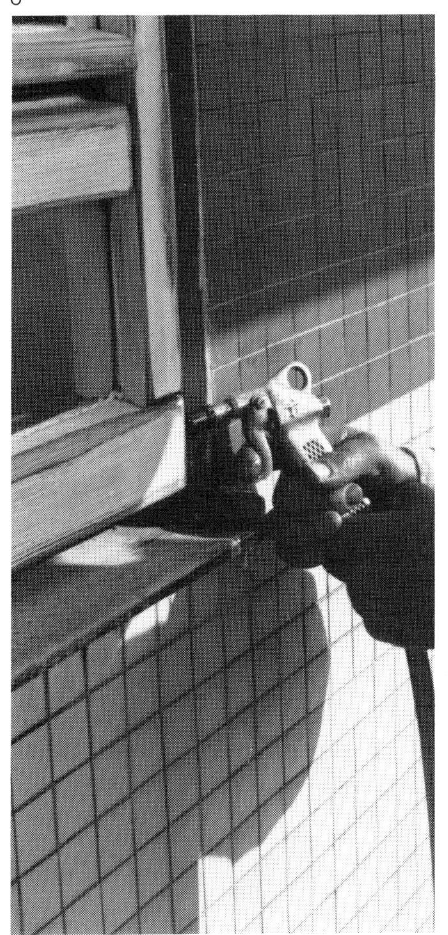

Sanierung

Unter Berücksichtigung zuvor beschriebener Mängel und Erkenntnisse ist eine erfolgversprechende Sanierung aller aufgezeigten Schäden ohne weiteres möglich. Wenn also festgestellt wird, daß fast waagerechte Wassernasen Oberflächenwasser in seinem Ablauf hindern, so müssen sie nachträglich abgeschrägt werden. Je nach Größe des Objektes muß entschieden werden, ob dieses mit geeigneten Maschinen oder herkömmlich mit Hobel und Raspel erfolgen kann. Bei dieser Gelegenheit werden gleichzeitig die scharfkantigen Holzprofilierungen malerfreundlich gerundet. Insbesondere bei den waagerechten Fensterunterseiten sollte diese Rundungsarbeit nicht ganz so kleinlich vorgenommen werden; denn je größer die Rundung, desto besser kann der neu zu erfolgende Anstrich aufgebracht werden. Lasur, nicht mehr genügend haftender und tragfähiger Anstrich sind abzubrennen und das Holz solange in rohem Zustand zu lassen, bis es seine Normalfeuchte von ca. 12% erreicht hat. um auch die Holzverbindungen später elastisch abdichten zu können, sind diese mit einem Stecheisen auf eine Fugengröße von ca. 4x5 mm aufzunuten und anschließend mit Druckkessel und Injektionspistole zu imprägnieren. Derartige Druckinjektionen treiben die Imprägnierung tief in die geöffneten Leimverbindungen und können so für einen dauerhaften, wasserabweisenden Schutz im Holz sorgen. Außerdem schützen sie, sofern sie der DIN 68 800 entsprechen, vor Mikroben und Pilzbefall.

Die *Abbildungen 6 und 7* zeigen eine derartige Pistole und wie weit damit die schützende Imprägnierung in die Zapfenverbindung eingedrückt werden kann. Mit dem überschüssigen Material können dann gleich die restlichen rohen Holzteile imprägniert werden. Ebenfalls sehr schön erkennbar sind in *Abb. 6* die stark abgerundeten Holzkanten zur besseren Farbaufbringung.
Nach der Imprägnierung können die zwei erforderlichen Zwischenanstriche aufgebracht und die Brüstungsfugen durch eine Versiegelung mit Acrylterpolymer (z.B. coacryl®) geschlossen werden. Hierbei sind gleichzeitig die Wassertaschen zu verschließen, damit der Pfosten nicht weiterhin von Feuchtigkeit unterwandert werden kann. Das gleiche gilt für den Anschluß der Regenschutzschienen am senkrechten Rahmenmaterial. Noch besser ist es jedoch, die vorhandene Regenschutzschiene auszubauen und komplett in Dichtungsmasse neu einzubetten. *Abb. 8* zeigt die versiegelten Brüstungen mit gleichzeitigem Verschluß der Wassertasche unterhalb der vorhandenen Regenschutzschiene. Sollte es die Gesamtfarbgebung der Fassade erlauben, wird empfohlen, den Schlußlack möglichst in hellem Farbton aufzubringen. K. N.

Abb. 6 Eine Injektionspistole, die mit Druck aus einem Druckkessel die Imprägnierung in die Zapfenverbindung preßt.

Abb. 7 Hier sieht man, wie weit die Imprägnierlösung in die gelösten Leimverbindungen eindringt.

Abb. 8 Eine mit coacryl® versiegelte Fensterbrüstung und der Verschluß der Wassertasche unter der Regenschutzschiene.

7

8

Verfaulte Balkontür durch falsche Konstruktion und schlechte Verglasung

Balkontüren sind oft auch in Wetterseiten von Gebäuden eingebaut und sollten durch Dach- oder Balkonüberstände so geschützt werden, damit sie nicht durch Regen belastet werden. Außerdem sind sie allein schon durch die geforderte Durchgangshöhe großflächig konstruiert und demzufolge enormen Belastungen ausgesetzt. Ihrer Konstruktion und Herstellung ist daher besondere Sorgfalt zu widmen, die oft genug vernachlässigt wird.

Schadensbild

Für mehrere Wohneinheiten wurden 1978 aus Kiefernholz Fenstertüren gefertigt, an denen bereits 1979 Durchfeuchtungen reklamiert wurden. Dieser Nachricht hat man jedoch keine Beachtung geschenkt, und so wurde der verantwortliche Handwerker erst wieder verständigt, als der Anstrich Wellenlinien zeigte und die ersten Holzverbindungen aufsprangen.

Beim erforderlichen Ortstermin wurden unterschiedliche Schadensfortschritte festgestellt, wie sie auch in den *Abbildungen 1 bis 3* zu erkennen sind. Meistens meldeten die Mieter Wassereinbruch unter der innenliegenden Glashalteleiste. Andere beschwerten sich über klemmende Türen und Risse in Farbe und Holz. Wieder andere meldeten bereits durch Fäulnis befallene Holzteile, die ganz unterschiedlich fortgeschrittene Zustände aufwiesen. Nur ganz vereinzelt wurden Türen ohne sichtbaren Schaden vorgefunden.

Schadensursache

Bei einem derartigen Holzzerfall durch Fäulnis ist immer hohe Holzfeuchte im Splintanteil des Kiefernholzes verantwortlich. Auch wenn sich,wie in den *Abbildungen 1 bis 3* zu sehen ist, die Verglasung nicht unmittelbar im Kontaktbereich der Fäulnis befindet, so konnte doch festgestellt werden, daß auch hier wiederum die Ursache dem abgerissenen Dichtstoff angelastet werden muß.
Da zur Verglasung ein ölgebundener, härtender Dichtstoff verwendet wurde, ist dieser in der kurzen Zeit restlos versprödet und vom Glas abgerissen. Derartige plastische Dichtstoffe härten zum einen durch Luftoxidation und zum anderen durch Bindemittelabgabe in nur ungenügend angesperrtem Fensterholz. Holz besitzt in trockenem Zustand eine natürliche Dochtwirkung, die begierig ölige Bindemittel und Feuchtigkeit aufsaugt. Wird jedoch den plastischen Dichtstoffen Bindemittel entzogen, härten sie aus und verlieren ihre gute Haftung am Glas. Aus diesem Grund besteht auch bei allen Herstellern plastischer Isolierglaskitte die Vorschrift zur Falzabsperrung vor der Verglasung, wobei es zweitrangig ist, ob dieser Porenverschluß mit Farb- oder Primäranstrich erzielt wird.

1

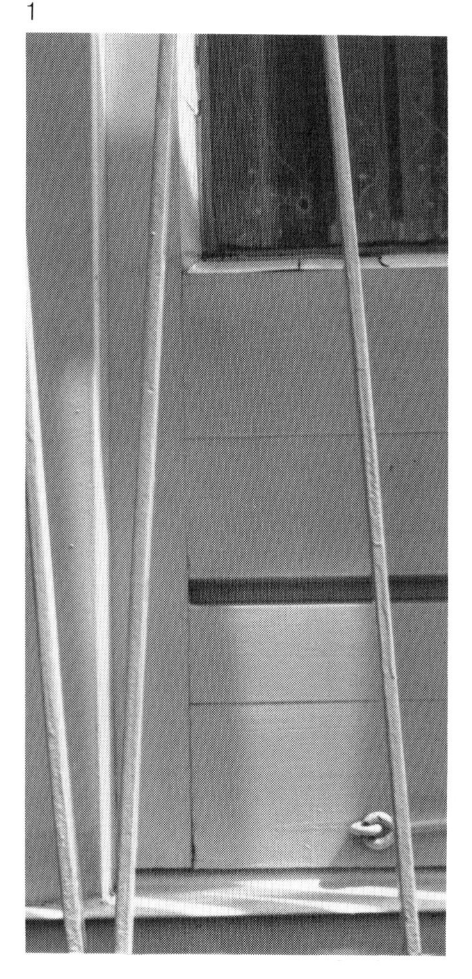

2

Ist der Kitt erst einmal von der Glashaftstelle getrennt, sind alle weiteren Schäden vorprogrammiert. Das Wasser dringt ein, bringt das Holz zum Quellen und befeuchtet die Leimkontaktstellen.
Wie in *Abb. 1* zu erkennen, sind die Leimverbindungen zum Teil schon aufgerissen und lassen auch von hier aus Feuchtigkeit ins Holz. In diesem Bereich ist das Holz vollkommen ungeschützt, da erst nach erfolgter Verleimung die Imprägnierung vorgenommen wurde. Ebenso deutlich erkennt man im Frühstadium des Schadenablaufs (*Abb. 1*), aus wievielen Holzbrettstücken die Türen gefertigt wurden, da sich bereits auch Querrisse neben den senkrechten Brüstungsfugen abzeichnen. Offensichtlich wurde auch hier keine andauernde, wasserfeste Verbindung erzielt.
Es ist natürlich schwierig und auch wenig sinnvoll, derart breite Holzkonstruktionen aus einem Stück zu fertigen. Grundforderung ist jedoch, besondere Auswahl zu treffen und nicht gerade reines Splintholz in diesen sowieso gefährdeten Bereich zu legen. Splintholz nimmt um ein vielfaches mehr Feuchtigkeit auf als das benachbarte Kernholz. Dieses Feuchtigkeitsreservoir bildet die ideale Brutstätte für holzzerstörende Pilze der Lencitisgruppe, die zur Erfüllung ihrer Lebensbedingungen Feuchtigkeit und Wärme benötigen.
Der Befall des Holzes ist anfangs von außen nicht sichtbar, sondern spielt sich im Verborgenen ab und macht sich in den meisten Fällen erst bemerkbar, wenn der gesamte Innenraum des Splintholzes zerstört ist und die Oberfläche bereits einfällt. Derartige Zerfalls- und Einfallserscheinungen sind in *Abb. 2* recht deutlich zu erkennen.
Nuten und Taschen bzw. Fugen an Holzverbindungen sind bei bewitterten Außenholzflächen ebenfalls ungeeignet, da sie den Wasserablauf auf der senkrechten Fläche verlangsamen und für ständigen Aufstau sorgen. Holzflächen, überhaupt Bauteile aus hygroskopischen Baustoffen, sollen an ihrer Oberfläche so beschaffen sein, daß das Wasser so schnell wie möglich abläuft, damit es gar nicht erst eindringen kann. Aufgestautes Wasser sucht geradezu Kapillaren, die, wiederum rein physikalisch begründet, mit ihrem Saugvermögen für den Feuchtigkeitstransport ins Innere sorgen. An der in den *Abbildungen 1 bis 3* gezeigten Fenstertür ist jedoch eine wasserablaufbremsende Nut eingebaut worden, deren Folgen im Endstadium in *Abb. 3* zu erkennen sind. Deutlich erscheinen auch die Restzellulosestreifen des befallenen und zerfressenen Holzes.

Sanierung

Eine Sanierung zum Substanzerhalt kann hier nur je nach Fortschritt des Fäulnisstadiums entschieden werden. In vielen Fällen ist eine Neukonstruktion der vorhandenen Fenstertüren notwendig, da Reparaturaufwendungen von den Kosten her sehr hoch und oft auch wenig erfolgversprechend sind.
Auf jeden Fall muß zuerst der Hauptwassereinfluß im Glas- und Fugenbereich gestoppt werden. Da hierfür eine Austrocknung des Holzes erforderlich ist, muß zumindest der noch vorhandene Anstrichfilm beseitigt werden, damit die Trocknung erfolgen kann. Der vorhandene Alkydhartanstrich ist zu porendicht, um die eingeschlossene Feuchtigkeit schnell genug entweichen zu lassen, während unbehandeltes Holz relativ schnell trocknet.
Nach Austrocknung des Holzes sind in der Brüstung die entstandenen Fugen auf eine Größe von 4x5 mm aufzunuten und an allen aufgerissenen Holzverbindungen eine Druckinjektion mit Imprägnierung nach DIN 68 800 auszuführen. Hierdurch wird das noch vorhandene gesunde Holz feuchtigkeitsresistent imprägniert und dauerhaft geschützt.
Nun kann die Anstrichneubehandlung mit Imprägnierung aller restlichen rohen Holzstellen und des ersten und zweiten farblichen Zwischenanstrichs erfolgen und dann die neue Glasversiegelung eingebracht werden.
Nachdem anschließend die ebenso vorbehandelten Brüstungsfugen mit einem Acrylterpolymer (z.B. coacryl®) versiegelt wurden, kann die Schlußlackierung erfolgen.
Die vielen Holzrisse und Fäulnisschäden können auch dadurch beseitigt werden, daß man die gesamte Fläche unterhalb der Verglasung mit einer Eternit- oder Glasplatte verkleidet, die an ihren Kanten durch Versiegelung gegen Feuchtigkeitsunterwanderung geschützt sind. Die Abdeckung der Fläche sollte jedoch erst erfolgen, nachdem die Schäden wie vor beschrieben beseitigt sind.

K.N.

3

Abb. 1 bis 3 Hier ist die Fäulnisbildung an einer Holzfenstertür in allen Stadien zu sehen bis hin zum irreparablen Zustand.

Vollständige Zerstörung der unteren Fensterholzprofile in einem fünfgeschossigen Haus

Schadensbild

An allen Seiten, vorwiegend den Süd- und Westseiten, sind die Holzfenster im Verlaufe von acht Jahren erheblich zerstört. Betroffen sind die unteren Wasserschenkel, die darunterliegende Holzleiste und das darunterliegende Vierkantholz, also alles Holzteile im unteren Bereich. Dieses Holz ist Kiefernholz, fast ausschließlich Splintholz. Es trägt einen weißen, dichten Anstrich, der zwischenzeitlich mehrfach aufgebracht wurde.
Unter dem an vielen Stellen noch zusammenhängenden Anstrichfilm ist das Holz durch Lencitis-Befall zerstört. Man durchstößt bei Eindrücken den Anstrichfilm und findet darunter nur noch pulvrige oder modrige weiche Substanz. Die *Abbildungen 1, 2* und *3* zeigen diesen Zustand.
Die Schäden ziehen sich nur in geringem Maße an den seitlichen Fensterprofilen hoch. Die Fenstereckverbindungen haben sich teilweise gelöst, wie es die *Abb. 7* gut erkennen läßt. In den betroffenen Bereichen blättert der Anstrichfilm teilweise ab.

Die Außenversiegelung zwischen Holz und Glas ist mit einem 2-Komponenten-Polysulfiddichtstoff ausgeführt worden. Dieser Dichtstoff ist mit dem weißen Holzlack überstrichen. Zwischen Glas und Dichtstoff hat sich vielfach ein Abriß gebildet, und durch diesen Abriß dringt das von der Scheibe ablaufende Wasser ein. Bemerkenswert ist, daß der Abriß dort entsteht, wo der weiße Anstrichfilm über dem Dichtstoff an das Glas stößt.
Die Innenverkittung ist mit einem dauerplastischen Material erfolgt, welches man auf der *Abb. 4* noch gut erkennen kann. Diese Kittphase ist ebenfalls mit einem weißen Anstrich versehen. Das ist bei Kitten dieser Art von Vorteil, weil dadurch der Zutritt von Sauerstoff gebremst wird und eine Versprödung des Kittbettes nicht erfolgt. Die *Abbildungen 4* und *5* lassen die äußere Versiegelung und die innere Kittphase insgesamt gut erkennen.

Bemerkenswert ist, daß sich auch in Bereichen der Fensterprofile die weit von der Versieglung und der Kittphase entfernt sind, der gleiche Schadenstypus abzeichnet.

Es ist weiter zu vermerken, daß alle Holzprofile noch scharfe Kanten zeigen; diese Kanten sind nicht nach den Regeln der Technik abgerundet worden. Die Folge ist, daß der Anstrichfilm über den Kanten dünn ist und fast regelmäßig über den scharfen Kanten aufreißt.
Es handelt sich um eine recht leichte Fensterkonstruktion. Bei Drücken gegen die Scheiben bewegen sich die Fensterflächen und die Profile merklich. Die Scheiben haben Flächen von maximal 2,9 m^2 und in der Regel von weniger als 2 m^2. Nach der Tabelle zur Ermittlung der Beanspruchungsgruppen zur Verglasung von Fenstern vom Institut für Fenstertechnik e. V. liegen die Fenster in den Beanspruchungsgruppen 3 und 4. Schnitte durch die Fensterkonstruktion sind nicht mehr vorhanden, der Sachverständige mußte einen solchen Schnitt rekonstruieren. Er ist auf *Abb. 6* wiedergegeben.
Ergänzend zeigt die *Abb. 7* eine völlig zerstörte untere Fensterecke. Dieser Schaden findet jedoch nicht nur — allerdings vornehmlich — in dem unteren Bereich statt, sondern auch in oberen Bereichen, weit entfernt von den unteren Fensterecken. Die *Abbildungen 8* und *9* zeigen solche beginnenden Schäden im Bereich der oberen Ecken.

Schadensursache

Es liegen mehrere Ursachen vor. Wir können diese aus der Grafik (*Abb. 6*) ablesen. Zunächst ist Wasser durch die Holz-Glas-Versiegelung eingedrungen. Der Dichtstoff war abgerissen, und das ist ursächlich darauf zurückzuführen, daß sich das recht frische Holz (überwiegend Splintholz) bewegt hatte. Diesen Bewegungen konnte der sehr weiche Kitt der Innenverglasung besser gerecht werden, dieser riß nicht ab.
Das Holz der Profile der Fensterkonstruktion war durch den dichten Anstrichfilm zunächst geschützt. Die scharfen Kanten waren jedoch nicht abgerundet; hier war deshalb der Anstrichfilm so stark geschwächt, daß er frühzeitig aufriß und Wasser in das Holz eindrang.
Die darunterliegenden Spalten waren überhaupt nicht gedichtet und hier drang Wasser ein, welches sich dann in den Holzteilen ausbreitete.
Auch die untere Abdichtung des Anschlusses an den Beton war abgedeckt, aber nicht abgedichtet. Durch die feinen Spalten drang auch hier Wasser ein. Alle Wassereindringstellen sind in der Skizze mit Pfeilen gekennzeichnet.
So kam es dazu, daß die Holzteile der Fensterkonstruktion ständig naß waren. Das eingedrungene Wasser konnte zu-

1

2

nächst durch den noch intakten Anstrichfilm nicht nach außen abdampfen. Durch die Quell- und Schwindbewegungen, die dann wirksam wurden, nachdem der Anstrich zu verfallen begann, wurde die äußere Abdichtung noch mehr belastet und setzte sich weiter ab; dadurch konnte noch mehr Wasser ungehindert eindringen.
Der ganze Schadensablauf ist ein gutes Beispiel dafür, daß bei der Fensterkonstruktion sicherlich sehr viele fenstertechnische Gesichtspunkte berücksichtigt, die bauphysikalischen Dinge jedoch vernachlässigt wurden. Mit einiger Überlegung hätte man alle diese Risikopunkte vermeiden können. Außerdem muß man wissen, daß ein dampfdichter Anstrich dann nützlich ist, wenn jedes Wassereindringen verhindert wird, andernfalls führt er zur Wasseransammlung im Holz, und der Lencitisbefall ist damit schon vorprogrammiert.

Sanierung

In weiten Bereichen sind die Schäden, d. h. die Zerstörung des Holzes schon so weit vorangeschritten, daß keine Instandsetzung mehr möglich ist; diese Fenster müssen ausgebaut und durch neue Fenster ersetzt werden.
Andere Teile können saniert werden. Bei geringem Lencitisbefall sind diese Teile vollständig vom Anstrich zu befreien und dann anzuschleifen und schützend zu imprägnieren. Andere stärker befallene Holzteile, z. B. untere Profile, sind auszubauen und neue Profile einzusetzen. Die angrenzenden Holzteile müssen dann ausreichend imprägniert werden. Auf jeden Fall sind alle Anschlußfugen, Spalte und Öffnungen jetzt sicher abzudichten. Zu verwenden ist ein hochleistungsfähiger Thiokoldichtstoff oder ein — weder Siliconöle noch andere Inhaltsstoffe ausblutender — Siliconkautschuk. Diese Eigenschaft muß aber vom Hersteller bestätigt werden, denn man läuft sonst Gefahr, daß die Holzteile durch solche ausblutenden Bestandteile verseucht werden und dann nicht mehr anstrichfähig sind.

IBF

Abb. 1 u. 2 Unter der dichten Anstrichschicht modert das Holz und verfällt durch Lencitisbefall.

Abb. 3 Der Anstrichfilm über dem Holz ist noch intakt, darunter ist das Holz weich oder pulvrig und vollständig zerstört.

Abb. 4 Äußere Versiegelung aus Polysulfid ist überstrichen worden, der Anstrich reißt durch, der Dichtstoff löst sich von den Rändern ab.

Abb. 5 Die Innenglasversiegelung mit vergütetem Kitt ist ebenfalls überstrichen worden, insgesamt hat sich die Innenversiegelung recht gut gehalten.

3

4

5

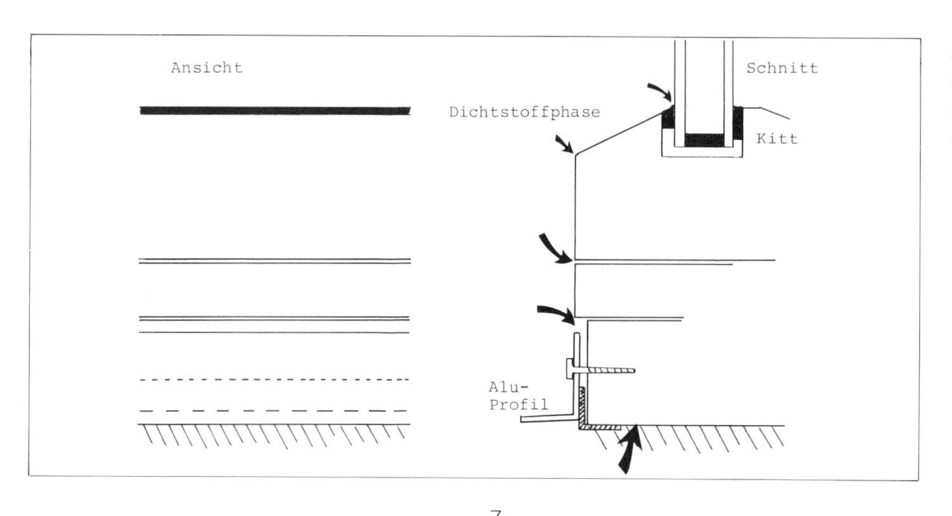

Abb. 6 Schematische, nicht maßstabsgetreue Darstellung der äußeren Fensterflächen. Die Pfeile zeigen die Eindringmöglichkeiten für Wasser an.

Abb. 7 Eine völlig zerstörte Fensterecke. Hier hatte der dichte und stabile Anstrichfilm das Holz noch zusammengehalten.

Abb. 8 Auch im oberen Bereich des Fensters zeigt sich der gleiche Schaden.

Abb. 9 Unter dem dichten Holzanstrich verfällt das darunterliegende Holz auch im Bereich der oberen Abdekkung.

7

8

9

Von Verbretterungen und Holzverzierungen abplatzende Farbe

Vielfach besteht in Baukreisen die Meinung, daß grundsätzlich alle Bauteile aus Holz deckend pigmentiert mit Farbe zu überstreichen sind, ohne Funktion und Konstruktion mit den daraus wachsenden Anforderungen zu berücksichtigen. Dabei ist es gar nicht so schwierig, unter der Vielfalt der heutzutage angebotenen Farbsysteme zu unterscheiden, wenn man vorgeplante Funktionen berücksichtigt.

Schadensbild

Bei den in *Abb. 1* gezeigten Verbretterungen und den in *Abb. 2* gezeigten Holzverzierungen einer hölzernen Fassadenverkleidung platzt ständig von neuem der Anstrich ab. Obwohl fast jährlich deckend pigmentierte Schönheitsanstriche wiederholt wurden, änderte sich das Schadensbild nicht, und der Bauherr versuchte nun, den Maler mit Regreßforderungen rechtlich zu belangen.

Schadensursache

Da es sich bei den Verbretterungen und Holzverzierungen um rein gestalterische und wärmedämmende Maßnahmen an der Fasssade handelt, die in dieser Form weder formstabil noch absolut regendicht ausgebildet werden konnten, hat der Maler tatsächlich das falsche Anstrichsystem verwendet.
Deckend pigmentierte Anstrich- und Lacksysteme dürfen grundsätzlich nicht durch Feuchtigkeit hinterwandert werden, da sie diese bei Erwärmung oder Dampftransport nicht schnell genug an ihre Umwelt abgeben können.
An der in *Abb. 1* gezeigten Verbretterung erschien eine dauerhafte Abdichtung im Stoßbereich der Holzverbindungen als handwerklich nicht durchführbar und konstruktiv nicht erforderlich. So konnte die Feuchtigkeit in vielen Bereichen in die Hölzer eindringen. Selbst die bei der Verkleidungsherstellung durchgeführte Imprägnierung im Tauchverfahren konnte den ansteigenden Feuchtegehalt nicht aufhalten. Sicherlich ist auch die etwas vorspringende untere Balkenquerlage für diesen Schaden mitverantwortlich, da sich hier ablaufendes Wasser staute und unmittelbar den Weg ins Hirnholz der Verbretterung fand. Dieser Angriffspunkt wäre nicht vorhanden gewesen, wenn man die untere Balkenquerlage durch die Verbretterung überlappt, also etwas zurückliegend angeordnet hätte.
Trotz alledem darf jedoch der Fehleinsatz des verwendeten Anstrichsystems hiermit nicht entschuldigt werden. Ein etwas offeneres Lasursystem hätte schneller die vorhandene Feuchtigkeit entweichen lassen, oder druckimprägnierte Verbretterungen hätten die Feuchtigkeitsanreicherungen gar nicht erst aufkommen lassen.

Abb. 3 zeigt eine derartig richtig konstruierte und farblich behandelte Verbretterung mit druckimprägniertem Holz in tadellosem Zustand nach immerhin acht Jahren. Außerdem haben derartige Lasursysteme bei Verbretterungen noch gestalterische Vorteile, da sie die vorhandenen Holzmaserungen und den typischen Holzcharakter zeigen.

Sanierung

Um die in den *Abbildungen 1 und 2* gezeigten Holzkonstruktionen zu sanieren, muß zuerst das vorhandene, dekkende Anstrichsystem durch Abbrennen, Abbeizen oder Abschleifen entfernt werden. Nach Beseitigung eventueller Holzschäden ist mit Imprägnierlasur und stellenweise notwendiger Druckkesselinjektion der neue Anstrichaufbau vorzunehmen. Es ist darauf zu achten, daß Wiederholungsanstriche (Lasuren) zwar sehr leicht zu bewerkstelligen, jedoch öfters als deckende Anstrichsysteme notwendig werden. Insbesondere dunkle Systeme können in stark bewitterten und massiver Sonneneinstrahlung unterworfenen Fassadenteilen ein- bis zweijährige Pflegeintervalle notwendig machen. K. N.

Abb. 1 Eine mehrfach gestrichene Verbretterung mit unten vorspringendem Balkenwerk. Durch ständigen Feuchtigkeitseinfluß blättert die Farbe.

Abb. 2 Holzverzierung in einer Fassade mit stark blätterndem Anstrichfilm.

Abb. 3 Ein vollkommen intakter Anstrichfilm einer bewitterten Verbretterung nach acht Jahren.

1

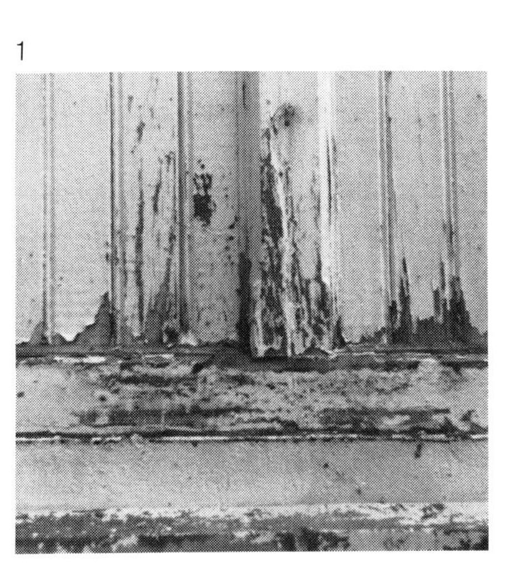

2

3

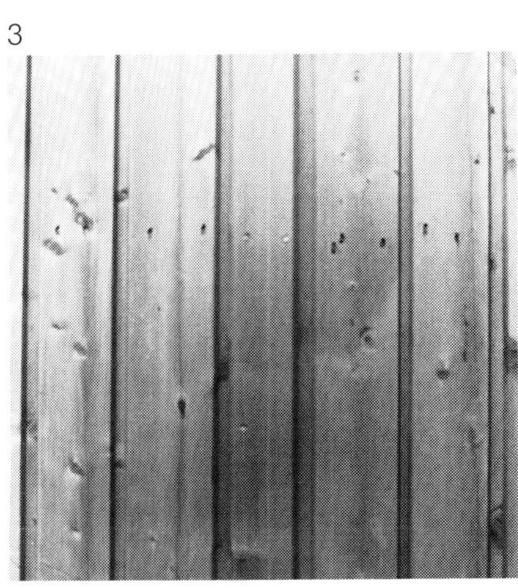

Fäulnisschaden am lasurbehandelten Kiefernsplint eines Holzfensters

Nach Meinung vieler Farbhersteller besitzen Lasuren für Holzfenster den großen Vorteil, daß sie durch ihre Atmungsaktivität die im Holz angestaute Feuchtigkeit schnell wieder abgeben. Die Meinung wird durch die Behauptung verstärkt, daß es unter Lasuren niemals zur Fäulnisbildung kommen kann.

Schadensbild

Trotz dieser Ansicht vieler Fachleute weist das Fensterholz in *Abb. 1* Fäulnisbefall auf. Schon ein Jahr nach dem Fensterneuanstrich ist der Schaden eingetreten, obwohl oder gerade weil der Anstrich noch einen recht guten Eindruck macht.
Der Splintanteil ist schon restlos verfallen und die Reklamation des Bauherrn nicht verwunderlich.

Schadensursache

Lasuren sind nur solange eine Gewähr für den Substanzerhalt des Holzes, solange sie auch wirklich porenoffenen Charakter aufweisen. Diese Porenoffenheit war in früheren Jahren fast bei allen auf dem Markt käuflichen Lasuren vorhanden, nur war dadurch gleichzeitig auch eine schnellere Befeuchtungsmöglichkeit in Kauf zu nehmen. Dieser mangelhafte Feuchtigkeitswiderstand brachte jedoch ständigen Fensterärger mit sich. Durch den schlechten bis mangelhaften Verschluß der vorhandenen Holzporen und Kapillaren steigt bei jeder Beregnung die Holzfeuchte an und entweicht bei einwirkender Sonnenbestrahlung. Der Entzug der Feuchtigkeit läuft um so schneller ab, je höher durch dunkle Farbgebung die Wärmeaufladung erfolgt. Dabei treten nicht nur Pigmentverluste an der Oberfläche auf, sondern die ständigen Quell- und Schwindwechsel sorgen auch für Undichtigkeiten, Fensterverwerfungen, verbunden mit Zugluft, Schalldämm-Minderungen und Rißbildungen im Holz.

1

2

So war es auch bei den Fenstern auf den *Abbildungen 1 bis 3.* Sie waren zuerst mit einer sehr offenen Imprägnierlasur behandelt worden, und der Bauherr beschwerte sich laufend über seinen sehr schnell eingetretenen schlechten Fensterzustand. Die Glasversiegelung war gerissen, und bei jedem Regen lief Wasser durch die Verglasung ins Gebäudeinnere.
Die Fenster hatten sich derart verzogen, daß man bei geringster Windbelastung den gemütlichen Sitzplatz hinter dem Fenster verlassen mußte. Außerdem mußte schon nach einem Jahr der Lasuranstrich erneuert werden.
Der Glaser gab dem Maler die Schuld für die abgerissene Versiegelung, da augenscheinlich der Anstrichfilm nicht mehr gut aussah. Der Maler jedoch behauptete, daß die Versiegelung nicht gut sei und deswegen sein Anstrich ständig mit Feuchtigkeit belastet würde. Letzten Endes einigten sich beide und stellten lapidar fest, daß der Tischler nasses Holz verwendet haben mußte.
Beide reparierten die Schäden; ein Jahr später jedoch traten dieselben Schäden wieder auf.
Ungefähr zur selben Zeit entwickelte die Industrie mehr filmbildende Lasurtypen, um damit die Anstrichpflegeintervalle zu verlängern und auch in der Hoffnung, gleichzeitig die gewünschte und geforderte Langzeitformstabilität bei Fenstern zu erreichen.

Mit dieser neuartigen Lacklasur führte der Maler einen Neuanstrich der Fenster aus. Sicherlich war hierbei die Feststellung der gerade vorhandenen Holzfeuchte zweitrangig, und an die bereits geöffnete Zapfenverleimung wurde auch nicht gedacht. Die neue Lacklasur schloß die vorhandene Feuchtigkeit ein, und die geöffnete Holzverbindung sorgte für ständigen Feuchtigkeitsnachschub, so daß der Fäulnispilz im Kiefernsplint einen geradezu idealen Nährboden fand.

Sanierung

Eine Sanierung bzw. Reparatur dieses Schadens hat sich, trotz des erheblichen Aufwands, noch als sinnvoll erwiesen. Zunächst mußte der befallene Splintanteil bis zum gesunden Kernholz entfernt werden. Deutlich ist die Aushöhlung in *Abb. 2* zu sehen. Anschließend wurde die vorhandene Lacklasur ganzflächig entfernt, damit der Holzuntergrund austrocknete und die holzschützende Imprägnierung nach DIN 68 800 aufgebracht werden konnte. Für den Verschluß derartig freigelegter Fäulnisschäden kennt man heute Mittel und Methoden, die in sehr vielen Fällen teure Auswechslungen ersparen. Zur Anwendung gelangen elastische Holzreparaturmassen, die sich nach Aushärtung wie Holz bearbeiten lassen und trotzdem genügend Elastizität besitzen, um weitere Spannungsbelastungen ohne Schädigung aufnehmen zu können.
Eine derartige Holzreparaturmasse wurde auch an diesem Fenster eingebracht, nachdem zuvor, wie in *Abb. 3* zu sehen, eine Notverschalung am Holzprofil des Fensters befestigt wurde, damit die Reparaturmasse nach dem Einbringen nicht abläuft. Die Schalung hat außerdem den Vorteil, daß nach Entschalung die Form schon ziemlich genau profiliert ist und kaum nachgearbeitet werden muß.
Um weitere Durchfeuchtung zu vermeiden, wurde anschließend die gesamte Glasversiegelung erneuert und die Brüstungsfugen verschlossen sowie der Anstrich erneuert. K. N.

3

Abb. 1 Eine von Fäulnis befallene Eckverbindung an einem dunkel lasierten Holzfenster.

Abb. 2 Das Restkernholz, nachdem die zerfressene Zellulose ausgeschält wurde.

Abb. 3 Die verwendete Notschalung, in die die Holzreparaturmasse eingebracht wurde.

Durchfeuchtungsschäden an verworfenen Balkenkonstruktionen bei Fensterwänden

Die Forderung des Bauherrn, preiswert, modern und rustikal zu bauen, verbunden mit dem Einfallsreichtum junger Architekten, führt sehr oft zu Baufehlern, deren Ursache in der Vergewaltigung mancher Baustoffe zu suchen ist. Solange die statischen Werte noch eben als ausreichend berechnet wurden, mißachtet man zu gerne Funktionen und zusammentreffende Faktoren wie z.B. Baustoffe, Witterungseinflüsse, Farbgestaltung usw.

Ist das Kind nach relativ kurzer Zeit in den Brunnen gefallen und vom Bauherrn kommen die ersten Reklamationen, dann wird die Schuld beim Handwerker gesucht, der ja letzten Endes als Erfüllungsgehilfe des Planenden fast unmögliches getan hat um das Bauwerk wunschgemäß fertigzustellen.
Irgendwelche Punkte finden sich immer, um mit Hilfe der VOB Fehlhandlungen nachzuweisen und mit dem Wink nach weiteren Aufträgen den Handwerker zur kostenlosen Nachbesserung zu bewegen.

Schadensbild

An mehreren Fensterwänden aus Balkenkonstruktionen und Glas traten bereits nach einigen Sommermonaten starke Durchfeuchtungen auf. Bei Regen stellte der Bauherr bereits nach wenigen Minuten Wasser im Inneren seines Hauses fest, welches durch Verglasung und Konstruktionsfugen lief. Ebenso beschwerte er sich über starke Zuglufterscheinungen im Konstruktionsfugenbereich, sobald der Wind auf die Fensterwand drückte. Bei Windstille und hauptsächlich an Sonnentagen wurde die Wohnidylle durch laute Geräusche aus den Balkenkonstruktionen gestört.

Schadensursache

Um Baukosten zu sparen, wurden die das Dach tragenden Holzkonstruktionen aus massiven Kiefernholz-Kanthölzern gleichzeitig als Fensterrahmen verwendet. Außerdem wurde das Holz dunkelgrün lasiert, um im Laufe der Zeit ein rustikales Aussehen zu erreichen. Bereits durch die ersten Sonnenstrahlen wurde die Balkenkonstruktion, hervorgerufen durch den dunklen Farbanstrich, so stark aufgewärmt, daß es die Restfeuchte im Holz geradezu heraustrieb. Die Folge davon waren ein starkes Schwinden und Verwinden des Holzes, wodurch recht bald breite, gewünscht rustikale Risse entstanden. Daß hierunter auch die Verglasungseinheit, von welcher man Formstabilität erwartete, litt, hatte der Architekt nur bedingt erwartet, als er vorschrieb, die Glasabdichtung wäre durch Versiegelung zu erfüllen.
Zwischenzeitlich haben sich die Glashalteleisten, wie in *Abb. 4* zu sehen, restlos verworfen und die Verbindungsstöße öffneten sich weit (*siehe Abbildungen 4 bis 7*).

Abb. 1 u. 2 Fensterwände aus Balkenkonstruktionen, die in beiden Fällen dunkellasierte Oberflächenbehandlung aufweisen.

Abb. 3 Die weit klaffenden Deckelsprossen sind deutlich sichtbar. Beim Lösen der Schrauben wurde festgestellt, daß sie sich durch das Quellen und Schwinden des Holzes schon so weit gelockert hatten, daß sie ihre Funktion nicht mehr übernehmen konnten.

Abb. 4 Quell- und Schwindkräfte haben das Holz gebogen.

Abb. 5 Risse im Holz und der stark in Mitleidenschaft gezogene Lasuranstrich.

1

2

3

4

5

Da die verwendete Holzlasur in Regenzeiten ebensolche Holzfeuchteanreicherungen zuließ, wie sie bei Erwärmung für die Abgabe sorgte, war das Holz ständigen Quell- und Schwindbewegungen unterworfen.
Selbst die mechanische Befestigung der Glashalteleisten (in diesem Fall sogenannte Deckelsprossen mit Schrauben befestigt), konnte solchen Belastungen nicht widerstehen. Die Schrauben lösten sich, und schließlich war auch die Glasversiegelung überfordert. Durch Überdehnung riß sie ab und ließ das an der Verglasung ablaufende Regenwasser ungehindert eintreten. Da die vorhandene Klotzluft der Isolierglaseinheiten nur mangelhaft mit Dichtungsmasse gefüllt war, fand das Wasser verhältnismäßig schnell seinen Weg ins Rauminnere. Es liegt auf der Hand, daß auch der Wind denselben Weg fand und für Zugluft sorgte.
Die beanstandeten Geräusche kamen durch starke Erwärmung der Fassade zustande. Der dunkle Farbanstrich sorgte für solch hohe Wärmeaufladung, daß das relativ junge und unberuhigte Holz starke Risse bildete, die sich durch Knistern im Gebälk bemerkbar machten.

Sanierung

Um hier erfolgversprechend zu sanieren, müssen alle verkleideten Teile abmontiert werden, so daß zuletzt nur noch das nackte Gebälk dasteht. Systematisch müssen nun alle Risse und Fugen abgedichtet werden. Zur Ausspritzung der vorhandenen Klotzluft unter den Isolierglasscheiben wird ein Zweikomponenten-Polysulfid-Dichtstoff (z.B. Thiokol) empfohlen, da die vorhandenen Isolierglasscheiben ebenfalls mit einem solchen Material abgedichtet sind. Trotzdem sollte vordem der Glaslieferant befragt werden, mit welcher Masse er gedichtet hat, damit eventuell auftretende Weichmacherwanderungen vermieden werden können und sichergestellt ist, daß beide Dichtungsmassen sich miteinander vertragen und nicht durch Weichmacheraustausch verhärten oder erweichen.
Außer diesen glaseindichtenden Maßnahmen sind die holzverbindenden Konstruktionsfugen aufzunuten und nach entsprechender Haftflächenvorbehandlung (Primierung) mit elastischem Dichtstoff zu verschließen.
Nachdem sichergestellt ist, daß durch die Grundkonstruktion kein Wasser durchdringt, können die zuvor abgenommenen Verkleidungen und Deckelsprossen zur Glashalterung wieder angeschraubt und versiegelt werden. Auch hierbei werden die Stoßfugen erweitert und mitversiegelt. Nicht mehr fassende Schrauben sind nachzudübeln.
All die vorgeschlagenen Maßnahmen können nur zum Erfolg führen, wenn nach Fertigstellung der Abdichtungsarbeiten auch der Anstrichaufbau erneuert wird. Hierbei ist zu erwähnen, daß es sich bei dem angewendeten Anstrichsystem um eine Holzlasur handelt und daß derartige Lasursysteme an Wetter- und Südseiten kürzere Pflegeintervalle erfordern als Fensterlacksysteme. K.N.

Abb. 6 Eine unmögliche Konstruktion. Transportkisten werden meist sorgfältiger gefertigt als dieses hochwertige Baudetail.

Abb. 7 Eine weitgeöffnete, ungedichtete Stoßfuge der Glashalte-Deckelsprossen.

Abb. 8 Witterungsseitige Holzverbindungen, von denen einfach keine langzeitig dichtende Funktion erwartet werden kann.

6

7

8

Abblätternde Farbe durch falsche Glasversiegelung

Mangelndes Gesamtheitsdenken im Fensterbau führt allzu oft zum Verfall wertvoller Arbeit und großem Ärger. Der Fensterbauer denkt nur an normgerechte Konstruktionen, der Glaser sieht seine Aufgabe nur in der sicheren Eindichtung seiner Scheibe, und der Maler sieht sein Bestreben nur in der Gestaltung und Verschönerung durch Farbe. So entstehen z.B. Mängel wie im folgenden Fall.

Schadensbild

An den Fenstern in den *Abbildungen 1 bis 3* blätterte nach kurzer Zeit der Anstrich ab. Je mehr man ihn mechanisch belastete, desto leichter konnten ganze Farbstreifen vom Untergrund gelöst werden. Ebenso fiel auf, daß er Anstrich einen apfelsinenhautartigen Charakter zeigte.
Beim Fenster in *Abb. 3* wurden zusätzlich Fäulnisschäden festgestellt, in deren Kontaktbereich rohes Holz vorgefunden wurde.

Schadensursache

Nicht ganz grundlos entwickelte man bis heute eine Vielzahl von Versiegelungsmassen aus vier verschiedenen Rohstoffgruppen. Immer wieder stellte sich dabei heraus, daß eine Allroundversiegelungsmasse noch nicht gefunden ist. Zu vielseitig sind die Anforderungen, die eigentlich nur der Anwender kennt. Der Verglasende der in den *Abbildungen 1 bis 3* gezeigten Fenster hatte nicht daran gedacht, daß Holzfenster ständig neu mit einem Anstrich als Witterungsschutz versehen werden. Er versiegelte die vorhandenen Fugen zwischen Glas und Holz mit Silikon, welches geradezu vorzüglich am Glas und an der vorlackierten Holzfläche haftet, aber leider keine Haftung des nachfolgenden Schlußlackes zuläßt.
Damit die Versiegelungsfuge auch fürs Auge gut aussieht, zog er die ausgespritzte Versiegelungspaste mit einem vorprofilierten Gummispachtel sauber ab. Bei diesem Arbeitsgang trat als Nebenerscheinung eine hauchdünne Benetzung der Anstrichoberfläche mit Silikon auf und verschloß nach dem Grundanstrich noch gering vorhandene Poren mit Silikon. Der anschließend aufgebrachte Schlußlack lag somit nur abdekkend auf dem Silikon und hob sich bei geringster Belastung ab. Da hierdurch der gewünschte Witterungsschutz fehlte, konnte Feuchtigkeit eindringen und das Holz zum Quellen bringen. Jetzt quoll auch die Leimverbindung, und bei nachfolgender Trocknung entstand der Riß in der Verzapfung, welche am Fenster in *Abb. 3* bereits zur Fäulnis führte.

Sanierung

Bei der Sanierung muß gewährleistet sein, daß alle Silikonverseuchungen des Untergrundes vor dem neuen Anstrich beseitigt werden. Dieses ist durch Anschleifen mit Schleifpapier möglich, das jedoch ständig gewechselt und erneuert werden muß, da sonst das angeschliffene Silikon mit dem Schleifpapier von einem auf das andere Fenster übertragen wird.
Noch sicherer ist jedoch ein vollständiges Abbrennen des vorhandenen Anstrichs bis auf das rohe Holz. Hierbei verbrennen die meisten Silikonspuren, und der Neuanstrich kann fast risikolos erfolgen. Die Beseitigung des Silikonfilms am Glas ist schon wesentlich schwieriger und muß sorgfältig erfolgen, da sonst bei der neuen Versiegelungsmasse Haftungsschwierigkeiten entstehen.
Die bereits vorhandene Holzfäulnis wird bis zum gesunden Kernholz beseitigt, und nach der Austrockung kann das vorhandene Loch mit Holzfüllmasse geschlossen werden. Alle vorhandenen Holzverbindungen werden mittels eines Stecheisens auf eine Fugengröße von ca. 4x5 mm aufgenutet und mit Druckinjektion imprägniert. Auch diese Fugen müssen vor dem zu erfolgenden Schlußanstrich versiegelt werden. Bei der Neueindichtung der Glasverbindungsfuge ist darauf zu achten, daß die Mindestauflage der zu versiegelnden Dreiecksfase sowohl am Glas wie auch am Holz 5 mm beträgt, d.h., daß bei 4 mm breiter Silikonvorlage eine Versiegelungsbreite von 9 mm herzustellen ist.
Die hier zur Anwendung gelangte neue Glasversiegelung mit coacryl® bildet eine sehr gute Haftfläche für den nachfolgenden Schlußanstrich. K.N.

Abb. 1 und 2 Bereits abgelöste Anstrichfilme, die durch Silikonverseuchung nie richtig hafteten.

Abb. 3 Auch hier Farbablösungen. Der Untergrund hat besonders im Bereich der Leimverbindung soviel Feuchtigkeit aufgenommen, daß es zur Holzfäule kam.

1

2

3

Korrosionsschäden bei mit Stahl armierten Kunststoff-Fenstern

Neue Werkstoffe bringen oft neue Probleme, die es jedoch zu bewältigen gilt. So auch im Kunststoff-Fensterbau. Die Werbung neigt dazu, diese Fenster als vollkommen wartungsfrei darzustellen. Das dem nicht immer so ist, zeigen die *Abbildungen 1 und 2.*

Schadensbild

Beim Umbau eines großen Bürobaues entschied sich der Bauherr aufgrund großer Beschwerden, vorhandene Stahlfenster mit hohem Kostenaufwand gegen Kunststoff-Fenster auszutauschen. Da er bei den vorhandenen Stahlfenstern erhebliche Verfallserscheinungen durch Korrosion bemerkte und die Reparaturkosten, sofern überhaupt noch Reparaturen möglich waren, in die Höhe stiegen, glaubte er der Industrie, daß er sich nie wieder um seine Fenster zu kümmern hätte, wenn er sich für einen Neueinbau von Kunststoff-Fenstern entscheiden würde.

Bereits ein Jahr später zeigten sich an den Fenstern starke Vermutzungen (*Abb. 1*) und insbesondere an den Koppelstößen Verwerfungen der Kunststoffprofile, die vom Hersteller bei der vorhandenen Fenstergröße als völlig normal hingestellt wurden. Weitere zwei Jahre später wurden wiederum an den Koppelstößen rostfarbene Ausläufe sichtbar, die dem Bauherrn von den ausgewechselten Stahlprofilen noch gut in Erinnerung waren. Selbst das Abwaschen mit Reinigungsmittel für Kunststoff-Fenster half nichts. Der Schaden nahm seinen Lauf. In *Abb. 2* sind deutlich die eingetretenen Zerfallserscheinungen zu sehen.

Schadensursache

Der ungünstige E-Modul der PVC Fensterprofile hat labile Konstruktionen zur Folge und macht schon bei geringen Breiten eine zusätzliche Aussteifung erforderlich. Da aus den damaligen Leistungsbeschreibungen keine besonderen Materialwünsche für die nötig gewordene Aussteifung hervorgingen, wählte der Handwerker preiswerte Stahlprofile, um die gewünschten statischen Werte zu erreichen. Da eine Fenstereinheit aus einem Drehkuppelflügelfenster und einem fest verglasten Unterlicht bestand, wurde bei der Montage ein T-Profil aus Stahl in die Koppelfuge mit eingefügt und die Fenster gegeneinander verschraubt. Daß die Schraubenlöcher ausgerechnet in dem Bereich lagen, in dem sich der größte Wasseranfall ergab, wurde hierbei nicht berücksichtigt. So kam es, daß durch die nicht eingedichteten Schraubenverbindungen ständig Feuchtigkeit bis zu dem aussteifenden Stahlprofil gelangte und dieses in kurzer Zeit korrodierte.

In den *Abbildungen 1 und 2* ist ebenfalls zu sehen, daß das eingeschobene Stahlprofil zusätzlich mit Kunststoff überdeckt wurde, welcher auf den Kunststoff-Fensterprofilen verklebt wurde. Durch die unterschiedlichen Längenausdehnungen hat sich dieser Kunststoff, wie in *Abb. 1* deutlich zu erkennen, verformt. Hierbei wurde gleichzeitig die Klebestelle überfordert und die Verbindung aufgerissen. Nun konnte auch von dieser Stelle Wasser eindringen und die Korrosion des Stahls weiter beschleunigen.

Sanierung

Da korrosionsfähiger Stahl im Kunststoff-Fensterbau nicht zur Aussteifung verwendet werden sollte, ist dieser zu entfernen und durch nichtrostendes Material zu ersetzen. Im zuvor beschriebenen Fall ist diese Forderung noch relativ leicht zu bewerkstelligen. Sollte jedoch die in den Flügeln und Rahmen verwendete Stahlaussteifung korrodieren, so müssen die Fenster ausgetauscht werden, da es keine Sanierungsmöglichkeit mehr gibt. Hiermit muß ganz einfach gerechnet werden, da es immer Möglichkeiten der Feuchtigkeitswanderungen gibt und hier nicht vorgebeugt werden kann. K. N.

Abb. 1 Starke Verschmutzungen und Verwerfungen am Kunststoff-Profil.

Abb. 2 Die ersten Verfallserscheinungen am eingeschobenen Stahlprofil. Eindringende Feuchtigkeit förderte die Korrosion am eingeschobenen Stahlprofil bei Kunststoff-Fenstern.

1

2

Korrosion bei Isolierglasscheiben

Schadensbild

In einem größeren, viergeschossigen Verwaltungsbau werden eine Anzahl von Isolierglasscheiben blind. Diese Scheiben sind zum Zeitpunkt des Schadens sechs Jahre alt. Es handelt sich um Scheiben, die in der Mitte einen Leichtmetallsteg haben und die mit einer harten Polysulfid-Epoxidharzmasse gedichtet sind. Außen ist dann noch eine dünne Schicht Epoxidharz in etwas plastifizierter Konfektionierung aufgebracht worden.

Die Innenoberfläche — die sichtbare Oberfläche des Leichtmetallstegs — zeigt unterschiedlich starke Korrosionserscheinungen. Die Außenabdichtung zwischen Glas und Rahmen ist mit einer Polysulfiddichtungsmasse erfolgt, und diese Abdichtung ist weitgehend intakt. Nur an wenigen Stellen hatte sich der Dichtstoff vom Glas abgelöst. Die Ursache war eine zu schmale Fuge von ca. 3 mm. Die bei Fenstern auftretenden Bewegungen sind zwar nicht groß, doch sind Fugenbreiten von 4 bis 5 mm notwendig.

Die *Abb. 1* zeigt die Innenseite des Metallstegs und man erkennt dort die Korrosionsprodukte des Metalls. Nach dem Freipräparieren, d. h. Herausnehmen, der Scheiben zeigten deren Außenseiten und vor allem die äußere Versiegelung eine Reihe von Unregelmäßigkeiten. Die *Abb. 2* zeigt einmal eine Spalte zwischen Glas und Versiegelung sowie Stellen, bei denen die Versiegelung sehr unregelmäßig ist. Die *Abb. 3* zeigt an einer anderen Stelle ebenfalls eine Spalte, eine unregelmäßige Versiegelung, die außerdem viel zu dünn ist.

Schadensursache

Die Isolierglasscheibe wurde demontiert. Die *Abbildungen 4, 5* und *6* zeigen in 30- und 50-facher Vergrößerung die Korrosion des Metalls, sowohl im Spaltbereich als auch auf der Wandung. Die Wandung selber ist vielfach durchbrochen; sie weist feine Spalte und Risse auf *(Abb. 6)* und *Abb. 7* zeigt einen sehr gut erkennbaren Riß, der sicherlich die Folge einer Spannungsrißkorrosion war. Die Analyse der Korrosionsprodukte zeigt, daß diese Chloride, Sulfate und Karbonate enthalten. Das Auftreten der Chloride ist auf ein in der Nähe liegendes Schwimmbad zurückzuführen, bei dem das Wasser gechlort wird. Die Sulfate stammen vom sauren Regen, der mit Schwefeloxiden angereichert ist.

1

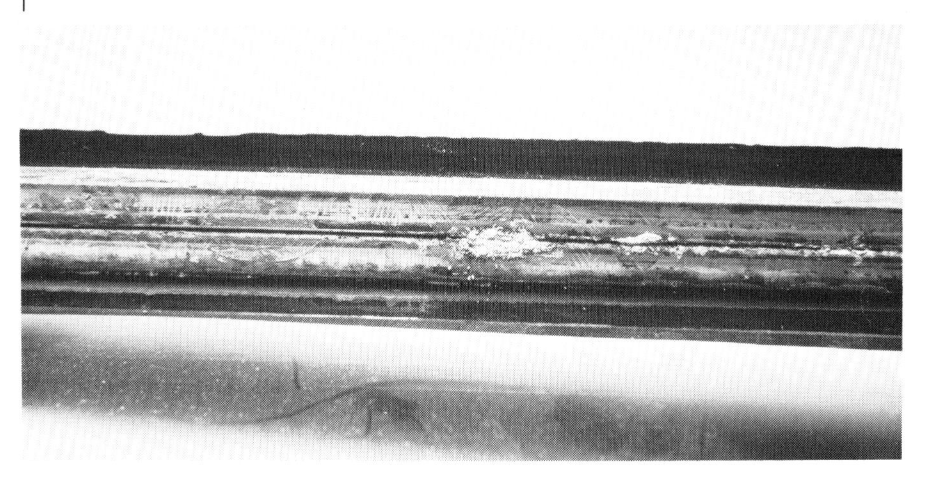

2

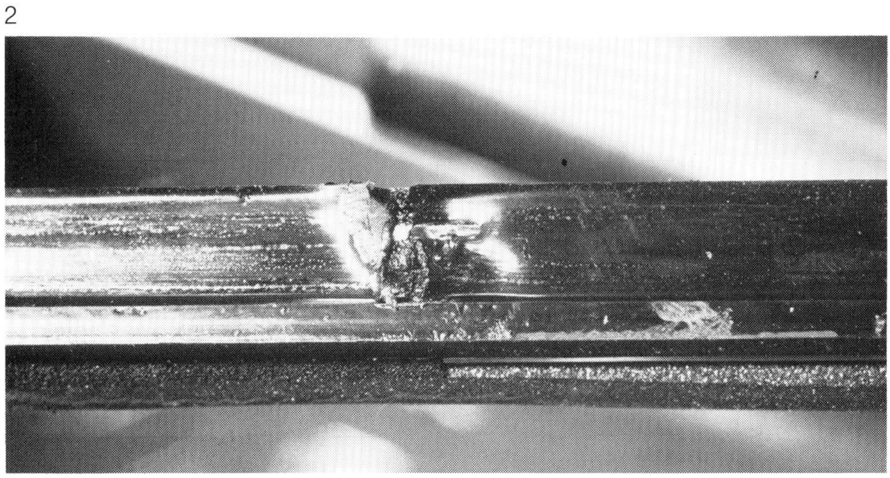

Abb. 1 Innenseite des Leichtmetallstegs zwischen den beiden Glasscheiben. Man sieht, daß durch den Schlitz Feuchtigkeit und Schadstoffe eingedrungen sind und die Korrosion eingeleitet haben.

Abb. 2 u. 3 Unregelmäßigkeiten, dünne Stellen und Defekte in der unteren Versiegelung der Isolierglasscheiben zwischen den Scheiben, Vergrößerung 2-fach.

Abb. 4 u. 5 Korrosionsprodukte, die aus dem Spalt des Zwischensteges herauskommen, Vergrößerung 30-fach.

Abb. 6 Flächig auf dem Steg innen aufliegende Korrosionsprodukte in 50-facher Vergrößerung.

Abb. 7 Spannungsrißkorrosion in der Stegwand innen. Vergrößerung 50-fach.

Die eigentliche Ursache, warum diese Schadstoffe, die in ähnlicher Konzentration heute immer in der Atmosphäre gegenwärtig sind, eindringen konnten, ist die handwerklich schlechte Ausführung der Versiegelung zwischen den Gläsern. Auch wenn die Schadstoffe der Atmosphäre durch die Versiegelung zwischen Glas und Rahmen eindringen, was in der Praxis nie zu vermeiden ist, muß die Versiegelung zwischen den Glasscheiben so dicht sein, daß hier niemals Schadstoffe eindringen können.
Heute dichtet man zwischen den Scheiben bei den Qualitäts-Isoliergläsern mit Thiokoldichtstoffen ab. Man kann auch eine Abdichtung so kombinieren, daß man zunächst innen mit Butylkautschuk (hot melting) versiegelt und dann die äußere Abdichtung mit einem Thiokol-Dichtstoff durchführt. Diese Art der Abdichtung oder auch die reine Thiokolabdichtung sind heute Stand der Technik und bieten absolute Sicherheit gegen das Eindringen von Schadstoffen und Wasser. Diese Massen haben auch eine ausreichende Elastizität, so daß sie nicht von den Glasrändern abreißen und Spalte bilden.
Im vorliegenden Falle war der Dichtstoff auch viel zu hart, so daß bei Schwingungen der Scheibe schon der Abriß und die Spaltbildung vorprogrammiert waren. Außerdem war die äußere Versiegelung nur hauchdünn und konnte in keiner Weise eine Dichtungsfunktion übernehmen.

Sanierung

Eine Instandsetzung ist nicht möglich, die defekten Scheiben müssen ausgewechselt werden. IBF

3

4 6 5 7

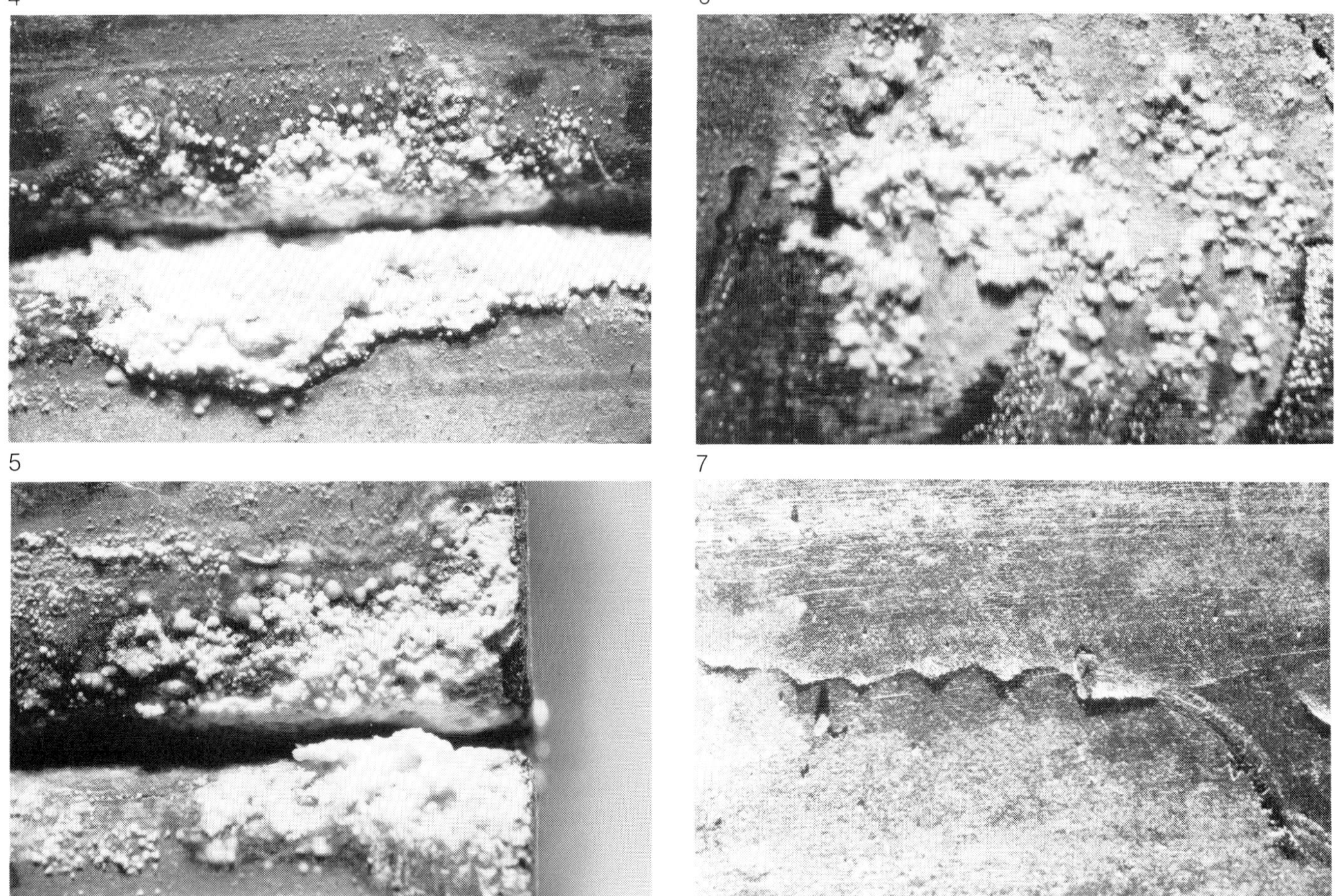

Instandsetzung von Fugen in einer Metallplattenfassade mit Hilfe von Polysulfidbändern

In vielen Fällen werden Verbindungen groß- und mittelformatiger Fassadenplatten aus Leichtmetall mit ungeeignetem, wenig beständigem Material gedichtet. Das war bei den Abdichtungen im Gebäude der Evangelischen Kirche in Berlin auch der Fall. Hier war man aufgrund der Konstruktion gezwungen, eine Sanierung, d. h. eine Abdichtung durch Überkleben der Elementfugen mit Polysulfid-(Thiokol-)Bändern durchzuführen. Es wurden hier die handelsüblichen EUROTEK-Bänder verwendet.

Schadensbild

Die vorhandene Elastomerabdichtung hatte sich in erheblichem Umfang von den Leichtmetallelementen abgesetzt. *Abb. 1* zeigt sowohl die Verformung wie auch die Randablösung der alten Abdichtung. Dieses Bild besagt mehr als alle Kommentare. Einen Überblick gibt *Abb. 2,* welche die Schäden im Detail nicht erkennen läßt, aber die Art der Anordnung der alten Abdichtung zeigt. Insbesondere die Eckverbindungen sind interessant, und diese stellen für die spätere Sanierung ein Problem dar. Die Fassade ist durch die Abrisse undicht geworden und es dringt Wasser ein.

Schadensursache

Die Schadensursachen sind einmal die geringe Wetter- und Lichtbeständigkeit des Abdichtungsmaterials, dann die geringe Haftung an der Metallfläche und die geringe Fähigkeit der Bewegungsaufnahme. Alle diese Nachteile führten zu den geschilderten Defekten.

Abb. 1 Die alte Abdichtung zwischen den Fugenelementen zeigt eine Fülle von Zerstörungen und Randabrissen.

Abb. 2 Fugenraster zwischen den Metallteilen vor der neuen Abdichtung.

Abb. 3 u. 4 Arbeiten am Gebäude der Evangelischen Kirchenverwaltung in Berlin. Im mittleren Teil der Fassade sind die Sanierungsarbeiten noch im Gange.

Abb. 5 Dieses Bild zeigt, wie die alte Abdichtung mit einem Thiokolfugenband überklebt wird.

Abb. 6 Fassadenausschnitt nach Erneuerung der Abdichtung mit dem Polysulfidfugenband.

Abb. 7 Fassadenausschnitt nach Erneuerung der Abdichtung mit dem Polysulfidfugenband.

1

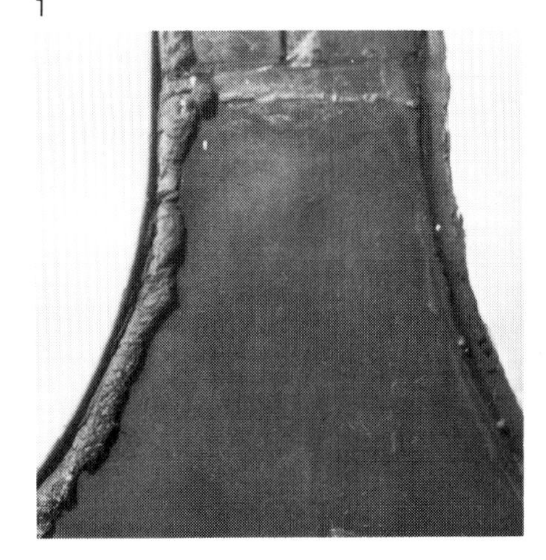

2

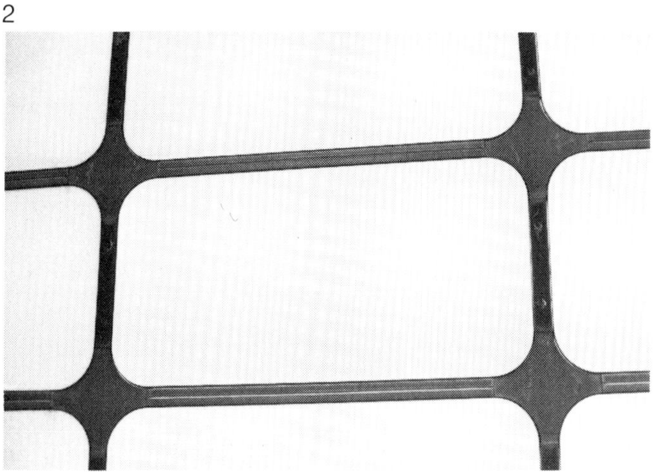

3

Sanierung

Die Instandsetzung bot insofern ein Problem, als daß man den alten Dichtstoff und auch die Eckverbindungen nicht entfernen konnte, und diese Stellen dann nicht mehr mit einem Thiokol-Dichtstoff konventionell abdichten konnte, weil damit zu große Flächen entstanden wären und eine Dreipunkthaftung zwangsläufig die Folge sein müßte. Deshalb mußte man andere Möglichkeiten suchen.
Es bot sich das Überkleben der defekten Verbindungen mit einem Polysulfidband an. Dafür allerdings war es notwendig, die Eckverbindungen aus einem elastischen und relativ festen Polysulfidmaterial vorzufertigen. Nach genauer Abnahme der Maße wurde dieses auch ausgeführt.
Zunächst zeigen die *Abbildungen 3* und *4* das Objekt in einer Teilansicht und während des Saniervorganges. *Abb. 5* zeigt eine solche Eckverbindung und eine Überklebung der alten Abdichtung, ein Teil der alten Abdichtung ist noch freigelassen. Das Eckstück ist bereits verklebt. Die *Abbildungen 6* und *7* zeigen das Fugenraster nach der Instandsetzung. Diese Art der Instandsetzung bringt den erheblichen Vorteil, daß die Fugenbänder und das Eckstück nur an den Rändern befestigt und somit in der Lage sind, wesentlich besser alle auftretenden Bewegungen aufzunehmen, als es die alte Abdichtung konnte.
Dieser Vorgang zeigt, wie man mit einiger Kenntnis über die physikalischen Voraussetzungen der Bewegungsabläufe in der Fassade zusammen mit guter Materialkenntnis und handwerklichem Geschick auch solche schwierigen Probleme sicher in den Griff bekommen kann. K. J. J.

4

6

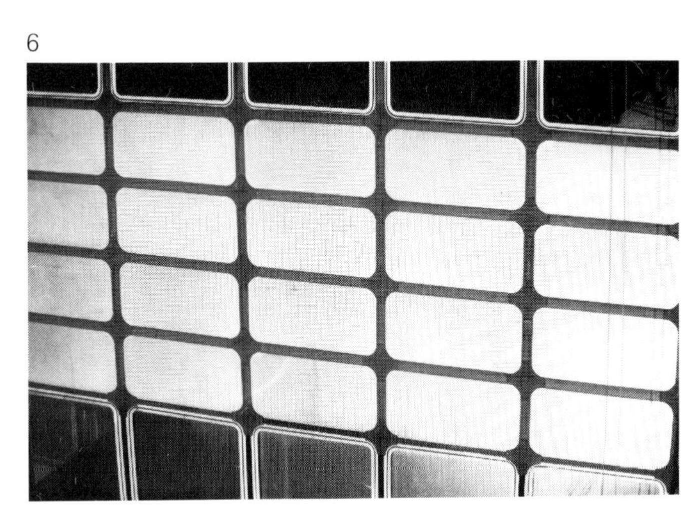

5

7

Tauwasserausfall an Balkonuntersicht bei Außenwand-Gasthermen

Wie in vielen anderen Bereichen haben Weiterentwicklungen auch im Bauwesen nicht nur Vorteile. Wenn die Einbaubedingungen, in diesem Fall von Außenwand-Gasthermen, nicht mit allen möglichen Konsequenzen durchdacht werden, können sich auch beträchtliche Nachteile einstellen.

Schadensbild

Bei einer Gruppe von Reihenhäusern waren Außenwand-Gasthermen unter dem, in ganzer Gebäudebreite 1,35 m auskragenden Balkon angeordnet worden *(Abb. 1)*. Bei kühler Witterung zeigte sich an der ganzen Balkonuntersicht starker Tauwasserausfall. Bei Frost vereiste dieses Tauwasser. Es bildeten sich große Eiszapfen und auf dem Boden vereiste Flächen, dies u. a. auch im Bereich des Hauszuganges und der Garagenzufahrt. An der Balkonunterseite kam es zugleich zu starken Rostabsprengungen *(Abb. 2)*. Der Versuch, die Balkonuntersicht mit Asbestzementplatten zu bekleiden oder wärmezudämmen, führte zu keiner Veränderung des bemängelten Zustandes.

Schadensursache

Die genauere Untersuchung aller Einflußgrößen ließ erkennen, daß der Einbau der Außenwand-Gasthermen nach den geltenden Vorschriften zulässig war. Allenfalls § 9 der Feu. VO NW (4), hätte der Bauaufsicht bei der Baugenehmigung die Möglichkeit gegeben, »weitergehende Anforderungen« zu stellen, sofern unzumutbare Belästigungen erkennbar waren.
Die hier gegebene Situation stellt zweifelsohne einen Sonderfall dar, der sich — je nach Standpunkt des Betrachters — unterschiedlich beurteilen läßt.
Mit Sicherheit läßt sich sagen, daß bei der Erdgasverbrennung in verstärktem Maße — im vorliegenden Fall 3,9 l/h — Wasser abscheidet. Durch eine nicht einwandfreie Einstellung des Brenners kann sich diese beträchtliche Wassermenge noch vergrößern.
Auch wenn nicht absehbar war, in welchem Umfang Wasserdampf an der Unterseite der Balkonkragplatte auskondensieren dürfte, so konnten und mußten der Planer und der Projektingenieur wissen, daß hier Kondensationsprobleme entstehen konnten.
Da der Tauwasserausfall in diesem Bereich zu erwarten war, war die Herbeiführung geeigneter Schutzmaßnahmen unerläßlich. Daß ein filmbildender Anstrich ungeeignet und nur eine Hydrophobierung der Anstrichsfläche empfehlenswert war, entsprach schon dem seinerzeitigen Erkenntnisstand.

Sanierung

Abgasführung
Es bieten sich hier drei Möglichkeiten an: Die Verlegung der Abgasöffnung bis in die Ebene der Balkonstirnseiten. Hierdurch ergibt sich ein starker Eingriff in die ästhetische Gestaltung der Gebäude.

oder
der Einbau eines Zu- und Abluftschachtes im Gebäudeinneren.
Dies kann neben der Belästigung während der Bauarbeiten auch nutzungstechnische und konstruktive Probleme bringen.

oder
den derzeitigen Zustand zu belassen und sich mit dem auf wenige Wochen des Jahres begrenzten unzumutbaren Zustand abfinden.
Dieser Vorschlag wurde dann auch angenommen.

Betonabplatzungen
Es ist unerläßlich, die vorhandenen Asbestzementbekleidungen zu entfernen und nach Ausführung der nachstehenden Arbeiten, die zweckmäßigerweise auch auf die Balkonstirnseiten ausgedehnt werden sollten, wieder zu montieren.

1. Die schadhaften Betonteile (beginnende Betonabplatzungen und Hohlstellen etc.) abstemmen, die freiliegenden Bewehrungseisen und den angrenzenden Beton sowie den Beton im Verschmutzungsbereich durch Sandstrahlen reinigen,

2. die gesamten betroffenen Betonflächen mit einem Heißwasser-Hochdruckgerät reinigen (dampfstrahlen),

3. die metallisch blank gestrahlte Bewehrung ist mit Rostschutz zu versehen, der angrenzende Beton mit einem Spezialmittel vorzubehandeln,

4. die Betonabsprengungen sind durch einen weich eingestellten Epoxidharzmörtel zu egalisieren,

5. der fertig sanierte Beton ist in ganzer Fläche mit einer Siloxan-Imprägnierung zu hydrophobieren und mit dem dazu passenden Siloxan-Fassadenlack zu streichen.

W. K.

1

2

Abb. 1 Abgasöffnung der Außenwand-Gastherme unter dem Balkon. Die Balkonuntersicht war im Zuge einer Nachbesserung mit Asbestzementplatten bekleidet worden.

Abb. 2 Balkonuntersicht mit z. T. akuten, z. T. nachgebesserten Betonabsprengungen.

Starke Tapeten-verschmutzungen

Eine Tapete an dem Giebel einer Außenwand verschmutzt ungewöhnlich stark. Die Verschmutzung erfolgt fleckenweise. Es handelt sich um eine Betonwand, die mit einer relativ dünnen Innenputzschicht versehen ist. Es besteht der Verdacht, daß hier keine normale Verschmutzung vorliegt und möglicherweise erheblicher Einfluß von Kondenswasser oder auch Durchfeuchtungen durch die Wand vorhanden sind, welche diese Verschmutzungen bewirken können.

Schadensbild

Es haben sich verschwommene graurötliche Flecken gebildet, in denen rötlich abgegrenzte Felder zu erkennen sind. Der Schmutz läßt sich schlecht abreiben.

Schadensursache

Entnommene Tapetenteile wurden unter dem Mikroskop untersucht. Dabei zeigte es sich, daß die Verschmutzung aus fünf verschiedenen Bestandteilen besteht:

1. Feine Fasern, wie sie besonders gut in den *Abbildungen 1 und 2* in 50-facher Vergrößerung zu erkennen sind. Diese Fasern sind meistens gebündelt, wofür keine Erklärung gefunden werden kann.

2. Einsprengung von schwarzen Rußteilchen, Rußkörnern, wie sie normalerweise in jedem Straßen- oder Zimmerstaub auftreten. Sehr gut sind diese Rußteilchen in *Abbildung 3* bei 50-facher Vergrößerung zu erkennen. Derartige Rußteilchen sollte man normalerweise leicht entfernen können, hier aber scheinen sie relativ fest eingebunden zu sein.

3. Weiße kristalline Anteile, wie sie alle vier Abbildungen zeigen, und die aus Kalk bestehen. Hier ist mit Sicherheit vom Untergrund her Kalziumhydroxyd oder Kalziumbikarbonat ausgewaschen worden, welches an der Oberfläche umkristallisierte und dann die oben genannten Verschmutzungen eingebunden hatte.

4. Rostteilchen, wie sie die *Abbildungen 2 und 3* zeigen, sind aus dem Untergrund herausgelöst worden, wahrscheinlich aus der zu schwach überdeckten Stahlbewehrung des Ortbetons. Diese Rostflecken folgen gut dem Verlauf einzelner Drähte.

5. Vereinzelt sind auch Pilzkulturen vorzufinden, gut erkennbar in *Abb. 1*. Sie haben eine grau-bräunliche Färbung, und man kann aus ihnen Pilzkulturen anlegen. Es sind wahrscheinlich bastardisierte Aspergillus-Typen. Diese Pilzsporen sind immer in der Zimmerluft gegenwärtig, und sie bilden dann Kulturen, wenn sie öfter mit Feuchtigkeit in Berührung kommen.

Sanierung

Es handelt sich hier zweifellos um Kondenswasser, denn durch die Betonwand kann kein Wasser von außen eindringen. Notwendig wird es, das Wasser nicht in die Putzschicht eindringen zu lassen. Viele Bewohner halten es allerdings für richtig, daß keine Wassertröpfchen auf der Wand stehen, doch ist dieses weitaus günstiger, als wenn das Wasser in die Wand selber eindringt.
Es wird dazu geraten, zunächst die Tapete zu desinfizieren und dann mit einem Latexanstrich zu versehen, welcher das Kondenswasser vor dem Eindringen in den Untergrund erheblich bremst. Zusätzlich wird dazu geraten, das Schlafzimmer ausreichend zu lüften. R.H.

Abb. 1 Die Verschmutzung unter der Tapete besteht aus Faserbündeln, aus feinen Rußteilchen und weißen, kristallinen, mineralischen Anteilen. Vergrößerung 50-fach.

Abb. 2 Hier ein Ausschnitt vom Tapetenrand in 50-facher Vergrößerung. Man erkennt wieder Faserbündel, von oben her einen Rostfleck und am Rand eine mineralische weiße Substanz, wahrscheinlich Kalkausblutungen.

Abb. 3 Aufliegende Verschmutzung auf der Tapete in 50-facher Vergrößerung. Man sieht deutlich die weißen Kalkkristallite, dann Rußpartikel und Rostbildung. Vereinzelt sind noch Schimmelpilzkulturen erkennbar.

1

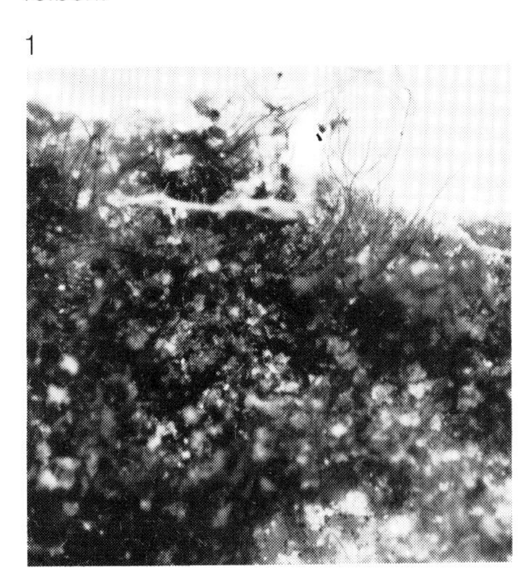

2

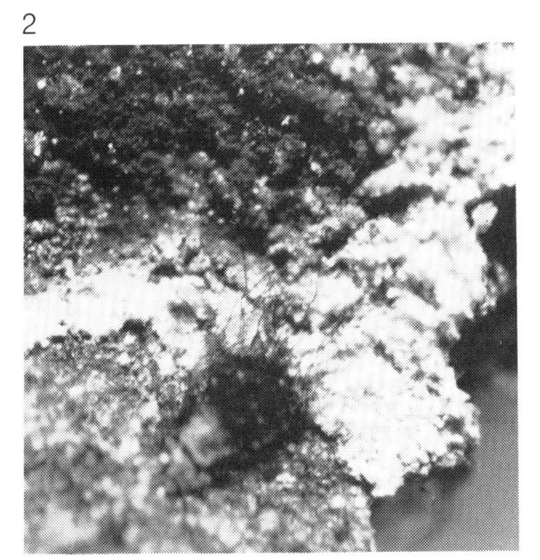

3

Unzureichender Wärme- und Lärmschutz von Rolladenkästen

Die technische Entwicklung der immer besser werdenden Dichtungen und Isolierverglasungen hat die Lärmdurchlässigkeit des Fensters wesentlich reduziert. In fast allen Fällen stellen jedoch Rolladenkasten und Rolladenkastenabdeckung eine bedeutsame Schallbrücke dar.
Die Ausführung wärmegedämmter und fugendichter Rolladenkästen wird zwar gemäß DIN 4108, Teil 2, Abschnitt 5.2 nach Maßgabe von Tabelle 1 gefordert. In vielen Fällen wird der Wärmeschutz vom Rolladenkasten zum Gebäude hin vernachlässigt.

Schadensbild

In einem an einer mittelstark befahrenen Innenstadtstraße gelegenen Altbau wurden zur Verbesserung des Lärmschutzes Kunststoff-Fenster mit Schallschutz-Isolierglas (mittleres Schalldämmaß 37 dB) eingebaut. Mit dem hier verwendeten Glas und Fenster ließ sich günstigenfalls ein Fenster der Schallschutzklasse 3 (bewertetes Schalldämmaß 35 bis 39 dB) herstellen.
Im Sturzbereich der überhohen Fenster wurden Holzrolladenkästen (Rückwand: Sperrholz, 7 mm dick; Boden: Spanplatte 16 mm dick) mit 10 mm starker Polystyrolschaumauflage und mit außenseitiger Asbest-Zement-Rolladenkastenschürze eingebaut *(Abb. 1)*.
Zwischen Rolladenkasten und Rolladenkastenabdeckung war ein in den Ecken nicht dicht schließender Schaumstoffstreifen eingelegt worden.
Es wird bemängelt, daß mit dem Einbau der Fenster und insbesondere der Kunststoff-Rolläden eine nennenswerte Verbesserung des Schallschutzes nicht eingetreten und auch der zu fordernde Mindestwärmeschutz nicht gegeben ist.
Über Zugerscheinungen am Rolladenkasten selbst und an Steckdosen etc. wird geklagt.

Schadensursache

Bei der Ermittlung der verschiedenen Schadensursachen muß u. a. berücksichtigt werden,
— daß von außen her ein nur begrenzt behinderter Schallfluß und Kaltluftzutritt in den Rolladenkasten unvermeidlich ist;
— daß die Untersuchung auch den Bauzustand der Fenster, deren Anschlußabdichtung zum Gebäude hin und der Wand mit einbeziehen muß;
— daß bei dem gegebenen Holzfachwerk eine Wärmedämmung zu den angrenzenden Holzriegeln nicht zur fordern war.

Die Untersuchung des Schadensfalles ergab,
— daß der Rolladenkasten in sich konstruktions- und ausführungsbedingt einen 10 bis 14 dB geringeren Schallschutz bringt, als das Fenster (16 mm Spanplatte = 11 kg/m², 7 mm = 5 kg/m²). Das bewertete Schalldämmaß R_W liegt hierfür zwischen 21 und 25 dB;
— daß mit der 10 mm dicken Dämmstoffauflage der Mindestwärmeschutz gemäß DIN 4108 nicht erbracht wird und der Rolladenkasten in sich und zur Wand hin nicht abgedichtete Spalten besaß;
— daß die Fenster zum Gebäude hin ungenügend, z. T. überhaupt nicht abgedichtet waren;
— daß auch die innenseitig nur beplankte und mit Gipskartonplatten bekleidete, außen verschieferte Fachwerkwand vom Eigengewicht her, wie auch durch die vorhandenen Ritzen und Fugen einen in sich unzureichenden Schallschutz aufwies;
— daß die Abdichtung zwischen Rolladenkasten und Deckel in den Ecken Fehlstellen hatten und die Spanplatten an ihren Stößen z. T. 2 bis 3 mm breite Spalten aufwiesen *(Abb. 1)*;
— das Fehlen einer hermetischen Abdichtung zwischen Rolladenkasten und Fensteranschlag und Wand. Dadurch vermochte Kaltluft bzw. Schall sich nahezu ungehindert in den angrenzenden Konstruktionen zu verteilen;
— eine unzureichende Schallabsorption im Rolladenkasten. Bei einem Fenster hatte man versucht, Mineralfaserplatten in den Rolladenkasten zu legen. Hierdurch wurde die Schallabsorption im Rolladenkasten verbessert, die Funktionsfähigkeit des Rolladens hierbei jedoch entscheidend beeinträchtigt *(Abb. 2)*.

Zusammengefaßt läßt sich sagen, daß vorgenannte Kriterien durchweg als Mängel zu werten waren und eine sinnvolle Abstimmung von Schall- und Wärmeschutz zwischen Fenster, Rolladenkasten und Wand nicht vorgenommen worden war.
Die weitergehende Forderung des Hauseigentümers, Rolladenkästen leichter Bauart müßten einen verstärkten Wärmeschutz gemäß DIN 4108 Teil 2 Tabelle 2 erhalten, mußte zurückgewie-

1

Abb. 1 Normalzustand des seitlich nicht abgedichteten Rolladenkastens.

sen werden, da nach Auffassung des zuständigen Landesministers die Anforderungen nach Tabelle 2 nur für solche nicht transparenten Ausfachungen in Betracht kommen, bei denen der Flächenanteil im Verhältnis der gesamten Wandöffnung mehr als 50% beträgt.

Dieser Fall läßt zugleich erkennen, daß die vom Hauseigentümer ohne fachtechnische Beratung an Fachfirmen in Auftrag gegebene Erneuerung der Fenster, der Einbau von Rolladenkästen und die Innenrenovierung mit Span- und Gipskartonplatten zu gravierenden Mängeln führen mußte. Zwar ist jede einzelne Fachfirma im Rahmen ihrer Beratungspflicht gehalten, den Zustand der ihn betreffenden Vorunternehmerleistungen gegebenenfalls zu bemängeln. Der Einzelhandwerker ist unabhängig von der Rechtslage aber überfordert, wenn man von ihm eine umfassende Wertung auch bauphysikalischer Zusammenhänge fordert. Durch den Einsatz eines qualifizierten und erfahrenen Architekten hätte hier allen Beteiligten Ärger und Geld erspart werden können.

Sanierung

Die Verbesserung des Wärme- und Schallschutzes des Rolladenkastens erforderte:

— die innenseitige, allseitige, lücken- und spaltenlose Auskleidung der Rolladenkastenwandungen mit mindestens 20 mm dicken Mineralfaserplatten;

— die elastische Abdichtung aller Spalten im Rolladenkasten selbst, zur Wand und zum Fenster hin;

— den Einbau von Bürstendichtungen im Bereich der Gleitlager der Rolladengurtdurchführung. Besser wäre ein elektrischer Antrieb der Rolläden;

— die raumseitige »Aufdoppelung« des Rolladenkastens im Sinne von *Abb. 3* unter Einbau eines mindestens 5 mm dicken Bleiblechs.

Unabhängig hiervon waren die schallschutztechnischen Mängel von Wand und Fensteranschluß zu beseitigen.

W. K.

2

Abb. 2 Durch die in den Rolladenkasten eingelegten Mineralfaserplatten wurde die Funktionsfähigkeit des Rolladens beeinträchtigt. Im Eckbereich (links unten) sind Spalten des Dichtungsstreifens und des Spanplattenstoßes gegeben. Durch den Rolladenkasten sind zwei ungedämmte Heizungsrohre geführt.

3

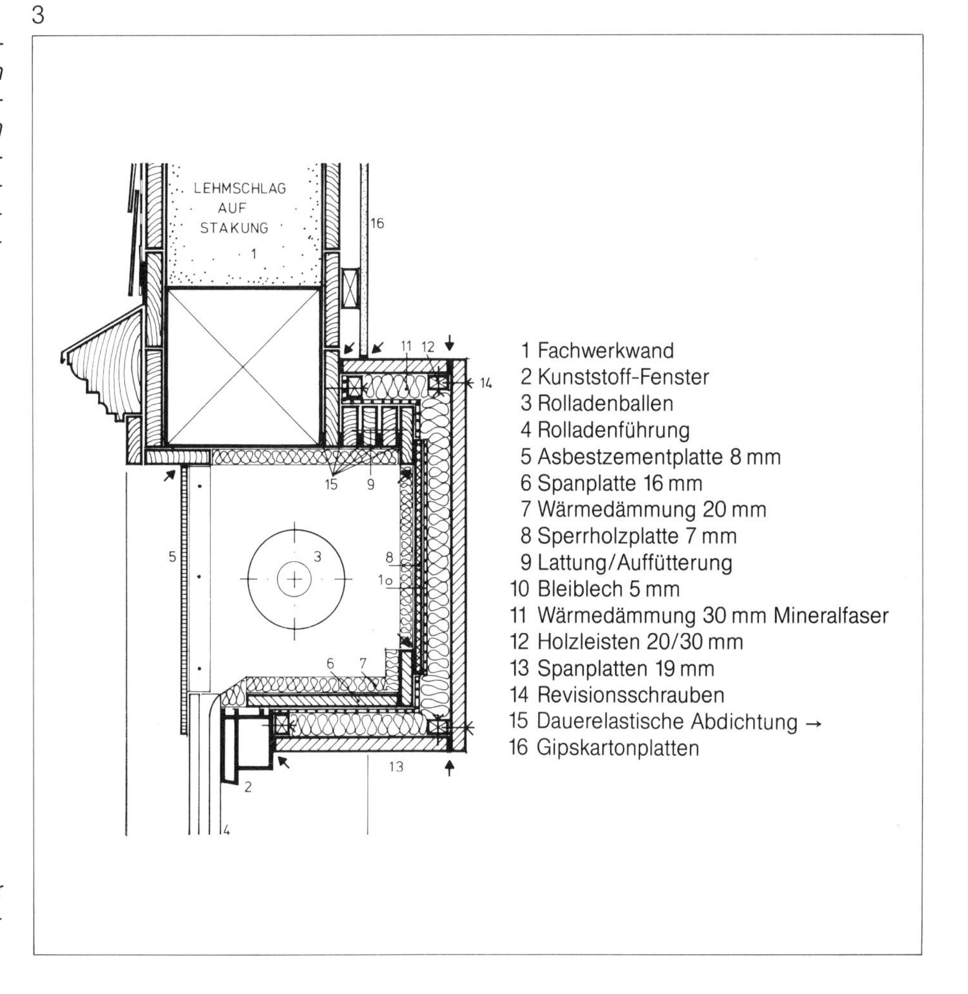

Abb. 3 Nachbesserungsvorschlag zur Herstellung eines verbesserten Wärmeschutzes.

Knarren von Holzfußböden in modernisierten Altbauten

Im Zuge der Altbaumodernisierung und Sanierung wird in fast allen Fällen versucht, den Mangel unebener und unzureichend schallgedämmter Holzbalkendecken zu verbessern. Die Herstellung ebenflächiger Unterlagen für Teppichböden erzeugt in vielen Fällen knarrende Geräusche, die von den Gebäudenutzern zu Recht bemängelt werden.

Schadensbild

In einem ca. 120 Jahre alten Massivbau mit Holzbalkendecken waren die Unebenheiten des alten Fußbodens durch passend zugeschnittene, auf die alte Dielung aufgenagelte Latten egalisiert und hierauf die 22 mm dicken, im Verband verlegten Spanplatten mit Nägeln und Schraubnägeln befestigt worden. Auf die Spanplatten wurde als Belag ein Teppichboden aufgebracht. Außerdem wurde anstelle der alten Einzelofenheizung eine Etagenheizung installiert.
Bemängelt wird eine nicht dem Stand der Technik entsprechende Ausführung, als deren Folge sich bei jedem Schritt ein Knarren hören läßt. Bei der Objektbesichtigung konnte festgestellt werden, daß die Intensität der Knarrgeräusche von Raum zu Raum und zum Teil auch innerhalb einzelner Räume schwankt. In häufig begangenen Raumteilen wurden stärkere Geräusche festgestellt als in anderen Bereichen.

Schadensursache

Die genauere Untersuchung der Fußböden ließ eine Reihe, z. T. sich überlagernder Schadensursachen erkennen:

— Anstelle der allein empfehlenswerten Kreuzschlitzschrauben mit Gewinde bis zum Schraubenkopf wurden Nägel und Schraubnägel verwendet.
Das schwindungsbedingte Reiben am Schaft wird durch die Entstehung eines »Bartes« an der Plattenunterseite (= ausgerissene Späne) verstärkt. Die Platte liegt nicht voll auf. Im Laufe der Zeit wird der Ausriß des Bartes verdichtet, das Bewegungsspiel vergrößert.

— Nach den Empfehlungen der Spanplattenhersteller soll der Befestigungsabstand im Randbereich 20 bis 30 cm, in der Plattenmitte 30 bis 40 cm, betragen. Vorhanden waren demgegenüber überall Befestigungsabstände von 45 bis 52 cm.

— Ob und wieweit die unter der neuen Konstruktion vorhandene alte Dielung bereits knarrte und ob diese Erscheinung zunächst beseitigt worden war, konnte nicht mehr festgestellt werden.

— Ein Nachschwinden der Spanplatten und Unterfütterungslatten läßt sich nicht ausschließen. Da dieser Schaden nachträglich kaum noch zu beheben ist, soll hier etwas näher auf die Zusammenhänge eingegangen werden:
Auch Holzspanplatten sind — wie jedes Massivholz — je nach Feuchtigkeitsgehalt wechselnden Quell- und Schwindbewegungen ausgesetzt. Gemäß DIN 68 763 (Unterböden aus Holzspanplatten [IX/73]) darf die Ausgangsfeuchte bei Spanplatten 9% ± 4% (d. h. optimal 13%) gemäß DIN 18 355 8 bis 12% betragen. Gemäß DIN 68 763 beträgt das Höchstmaß der Dickenquellung 16% (V 20) bzw. 12% (V 100 und V 100 G). Die Längenänderung beträgt demgegenüber nach *Harbach* 0,1 % je 3% Feuchteänderung. Hieraus ergibt sich, daß sich bei durchaus normalen Klimabedingungen (relative Luftfeuchte 30 bis 40%, 20 °C) eine Materialfeuchte von 6% einstellt. Geht man von einem zulässigen Feuchtegehalt von 13% aus, so bringt der Feuchtigkeitsverlust von 7% eine Reduzierung der Plattenlängen um 0,2%, d. h. 2 mm/m. Die hieraus sich ergebenden Veränderungen können das Knarren und Quietschen des Belages begünstigen. Auch wenn die Plattendicken relativ gering sind, so ergibt sich im Befestigungsbereich bereits ein zusätzliches Bewegungsspiel.
Bei Vollhölzern sind die Quell- und Schwindmasse bedeutend höher. Zwischen radialer, tangentialer und achsialer Schwindung bestehen bei unseren Nadelhölzern beträchtliche Unterschiede. Bei Kiefernholz z. B. verhalten sich die Schwindmasse wie 10:20:1; sie betragen (gemittelt) 0,26% je 1% Feuchteänderung, d. h. bei den 7% Änderung des o. a. Beispiels 1,28% oder bei einem 5 cm dicken Kantholz 0,91 mm.

— Die Plattenstöße liegen z. T. zwischen den Unterstützungen. Als Folge hiervon ergeben sich bei jeder Belastung verstärkte Durchbiegungen. Es war unerläßlich, jeden Plattenstoß zu unterlegen, Deckenbalken erforderlichenfalls zu verbreitern oder Wechsel zwischen den Balken einzuziehen.

— In verschiedenen Teilbereichen wurden Platten ohne Nut und Federverbindung verlegt. Dies führt zwangsläufig zum Lockern der Befestigungen oder in direkter Weise zu Eigengeräuschen.

— Die Art des Höhenausgleichs war des weiteren zu beanstanden. Eine Unterfütterung mit keilförmigen Leisten bringt insofern immer Probleme, als diese Leisten i. d. R. zu dünn sind, um im Sinne von Lagerhölzern zu selbsttragenden Bauteilen zu werden, die sich schwimmend auflagern ließen.
Die Unebenheiten des alten Dielenbodens sind zudem zu unregelmäßig, als daß sich eine vollflächige Auflagerung der Leisten durchführen ließe. Die verbleibenden Spalten gestatten ein Federn der Unterfütterungsleisten und damit ein Lockern der Befestigungsmittel. Auch die Verformungen (Durchbiegung) der Decke beim Begehen führen zum Lockern der Befestigung und damit zum Reiben des Nagelschaftes an der Spanplatte.

Sanierung

Die Verlegeempfehlungen der Spanplattenhersteller und die einschlägige Normung (DIN 68 777 »Unterböden aus Holzspanplatten«, DIN 68 763 — »Flachpreßplatten für das Bauwesen«) gestatten eine hinreichend sichere Fußbodensanierung.
Unter den gegebenen Umständen war ein *knarr*-geräuschfreier Höhenausgleich nur bei schwimmenden, im Stoßbereich verleimten Spanplatten von 19 bis 22 mm Dicke auf einer Dämmstoffschüttung (z. B. Bituperl) oder auf vollen Lagerhölzern, die auf Dämmstoffstreifen lose zu verlegen waren, möglich.
Die erste Lösung ist kostenaufwendiger. Beide Lösungen hätten eine größere Konstruktionshöhe erfordert.
Da die vorhandene Konstruktionshöhe nicht mehr nennenswert verändert werden konnte, verblieb nur die Möglichkeit, die Spanplatten einschließlich Unterfütterung und alter Dielung aufzunehmen, an die alten Deckenbalken seitlich höhenmäßig ausgerichtete Beihölzer anzulaschen und auf 20 mm dicken Filzstreifen, 22 mm dicke Spanplatten schwimmend und mit verleimten Nut- und Federstößen neu zu verlegen. W. K.

Rißbildungen in schwimmend verlegten, elektrisch leitfähigen Terrazzofußböden in Operationssälen eines Krankenhauses

Zur Vermeidung einer elekstrostatischen Aufladung von Personen, Apparaturen und Mobilar ist in Operationsräumen ein Fußboden mit einer bestimmten Leitfähigkeit zu verlegen.
Nach der Richtlinie Nr. 4, Ausgabe 4/1980 der Berufsgenossenschaft der Chemischen Industrie und nach dem Merkblatt M 639, Stand 3/1978, der Berufsgenossenschaft für Gesundheitsdienst und Wohlfahrtspflege, ist ein Fußboden fähig elektrostatische Aufladungen abzuleiten, wenn sein Widerstand 10^8 Ohm während der gesamten Gebrauchsdauer nicht übersteigt.

Die Leitfähigkeit wird durch eine geerdete Baustahlarmierung im Unterbeton und Zusätze von leitfähigem Ruß im Unterbeton und im Terrazzovorsatz erreicht.

Schadensbild

Die Operations- und Vorbereitungsräume erhielten einen Bodenbelag in folgender Schichtung:
Die mit Terrazzo belegten Flächen wechseln in ihren Einzelabmessungen — 6,00 m² bis 50,00 m². Der Terrazzovorsatz wurde durch Einlage von Trennschienen aus PVC-Hart unterteilt.
Größe der Einzelraster etwa 1,20 × 1,20 m. In den Flächen zeigen sich Risse.

a) Querrisse in Feldmitte *(Abb. 1)*
b) Risse, ausgehend von den Ecken der Bodenabläufe *(Abb. 2)*
c) Risse im Verlauf ausspringender Ecken *(Abbildungen 3* und *4)*
d) Risse, ausgehend von Türzargen *(Abb. 5)*

Im Rahmen einer ersten Nachbesserung wurden die Risse durch Ausfräsen und Verfüllen mit einem Kunstharzmörtel verschlossen *(Abb. 1)*.
Die Nachbesserung erbrachte keinen Dauererfolg.

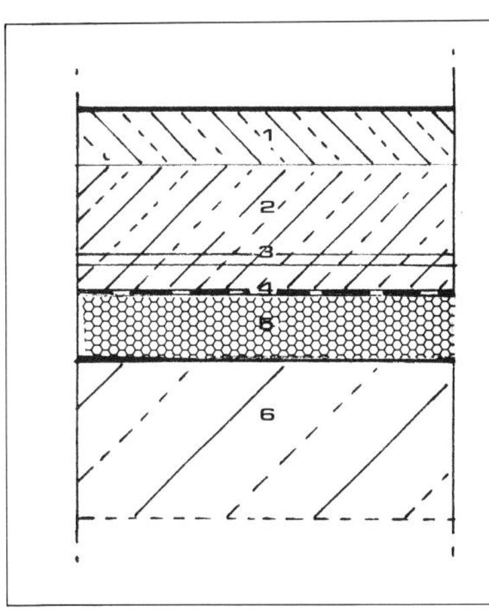

(1) Terrazzovorsatz in heller Körnung 1 bis 7 mm, mit Spezialruß als Leitbrücke zum Unterbeton, d = 20 mm.
(2) Unterbeton B 25 mit einer Zugabe von leitfähigem Ruß — 3% vom Zementtrokkengewicht —.
(3) Baustahlgewebe, geerdet.
(4) Polyäthylenfolie als Abdeckung der Trittschalldämmung.
(5) Polystyrolhartschaum d = 20 mm.
(6) Stahlbetondecke.

Abb. 1 Das Einzelfeld gebildet durch PVC-Trennschienen ist in beiden Richtungen quergerissen. Die erste Nachbesserung brachte keinen Erfolg. In den verfüllten alten Rißtrassen zeigen sich erneut Risse.

Abb. 2 Durch den kraftschlüssigen Einbau der Senke wurde der Schwindvorgang behindert. Folge: Eckenrisse.

Abb. 3 u. 4 Ausspringende Ecken im Verbund mit der Estrichplatte hergestellt, behindern den Schwindvorgang. Folge: Risse ausgehend von den Ecken.

Abb. 5 In der Terrazzofläche kraftschlüssig eingebundene Stahlzargen behindern den Schwindvorgang. Folge: Spaltrisse.

Abb. 6 Vorgeführt werden die Ufer der gebohrten Öffnung des entnommenen Bohrkernes. Die Armierung liegt wirkungslos auf der Trennfolie. Infolge Einschnürung des Querschnittes der Estrichplatte stellt sich ein Riß im Verlauf des Rundstahles ein.

1

2

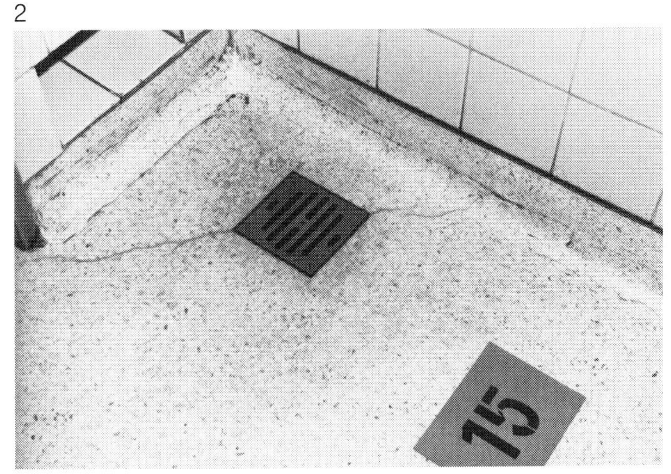

Neben den verfüllten Altrissen zeigen sich neue Risse, die folgenden Umfang hatten:
Von 136 Einzelfeldern, Größe ca. 1,10 m × 1,10 m, sind 68 Felder mehr oder weniger stark gerissen.

Verteilung der gerissenen Felder in Abhängigkeit von der Raumgröße:
Raumgröße 50 m²: 80% Einzelfelder mit Rissen.
Raumgröße 40 m²: 62% Felder mit Rissen.
Raumgröße 16 m²: 12% Felder mit Rissen.

Schadensursache

Zur Klärung der Ursache wurden sechs Bohrkerne im Rißverlauf der Einzelfelder entnommen.
Die Dicke der Vorsatzschicht des Terrazzos wechselt von 14 mm bis 19 mm, die des Unterbetons von 34 mm bis 52 mm. Die Baustahlarmierung war zum Teil in Kontakt mit der PE-Folie, also ohne wirksame Einbettung in den Unterbeton verlegt worden. Siehe dazu *Abbildungen 6* und *7*. So verlegt, bewirkt der Rundstahl eine Schwächung des Querschnittes und fördert die Rißbildung durch Kerbwirkung.
Tatsächlich zeigen sich Risse im Verlauf der fehlerhaft verlegten Armierungsstähle.
Die Flächenaufteilung durch Rand- und Flächenfugen erfolgte so, daß ein unabhängiges Schwinden der Einzelflächen in Richtung des Flächenschwerpunktes behindert wurde *(Abb. 8)*.

Ergebnis der Laboruntersuchung

Die Biegefestigkeit der Terrazzoschicht wechselt von 4,3 bis 7,6 N/mm² und die des Unterbetons von 3,6 bis 2,8 N/mm², die Druckfestigkeit des Unterbetons von 27,2 bis 42,2 N/mm².
Die Korngrößenverteilung des Zuschlagstoffes für den Unterbeton liegt oberhalb der Sieblinie C der DIN 1045. Das Gemisch ist zu sandreich und das bedeutet stärkeres Schwinden mit Rißgefahr. Die erreichten Festigkeiten sind ausreichend.
Nach DIN 18 560 Teil 1, Estriche im Bauwesen vom August 1981, handelt es sich um einen Estrich der Festigkeitsklasse ZE 20 bis ZE 30.

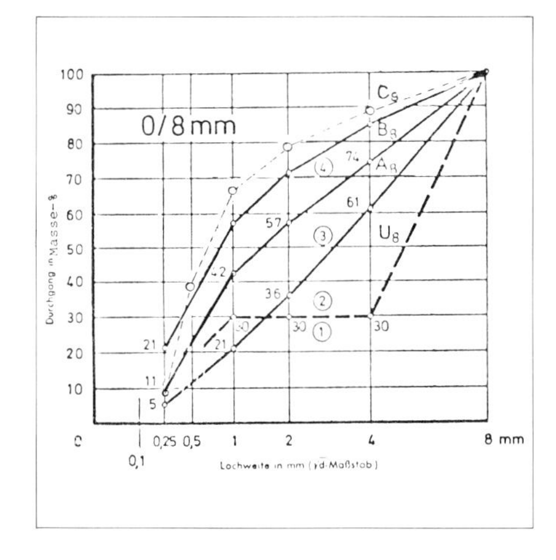

Sieblinie der Kornverteilung des Unterbetons. Die Sieblinie liegt oberhalb der Linie C, sie sollte für Estriche im günstigen Bereich zwischen A und B liegen.

Korngrößenverteilung des Zuschlaggemisches im Unterbeton

Siebweite in mm	0,25	0,5	1	2	4	8	16
Durchgang in M-%	9,6	39,4	67,2	79,6	89,1	98,9	100

3

4

5

6

Zusammenfassung

Die Risse entstanden, weil mehrere Faktoren nicht berücksichtigt wurden.

1. Der Unterbeton erhielt keine Dehnfugen. Auch für einen Terrazzobelag gelten die Grundsätze für schwimmende Zementestriche, wie sie z. B. in der DIN 4109 festgelegt wurden. »Die Fläche von Zementestrichen soll 20 m² möglichst nicht überschreiten, keinesfalls jedoch größer als 30 m². — Seitenlänge 6,00 m — Bei größeren Abmessungen und dort, wo die Breite der Estrichplatten stark springt, sind Fugen notwendig.«
2. Es wurde kein schwindarmes Material verwandt. Sandreicher Zuschlag bedeutet erhöhte Gefahr von Schwindrissen. Nach DIN 4109, Teil 4, Ziffer 5.3.1 soll der Anteil des Kornes 0 bis 3 mm 70 Gew.% nicht überschreiten. Vorhanden: 85%.
3. Die Baustahlarmierung direkt im Kontakt mit der Abdeckfolie der Dämmung verlegt, kann keine Zugspannungen aufnehmen. Sie bewirkt hingegen eine Schwächung des Querschnittes durch die kreisförmige Einkerbung. Tatsächlich zeigte sich im Rißverlauf einiger Bohrkerne eine Schwächung des Querschnittes durch die Einkerbung der nicht eingebetteten Rundstahlarmierung.

Zusammenfassend ist festzustellen, daß eine Reihe von Fehlern in der Anlage des Terrazzobodens, der Zusammensetzung des Unterbetons und der Verlegung der Baustahlarmierung zu den Rissen führten. Bei einer Häufung von Regelverstößen sind Schäden der vorstehenden Art vorprogrammiert.

Sanierung

Bei dem angetroffenen Schadensbild und nach Kenntnis der Ursachen ist eine totale Erneuerung des Terrazzobelages mit Unterbeton notwendig. Neben den Ausführungsgrundsätzen für schwimmende Estriche, wie sie z. B. in der DIN 4109 Bl. 4 »Schwimmende Estriche auf Massivdecken« nachzulesen sind, sollte ein Teil der Feldfugen des Vorsatzbetons im Unterbeton seine Fortsetzung finden, so daß sich in ihrer Bewegung unabhängige Teilflächen in einer Größe von maximal 20 m² auch im Unterbeton ergeben. Die Baustahlarmierung liegt bei der geringen Dicke des Unterbetons, der lastverteilenden Schicht von etwa 4 cm, am wirkungsvollsten in Plattenmitte. Zu beachten ist insbesondere die Nachbehandlung des Belages.

Zur Erzielung einer hohen Festigkeit des Belages ist neben der Zusammensetzung und Verarbeitung des Betongemisches die Nachbehandlung wichtig. Der Belag ist ca. 7 Tage feucht zu halten. Dies kann durch Besprühen mit Wasser oder Abdecken mit Folien geschehen.

Danach soll der Boden langsam — vor Zugluft geschützt — austrocknen. Während der feuchten Nachbehandlung kann der Terrazzobelag bearbeitet werden. H. H.

7

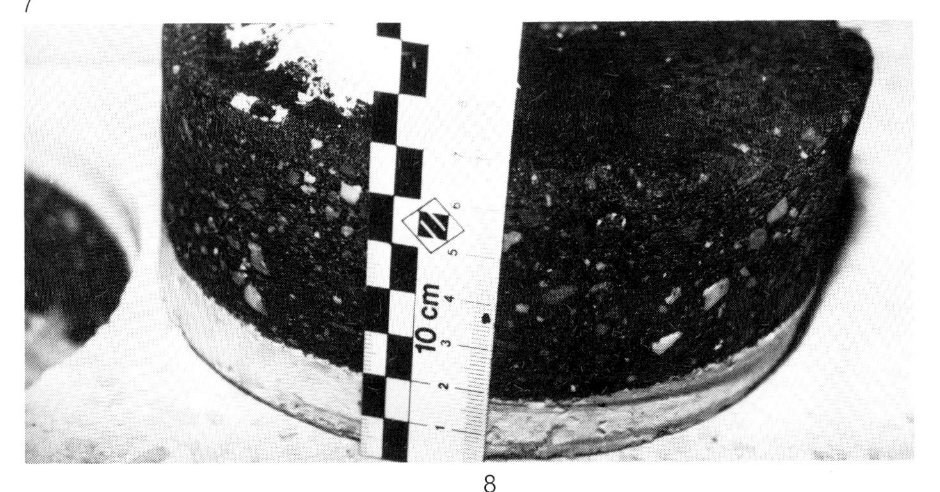

Abb. 7 In der Grenzfläche zur Folie des Bohrkernes liegt die Baustahlarmierung wirkungslos und rissefördernd.

8

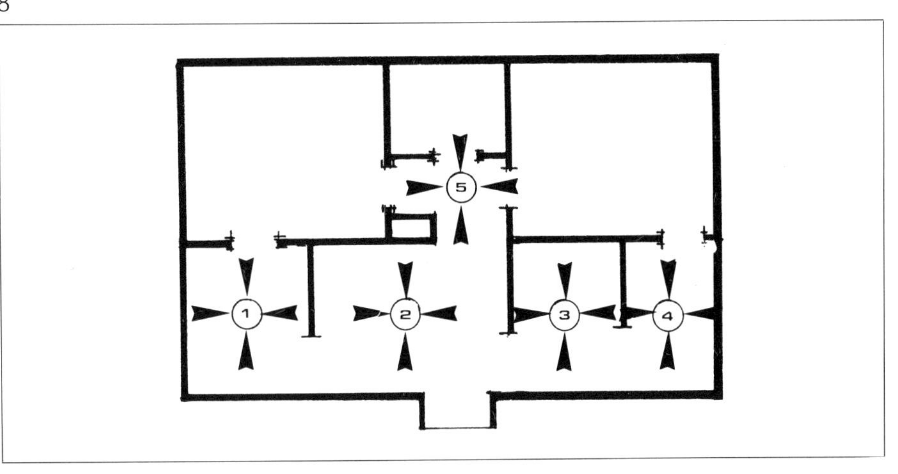

Abb. 8 Dargestellt sind im Verbund liegende Einzelflächen ohne durchgehende Schwindfugen. Die Flächen 1, 2, 3, 4 und 5 liegen in kraftschlüssiger Verbindung. Folge: Behindertes Schwinden führt zu Zugbeanspruchungen und bei Überschreitung der Zugspannung zu Rissen.

Unverhältnismäßig hohe Heizkosten bei einer Fußbodenheizung

Durch die letzte Energiekrise wurde die Suche nach alternativen Beheizungsmöglichkeiten forciert betrieben. Die Entwicklung der zugleich umweltfreundlichen aber baubiologisch nicht immer bedenkenlosen Elektrofußbodenspeicherheizung profitierte von diesen Bestrebungen. Aber nur dann, wenn die Rahmenbedingungen auch stimmen, läßt sich dieses Heizsystem wirkungsvoll einsetzen.

Schadensbild

In einem eingeschossigen, freistehenden Gartenhofhaus mit Flachdach (Trapezblechdach nicht durchlüftet, oberseitig wärmegedämmt mit abgehängter Unterdecke) waren statt der geplanten Holzfenster wärmegedämmte Aluminiumfenster eingebaut worden. Der K-Wert der Außenwand, mit 0,593 W/m^2K geplant und der Wärmebedarfsberechnung zugrunde gelegt, wurde mit 1,021 W/m^2K ausgeführt. Außerdem war ein ungedämmter, 50 cm hoher Dachrandbalken aus Stahlbeton im Bereich des Luftraumes zwischen abgehängter Decke und Trapezblechdach vorhanden. Der Einfluß dieser Wärmebrücke war bei der Wärmebedarfsberechnung nicht berücksichtigt worden. Im Wohnzimmer befand sich ein offener Kamin. Vom Architekten war ein 12 cm hoher Fußbodenaufbau mit 5 cm Wärmedämmung, bei Steinfußböden mit 7 cm, unter Teppichböden mit 6,2 cm Speicherestrich vorgesehen worden. Beheizungstechnisch besonders kritisch war das Wohnzimmer, dessen Südwand raumhoch und raumbreit verglast war. Die außerordentlich hohe Abkühlung machte sich im fensternahen Bereich besonders bemerkbar. Obwohl hier die Zusatzheizung permanent lief und in 1 m Fensterabstand eine Fußbodenoberflächentemperatur von 36 °C gemessen wurde, lag die Fußbodenoberflächentemperatur 20 cm vom Fenster nur bei 12 °C.
Fast alle Schränke und Betten hatten geschlossene Sockel. In einem Kinderzimmer lag eine Matratze am Fußboden. Bemängelt wurden

— die hohen Heizkosten,

— die in verschiedenen Räumen vorhandene Schimmelbildung im deckennahen Wandbereich, verstärkt in den Raumecken,

— der relativ starke Tauwasserausfall an den Alu-Profilen und im unteren Bereich der Isolierglasscheiben sowie Tapetenablösungen und Schimmelbildungen im Fensterleibungsbereich,

— die. z. T. ungenügende Raumlufttemperatur.

Schadensursache

Im vorliegenden Fall überlagern sich verschiedene Mängel:
Der geringere Wärmeschutz der Fenster und Außenwände bedingt, daß bei niedrigen Außentemperaturen die im fensternahen Bereich des Fußbodens installierte Zusatzheizung permanent, d. h. während 14 Stunden/Tag auch mit Tagesstrom betrieben werden müßte, um den effektiven Energiebedarf zu decken. Dies ergibt sich u. a. auch daraus, daß in den meisten Räumen der von der HEA empfohlene spezifische Raumwärmebedarf als Anteil am spezifischen Gebäudewärmeverlust 87 W/m^2 Grundfläche des einzelnen Raumes nicht übersteigen sollte, der effektive spezifische Wärmebedarf aber 104 bis 171 W/m^2 betrug. Dies heißt, daß die Speicherkapazität des Heizestrichs unter Einhaltung einer maximalen Oberflächentemperatur von 29 °C nicht ausreicht, um tagsüber ein behagliches Raumklima zu gewährleisten. Die überschlägige Ermittlung der zusätzlichen Energiekosten, wie sie allein auf den unzureichenden Wärmeschutz der Wände und der Betondachrandbalken zurückzuführen waren, ergab einen Betrag von 744,— DM/Jahr.

1

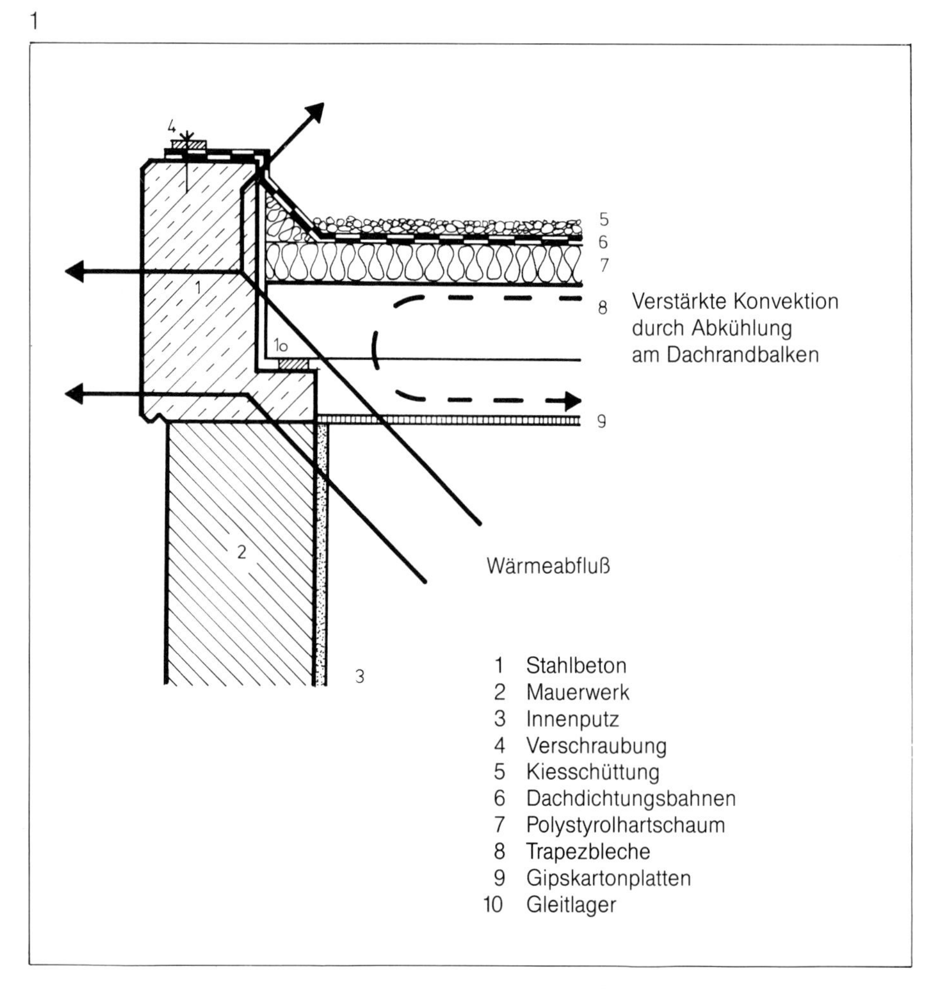

Abb. 1 Zustand der Wärmebrücken im Dachrandbereich.

Die Mängel der Fußbodenheizung bewirkten, daß nicht ausreichend gelüftet und damit die Nutzungsfeuchte in verschiedenen Räumen nur unzureichend abgeführt wurde. Als weitere Folge hiervon ergab sich eine Verstärkung des Tauwasserausfalles an den geometrischen und konstruktiven Wärmebrükken und Tapetenablösungen bzw. Schimmelbildungen. Durch die aufstehenden Möbel wurde in den kritischen Eckbereichen jegliche Wärmestrahlung vom Fußboden zur Decke unterbunden und damit die Oberflächentemperaturen der kritischen Wand-/Deckenanschlüsse weiter reduziert. Im Wohnzimmer brachte der nicht hermetisch abdichtbare offene Kamin zusätzliche Wärmeverluste.

Die Schimmelbildung wurde durch die konstruktive Wärmebrücke über dem Dachrandbalken *(Abb. 1)* verstärkt. Dem Planer sind hier verschiedene Fehler unterlaufen. Er hat angenommen, daß sich die Wärmeleitung nur geradlinig orthogonal durch die Bauteile vollzieht. In Wirklichkeit wird die Wärmeenergie auf dem Wege der schnellsten Wärmeableitung, d. h. auch vom Mauerwerk über den Betonbalken, nach außen geführt.

Ein weiterer Fehler besteht in der Konzeption der abgehängten Decke. Als Folge hiervon muß es an der Unterseite der Stahltrapezbleche — unter Annahme der üblichen Klimadaten — zum Tauwasserausfall kommen. Der Luftzwischenraum mußte mit der Raumluft oder der Außenluft in Verbindung stehen. Unabhängig hiervon brachte der ungedämmte Stahlbetonbalken eine verstärkte Luftzirkulation in dem in sich geschlossenen Dachzwischenraum und damit auch eine verstärkte Abkühlung der mit Gipskartonplatten bekleideten Deckenflächen.

Die z. T. trotz erhöhter Heizkosten ungenügenden Raumlufttemperaturen lassen sich aber auch auf — bis heute noch nicht allgemein definierte — Mängel der Raumeinrichtung zurückführen. Durch aufliegende oder mit massiven Sockeln aufstehende Möbel, insbesondere im Außenwandbereich, wird ein wesentlicher Teil der Stahlungsenergie, der eigentlich der Raumwärmung dienen sollte, für diese ganz oder teilweise unwirksam. Durch eine über der Zusatzheizung liegende Matratze bildete sich — wie in einem anderen Fall festgestellt werden konnte — ein so starker Wärmestau, daß sich hier eine Versengung des Teppichbodens ergab.

Der unverhältnismäßig starke Tauwasserausfall an den Fenstern ist auf die im Vergleich zu Holzfenstern relativ höhere Wärmeleitung der Alu-Profile und auf die bei Fußbodenheizungen nahezu vollständig fehlende Luftkonvektion zurückzuführen. Dieses Tauwasser wird von den angrenzenden Tapeten, dem Putz etc. aufgesaugt.

Der bei Radiatoren vom Fensterbrüstungsbereich ausgehende Wärmeluftstrom vermag zwar nicht die Wärmedämmwirkung der Profile zu verbessern. Die inneren Oberflächentemperaturen der Alu-Profile werden hierdurch jedoch zu Lasten höherer Energieverluste angehoben und ausfallendes Tauwasser immer wieder abgetrocknet. Bei tief in den Leibungen sitzenden Fenstern vermag die geringe Konvektion erst den oberen Bereich der Fenster zu berühren und das dort vorhandene Tauwasser abzutrocknen.

Es ist ein weit verbreiteter Irrtum zu glauben, daß an wärmegedämmten Alu-Profilen kein Tauwasser ausfällt. Untersuchungen des Fensterinstituts Rosenheim haben gezeigt, daß auch hier bei durchaus normalen Klimabedingungen Tauwasser ausfallen muß. Eine Untersuchung der Fraunhofer Gesellschaft hat zudem aufgezeigt, daß der K-Wert der untersuchten wärmegedämmten Alu-Profile zwischen 2,3 und 4,4 W/m^2K liegen kann und eine Begrenzung des erwünschten K-Wertes in der Ausschreibung unerläßlich ist, will man einen bestimmten Wärmeschutz erreichen. Im vorliegenden Fall lag der K-Wert der Profile bei 3,4 W/m^2K.

Zusammengefaßt läßt sich feststellen, daß die Gesamtkonzeption des Gebäudes wegen der großen Fensterflächen und der optimal großen Gebäudeaußenflächen für eine elektrische Fußbodenheizung denkbar ungeeignet ist und ein erheblich besserer Wärmeschutz, als es die Wärmeschutzverordnung vorschreibt, nötig wird, um ein behagliches Raumklima mit zumutbarem Kostenaufwand zu erhalten.

Zum anderen ist es unerläßlich, daß den Wohnungsnutzern Empfehlungen über die Art der zu verwendenden Möbel gegeben werden.

Sanierung

Es wurde unerläßlich,

— den Wärmeschutz der Außenwandflächen und des Betondachrandbalkens allseitig durch eine außen aufgebrachte, mindestens 40 mm dicke Wärmedämmung (Dämmputz oder Schieferbekleidung mit zusätzlicher Wärmedämmung) wesentlich zu verbessern.

— die untergehängte Decke mit 5 bis 10 cm breiten Luftschlitzen von den angrenzenden Wänden — die bis an die obere Dachschale herangeführt werden müssen — zu trennen.

— den Leibungsputz entlang den Alufenstern ca. 1 cm breit zu entfernen und den Zwischenraum mit schimmelpilzfeindlichem Dichtstoff zu schließen, den Tapetenanschluß nicht bis auf das Alu-Profil zu kleben, sondern mit Hartholzleisten zu überdecken,

— verschimmelte Flächenbereiche mechanisch und chemisch (durch schimmelpilztötende Mittel) zu behandeln und nicht schimmelpilzfreundliche Tapeten, Farben und Kleber zu verwenden,

— die Gebäudenutzer anzuweisen, daß nur Möbel zu verwenden sind, die auf Füßen stehen und in Außenecken überhaupt keine, die Wärmestrahlung behindernde Möbel stehen sollten,

— die unerläßliche Herstellung eines Konvektorgrabens vor der Wohnzimmer-Fensterwand war konstruktiv nicht mehr realisierbar. W. K.

Innenwandabdichtungen im Keller

Schadensbild

Durch die Kelleraußenwände tritt Feuchtigkeit in die Räume ein. Im Bereich der Innentrennwände zieht die Feuchtigkeit durch diese bis in das Kellerinnere, wo die Schäden an Türzargen und im unteren Bereich der Wände sichtbar werden *(Abb. 1)*. Es ist eindeutig zu erkennen, daß die Feuchtigkeit nicht durch die Bodenplatte von unten eindringt, da derartige Schäden im gesamten Kellerbodenbereich nicht vorzufinden sind. Zudem nimmt die Feuchtigkeitshöhe, von der Außenwand ausgehend, im Bereich der Innenwand in der Höhe ab.

Schadensursache

Das Innenmauerwerk wurde beim Bau mit dem Außenmauerwerk verzahnt. Der Baustoff ist Kalksandstein. Innen- als auch Außenwand wurden von innen verputzt.

Die Feuchtigkeit der undichten Außenwand kann somit noch ungehinderter in die Innenwand eindringen als in die Kellerinnenräume. Da der Innenputz an den Türzargen unterbrochen ist, tritt vornehmlich in diesem Bereich die Feuchtigkeit aus.

Sanierung

Denkbar wäre es, die Innenwände wie die Außenwände von innen mit einer Flächenabdichtung zu behandeln. Erhebliche Aufwendungen für die Flächenabdichtung der gesamten Innenwände wären notwendig. Außerdem müßten die Türzargen entfernt werden, um hinter diesen die Abdichtung durchzuführen. Das gleiche gilt für vorhandene Regale, für Ver- und Entsorgungsleitungen usw.

Eine einfache und sehr preiswerte Lösung wurde gefunden:

Die Innenwände werden von den Außenwänden durch Herausstemmen der Steine im Bereich der Außenwände getrennt, so daß eine durchgehende Außenwandabdichtung möglich wird *(Abbildungen 2 und 3)*. Um auch den Bereich von mindestens 50 cm der abzudichtenden Bodenplatte zu erreichen, werden dort in dieser Breite die Steine entfernt.

Nach der Abdichtung, vor dem Verputzen und vor dem Einbringen des Estriches, wird durch Vermauerung die Innenwand wieder an die Außenwand angeschlossen *(Abb. 4)*. Ohne weiteren Aufwand ist neben der abgedichteten Außenwand auch die Innenwand trocken.

I. K.

1

2

3

4

Abb. 1 Feuchtigkeit im Bereich einer Außen- und einer Innenwand.

Abb. 2 Trennung der Innen- von der Außenwand.

Abb. 3 Trennung einer Innenwand von einer Treppe und einer Außenwand.

Abb. 4 Wiederherstellung der Verbindung zwischen Innen- und Außenwand.

Feststellung des Alters von Kelleraußenwand-Durchfeuchtungen

Schadensbild

Ein Haus ist vor 11 Jahren erbaut worden. Es wurde vor drei Jahren verkauft. In den Kellerräumen zeigten sich über einen neu aufgebrachten Anstrich auf den Kellerinnenwandflächen auf den Außenwänden innen einige dunkle Kränze. Es wurde dem Käufer versichert, daß es sich hier um alte, jetzt völlig trockene Ausblühungen handle.
Nach wenigen Monaten traten dann zunehmend starke Durchfeuchtungen an den Innenflächen der Kelleraußenwände auf, bis Wasser aus der Wand trat. Der Schaden betraf dann den Hauptkellerraum, die Waschküche und den Heizungskeller.
Jetzt stellte sich die Frage, ob der Käufer zum Zeitpunkt der Kaufbesichtigung diese Schäden hätte erkennen können, ob diese vom Verkäufer nur durch den provisorischen Neuanstrich verdeckt waren. Das bedeutet, daß ein Sachverständiger festzustellen hat, wie alt diese Durchfeuchtungen bzw. die erkennbaren Spuren der Durchfeuchtungen sind. Nur so kann entschieden werden, ob der Käufer getäuscht wurde.

Schadensursache

Der vom Gericht bestellte Sachverständige entnahm Proben des Putzes an der Innenseite der Kelleraußenwände, und zwar in den verschiedenen Kellerräumen. Zum Teil waren diese Innenwandflächen der Kelleraußenwände mit dem Anstrich versehen, teilweise lagen sie frei.
Diese Putzoberflächen zeigten im Bereich der Feuchtigkeitsgrenze, und dort wurden sie entnommen, Aussinterungen als Folge einer Wasserbelastung. Diese Aussinterungen mußten im Auflicht unter dem Mikroskop untersucht werden. *Abb. 1* zeigt in 60-facher Vergrößerung eine solche Aussinterung der stark wasserbelasteten Kelleraußenwand im Hauptraum. Man erkennt hier kristallisierte Aussinterungen, durchzogen von gelbbraunen Verfärbungen, die aus dem Material der Außenwand stammen.
Abb. 2 zeigt ebenfalls in 60-facher Vergrößerung Aussinterungen von der Kellerinnenwand der Waschküche. Hier lag keine Anstrichschicht auf und so konnten sich die Kristallite besser ausbilden. Allerdings war hier die Wasserbelastung von außen zwar vorhanden, doch deutlich geringer.
Bei der Präparation der Probe aus dem Heizungskeller zerbrachen einige der Aussinterungen auf der Putzfläche und diese sind in *Abb. 3* zu sehen. Man erkennt, daß es sich bereits zum Teil um Kristallite handelt. Damit ist der Befund bei allen drei Kellerräumen nahezu kongruent, überall sind ältere, schon in der Kristallisation begriffene Ausblutungen von Kalk aus der Kelleraußenwand festzustellen.
Die Umkristallisation erfordert Zeit. Das ausblutende $Ca(OH)_2$ verdichtet sich zunächst zu $Ca(HCO_3)_2$ und zu $CaCO_3$. Durch neuen Wasseranfall löst sich ein Teil des $CaCO_3$ wieder zu $Ca(HCO_3)_2$ und dieses verdichtet sich wieder unter Wasserverlust bei zeitweiser Abtrocknung zu $CaCO_3$. Dieser Umkristallisationsprozeß, der schließlich zu richtigen Kristalliten führt, braucht Zeit.
Der vorliegende Befund läßt bei allen Proben erkennen, daß hier die Umkristallisation schon längere Zeit abgelaufen ist. Der Kristall- bzw. Kristallitzustand entspricht einem Kristallisationsprozeß, der sicher länger als fünf Jahre ist. Mit großer Wahrscheinlichkeit hat die Durchfeuchtung als Folge mangelhafter Isolierung der Kelleraußenwände schon von Beginn an bestanden.
Mit Sicherheit kann man sagen, daß Ursachen und Ausblutungen zum Zeitpunkt des Kaufes vorhanden waren, jedoch durch einen neuen Anstrich weitgehend verdeckt wurden.

Sanierung

Vernünftigerweise muß man von außen dichten, was eine Aufgrabung und Freilegung der Kelleraußenwandflächen voraussetzt. Dann sollte man diese reinigen, überprüfen ob am unteren Anschluß eine abgedichtete Hohlkehle vorhanden ist, die Wand dann zunächst mit Dichtungsschlämme ausgleichen und darauf eine Bitumen-Kautschukdichtungsschicht aufbringen. IBF

Abb. 1 Kristallisierte Kalksinterschicht auf der Innenfläche einer stark wasserbelasteten Kelleraußenwand in 60-facher Vergrößerung.

Abb. 2 In der Kristallisation begriffene Kalksinterschicht auf der Innenfläche einer weniger wasserbelasteten Kelleraußenwand (Waschküche) in 60-facher Vergrößerung.

Abb. 3 Kristallite, die bei der Präparation der Putzproben von der Innenseite der Kelleraußenwand abgebrochen sind. Man erkennt neben noch amorphen Teilen, die schon eingesetzte Umkristallisation (Vergrößerung 100-fach).

1

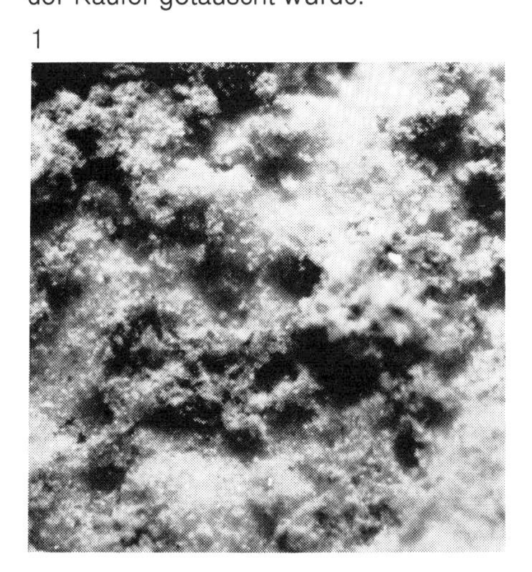

2

3

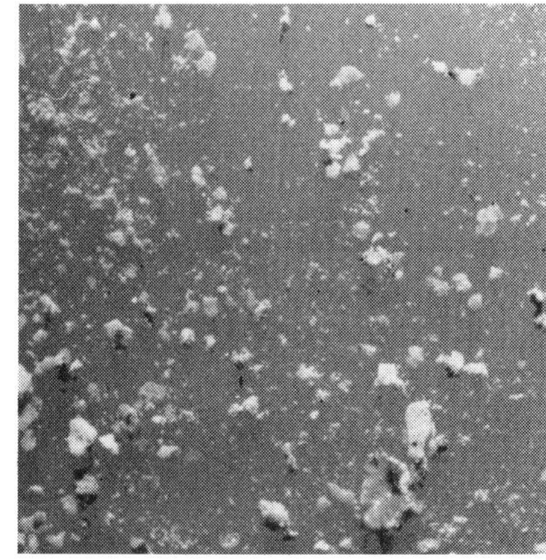

Keller-Innenabdichtung

Stellvertretend für das generelle Problem undichter Keller steht dieser Bericht einer Innenabdichtung.

Schadensbild

In das Untergeschoß des teilunterkellerten Wohnhauses tritt in Zeiten erhöhten Grundwasserstandes, insbesondere im Herbst und im Frühjahr, Wasser ein. Die Durchfeuchtungen sind flächig an den Wänden bis zu einer Höhe von 1,50 m zu erkennen *(Abb. 1)*. Die Stahlbetonbodenplatte ist wasserundurchlässig. Das Wasser aus den Wänden bildet Pfützen auf dem Estrich. Das Mauerwerk ist mit einem Putz (MG III) versehen, der neben den Durchfeuchtungserscheinungen auch weiße Ausblühungen zeigt. Diese Ausblühungen verstärken sich Wochen nach den stärksten Wassereintritten. Sie liegen dann auf der Wand wie mehrere Zentimeter starke Watte.

1

Schadensursache

Das Wohnhaus wurde um das Jahr 1960 gebaut. Die Kellerbodenplatte ist aus Stahlbeton, die Umfassungswände bestehen aus zwei Lagen Kalksandstein, mit äußerem Putz und einem Bitumenschutzanstrich versehen.
Bereits beim Bau wurde der Schaden, der bereits in kleinem Ausmaß fünf Jahre nach Bezug auftrat und sich im Laufe der Zeit verstärkte, vorprogrammiert:
Die unter der Bezeichnung »Bitumenschutzanstriche« angebotenen Materialien sollen das im Erdreich stehende Bauwerk von außen vor dem Eindringen von Wasser und schädlichen Bodenbestandteilen schützen. Sie bilden nach der Verarbeitung eine tiefschwarze, glänzende Haut, die über alle Zweifel an der Wasserdichtigkeit erhaben zu sein scheint. Meist wird dann auch nur ein einziger Anstrich mit einem Materialverbrauch von maximal 500 g pro Quadratmeter aufgebracht, obwohl die Herstellervorschriften einen Voranstrich und mindestens zwei weitere Anstriche verlangen.
Die Wirklichkeit sieht dann anders aus, als vermutet werden könnte:
Selbst bei fachgerechter und nach den Herstellervorschriften durchgeführter Verarbeitung können diese Bitumenschutzanstriche keine dauernde Schutzwirkung erbringen, da die Bitumenmasse bereits nach wenigen Jahren Verfallserscheinungen zeigt, die von den Angriffen der Bodenbestandteile herrühren. Sicher ist in den ersten Monaten oder Jahren ein vorzüglicher Schutz gegen äußere Einwirkungen gegeben — bis die Verfallserscheinungen beginnen!
Ein weiterer Nachteil dieser dünnen Beschichtungen muß in diesem Zusammenhang erwähnt werden. Die Bitumenanstriche sind nicht in der Lage, Rissebildungen des Untergrundes aufzufangen, und seien es noch so geringe Haarrisse.
Der Baupraktiker muß also wissen, daß Bitumenschutzanstriche keine dauerhafte Abdichtung darstellen und nicht einmal einen Schutz gegen Erdfeuchtigkeit bieten.

Abb. 1 Typisches Schadensbild einer undichten Kellerwand.

Äußerst geringe Durchfeuchtungserscheinungen sind dann nach wenigen Jahren zu erkennen, die sich fortschreitend mit der Zerstörung des Bitumenanstriches vergrößern.
Neben den Durchfeuchtungen mit Wasser treten insbesondere nach der jeweiligen Sättigung des Mauerwerkes mit Feuchtigkeit und bei Erhöhung der Innentemperatur Salzausblühungen auf. Dieses können Calziumnitrate, Calziumsulfate, Natriumsulfate u. a. sein. Es kann sich um Eigensalze des Mauerwerkes oder um Salze aus dem Erdreich handeln.
Das zweischalige Kalksandsteinmauerwerk, die dazwischenliegende Sperrmörtelfüllung und der Innenputz können dem eindringenden Wasser natürlich keinen großen Widerstand entgegensetzen.

Sanierung

Folgende Schadensbehebungen sind notwendig:

1. Sperrung der Salzaustritte
2. Abdichtung gegen eindringende Feuchtigkeit
3. Herstellung eines neuen Verputzes, da der alte Innenputz stark in Mitleidenschaft gezogen wurde.

Grundsätzliche Überlegungen

Eine Abdichtung des Mauerwerks von außen wäre theoretisch sicherlich die beste Lösung, denn man könnte damit die Zufuhr von Feuchtigkeit und Salzen von außen in das Mauerwerk verhindern und somit eine Austrocknung erreichen. Leider ist diese Möglichkeit in 95% aller Fälle nicht gegeben, da entweder nur Teilunterkellerungen vorhanden sind, Überbauten bestehen oder sogar die Feuchtigkeit von unten durch die Stahlbetonbodenplatte eindringt. In all diesen Fällen ist ein Zugang von außen nicht möglich. In anderen Fällen sollen vorhandene Gartenanlagen nicht vernichtet werden, so daß auch dort nur die Innenabdichtung in Frage kommt.
Bei der nachträglichen Abdichtung von innen wird natürlich eine Entfeuchtung des Mauerwerkes nicht erreicht, wohl aber wird der ständige Durchfluß gestoppt. Dieser Wasserdurchfluß bewirkt den Transport der Salze und anderer im Boden vorhandener baustoffaggressiver Bestandteile und löst zudem Bindemittel und sonstige wesentliche Bestandteile der Baustoffe, die letztendlich zu einer Ausmürbung und einer Zerstörung führen können. Dem ist nicht so bei stehendem Wasser. Dieses transportiert nur noch in geringem Umfange die Salze und trägt zu einer Ausmürbung der Baustoffe nicht mehr bei. Eine Beschädigung der Baustoffe durch stehendes Wasser kann also nicht nachgewiesen werden.
Versuche mit Beton und Kalksandsteinen haben gezeigt, daß beide Baustoffe trotz langer Lagerung (5 Jahre) in stehendem Wasser keinen Festigkeitsabfall zeigten. Auch bei Gebäuden zeigt sich ähnliches. Selbst nach jahrzehntelanger Wasserlagerung entsteht keine Auslaugung der Stoffe. Zur Vermeidung von Mißverständnissen muß in diesem Zusammenhang allerdings eindeutig gesagt werden, daß Gasbetonsteine nicht für längere Zeit im Grundwasser stehen dürfen. Eine Innenabdichtung dieses Baustoffes ist also undenkbar.

Laboruntersuchung

Der erfahrene Abdichtungsfachmann kann zumeist an Ort und Stelle entscheiden, ob es sich bei den Ausblühungen um Sulfate oder Nitrate (Salpeter) handelt. Es besteht der entscheidende Unterschied darin, daß Sulfate chemisch in schwerlösbare Teile umgewandelt werden können, einige Nitrate jedoch nicht. Hierdurch ergeben sich auch Unterschiede in der Behandlung. Während man die Nitrate nur sperren kann, so daß sie keine Auswirkungen auf die Abdichtungsschicht zeigen, kann man die Sulfate bis in das Mauerwerk hinein unschädlich machen.
Die Hersteller der »Salzbekämpfungsmittel« und auch die freien Laboratorien haben die Möglichkeit, Analysen zur Ermittlung der Schadstoffe vorzunehmen.

Ausführung

Anhand der Ausschreibung, die auf Vorschlag des Sachverständigen erstellt wurde, soll die Sanierungsdurchführung in knapper Form beschrieben werden. Positionen, die für diesen Bericht nicht maßgebliche Einzelheiten beschreiben, wurden weggelassen:

1. Abschlagen und Entfernen des vorhandenen Innenputzes sowie gründliche Reinigung des Kalksandsteinmauerwerkes und Entfernung aller losen Teile, besonders im Fugenbereich.

2. Abstemmen und Entfernen des Verbundestriches in einer Breite von mindestens 50 cm von den Wänden sowie gründliche Reinigung der Stahlbetonsohle.

3. Ein Fluat in zwei Arbeitsgängen satt aufstreichen (zur Umwandlung der im Mauerwerk und im Beton vorhandenen schädlichen Salze in schwerlösbare Bestandteile).

4. Flächenabdichtung mit dem Quick-Verfahren. Nach gründlichem Vornässen sind die Wand- und Bodenflächen mit Quick-1-Schlämme (unter Wasserzusatz aufgerührt) zu streichen. Sofort anschließend ist das schnellabbindende Quick-2-Pulver trocken in die soeben aufgestrichene Schlämme einzureiben, damit eine Abbindung dieser Schicht erfolgt und Wasserdurchsickerungen gestoppt werden. Darauf ist das Tiefenverkieselungsmaterial Quick-3-Flüssig zu streichen, das eine Härtung der vorherigen Schicht bewirkt sowie eine Verkieselung des anstehenden Wassers in den Poren des Gefüges. Abschließend ist in ein oder zwei Arbeitsgängen wiederum Quick-1-Schlämme aufzustreichen.

5. Nach einer Trocknungszeit von ein bis zwei Tagen ist ein Spritzbewurf (MG III unter Zusatz einer Kunstharz-Haftemulsion) aufzubringen.

6. Verputzen der Wandflächen mit Zementmörtel (MG III) unter Beigabe eines zellenbildenden Putzzusatzmittels.

7. Einbringen des Estrichs im Bodenbereich.

Mit der Durchführung dieser Maßnahmen wird ein trockener und wieder nutzbarer Kellerraum gewonnen. Schäden werden unter normalen Verhältnissen während der Lebensdauer des Bauwerkes nicht mehr auftreten, es sei denn durch mechanische Beschädigung.
Zu diesen mechanischen Beschädigungen kommt es meist viele Jahre nach der Abdichtung, wenn diese schon so gut wie vergessen ist. Zum Befestigen von Regalen, Holzpaneelen, Bildern usw. werden achtlos Nägel und Haken durch den Putz und die Abdichtung in das Mauerwerk getrieben. Der Effekt ist dann das plötzlich eintretende Grundwasser an diesen Stellen.
Wertvoll ist es zu wissen, daß die auf diese vorgenannte Art erbrachten Abdichtungen rein auf mineralischer Basis aufgebaut sind und somit mit dem Baukörper verwachsen. Außerdem sind sie leicht reparaturfähig, falls es zu mechanischer Beschädigung oder z. B. zu einer späteren Rißbildung im Bauwerk kommt. J. K.

Privathaus-schwimmbecken. Leckstellen im wasserundurch-lässigen Beton und geborstener Keramikbelag

Die Herstellung von wasserdichten Schwimmbecken und insbesondere die Klärung der Schadensursachen stellt die Fachleute immer wieder vor neue Fragen. Kleine Nachlässigkeiten können eine Reihe von Folgeschäden auslösen. Über einen nicht alltäglichen Fall soll berichtet werden.

Schadensbild

Von drei Seiten zugänglich wurde auf einer Stahlbetonplatte des vertieften Kellerteiles in einem Privathaus ein Schwimmbecken aus wasserundurchlässigem Stahlbeton erstellt *(Abb. 1)*.
Wand und Boden erhielten einen Keramikbelag. Zwischen der Kellersohlplatte und dem Boden des Beckens wurde eine 5 cm dicke Hartschaumplatte angebracht. Nach Inbetriebnahme des Beckens sickerte aus der Aufstandsfuge der Hartschaumschicht ständig Wasser in Bereiche des Beckenumganges.
Als erste Abhilfe wurde eine Hebepumpe installiert *(Abb. 2)*. Folgende Fragen waren Gegenstand eines Prozesses in zwei Instanzen:

1. Kann der relativ geringe Wasserauslauf aus dem Becken, der durch Abpumpen mittels Hebepumpe abgeführt wird, einem Bauherrn zugemutet werden?
2. Ist es überhaupt möglich, einen wasserdichten Beton zu erstellen?
3. Ist damit zu rechnen, daß sich im Laufe der Zeit die Sickerstellen schließen (Phänomen der Selbstheilung)?

Zur Klärung der Schadensursache des Sickerwasseraustritts wurde in zweiter Instanz angeordnet, das Becken zu leeren. Nach Entleerung des Beckens und einer Trockenperiode von etwa 14 Tagen kam es zum Zerbersten des Bodenbelages *(Abbildungen 3, 4* und *5)*. In Teilbereichen betrug die Aufwölbung des Plattenbelages 60 mm.

Abmessungen des Beckens:	10,00 × 5,00 m
Tiefe:	i. M. 1,50 m
Wandstärke:	0,30 m

Schadensursache

Das Stahlbetonbecken wurde in einem Arbeitsgang betoniert, d. h. die Schalung wurde so angeordnet, daß Wand und Boden in einem Guß erstellt werden konnten. Optimale Lösung!
Nach etwa einem Jahr wurde der Keramikbelag in einem Zementmörtelbett verlegt.

a) Wie ist das Aufbrechen des Keramikbelages zu erklären? Die Verlegebedingungen für den Keramikbelag nach einer Standzeit des Stahlbetonbeckens von einem Jahr sind günstig. 50% des Schwindvorganges, des Kürzerwerdens von Wänden und Boden, sind abgeklungen. Bei 10,00 m Beckenlänge etwa 2,5 mm.

Das Mörtelbett des Keramikbelages wurde in Stärken von 3 bis 10 cm aufgezogen und hierauf die Platten in vorgezogener Zementschlempe verlegt. Der Mörtel besteht aus einem feinsandigen Material von geringer Festigkeit. Er ließ sich von Hand zerbröseln.
Nach Verlegung der Keramikplatten wurde das Becken gefüllt und unter Wasser gesetzt. Bei dieser Vorgehensweise ist das Schwindmaß des Mörtels relativ gering. Es beträgt etwa ⅓ des normalen Schwindmaßes an der Luft.
Nach dem Ablassen des Wassers aus dem Becken zur Klärung der Schadensursache setzte das sogenannte Nachschwinden ein. Der Keramikbelag selbst, gebranntes Tonmaterial, schwindet kaum.
Die Haftung zwischen Spaltplatten und Mörtelscheibe versagte, der Belag wölbte sich in Bereichen, in denen die Haftspannung überschritten wurde, nach außen. In den Berstlinien kam es zur Zerstörung von Einzelplatten.

Durch die Verkürzung der Mörtelplatte kommt es zum Ausknicken und in der Folge zum Bruch des Belages.

Hinweis: Wird eine Mörtelscheibe von 1,00 m um 2 mm verkürzt und der Belag behält die Ursprungslänge, so beträgt das Stichmaß der Wölbung 20 mm (kann rechnerisch mit dem Satz von *Pythagoras* ermittelt werden).

b) Ursache der Sickerwasserausflüsse in der Aufsatzfuge des Beckenbodens.
Zunächst war zu klären, ob die Entwässerungsleitungen des Beckens — zwei Bodenablässe waren anzuschließen —

Abb. 1 Ausschnitt aus dem Schwimmbecken des Privathauses. Nach Entleerung des Beckens, zur Findung der Ursache des Austretens von Sickerwasser aus der Aufstellfuge des Stahlbetonbeckens, kam es zur Selbstzerstörung des Bodenbelages.

Abb. 2 Im Umgang wurde zum Abpumpen des Sickerwassers aus der Aufstandsfläche des Beckens eine Hebepumpe installiert.

1

2

in der Rohrführung wasserdicht verlegt waren. Durch eine Druckwasserprobe wurde festgestellt, daß der Sickerwasserausfluß aus einem Leck in der Abflußleitung ausscheidet.
Bei der Begutachtung des Gehäuses des Beckenabflusses zeigte sich am Rand des Ablaufes ein herausragendes Stück einer einbetonierten PE-Folie. Bei der Freistemmung stieß man auf einen Kardinalfehler in der Ausführung. Um den Abflußkörper in der richtigen Höhe fixieren zu können, hatte man als Unterstützung einen großformatigen Kalksandstein eingebaut. Über diese Schwachstelle konnte Beckenwasser in geringen Mengen in die Dämmschicht eindringen. *Abb. 5* zeigt den ausgebauten Bodenablauf und die Aussparung im Stahlbetonboden für den Kalksandstein. Nach Wiedereinbau der Senke und sorgfältigem Verschluß der freien Ränder mittels vergütetem Beton wurde eine Probefüllung vorgenommen. Ergebnis: Es trat kein Sickerwasser aus der Dämmschicht in den Umgang. Im Rahmen der Beweisaufnahme war die Ursache der Sickerwasserausflüsse beseitigt worden. Für den Fliesenleger — er war am Prozeß nicht beteiligt — ergab sich nunmehr die Notwendigkeit im Rahmen einer Nachbesserung tätig zu werden.

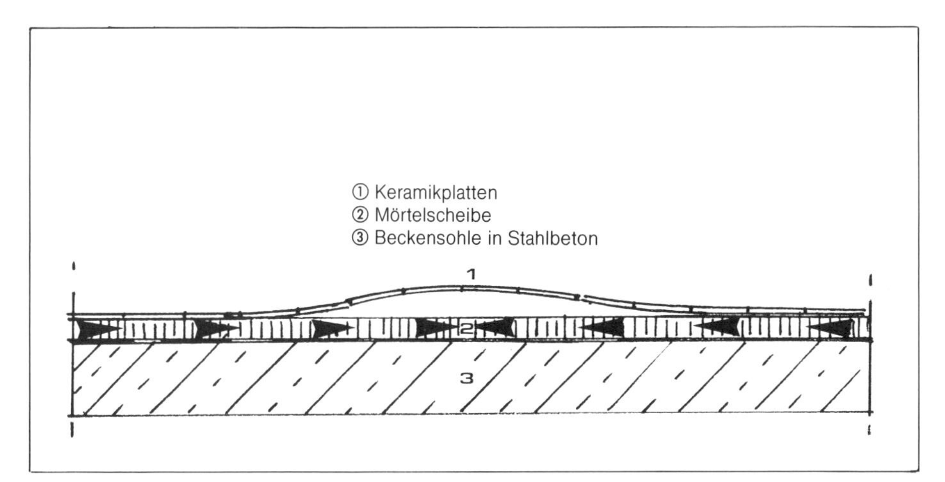

In der Skizze ist das Hochwölben des Keramikbelages infolge Schwindens der Mörtelscheibe nach dem Ablassen des Beckenwassers dargestellt.

Sanierung

Zu a)
Fliesenbelag
Der Belag ist restlos bis auf den festen Stahlbeton zu entfernen und anschließend durch eine Betonschicht von hoher Güte ein Ausgleich, das Gefälle zu den Abläufen, herzustellen. Auf dem so vorbereiteten Untergrund kann der neue Belag nach den 2 Methoden neu verlegt werden.

1. Verlegung der Platten im vorgezogenen Mörtelbett oder
2. Verlegung der Platten im Dünnbettverfahren unter Verwendung eines wasserbeständigen Klebers.

Hinweis zum Thema »Wasserundurchlässiger Beton«
Wasserundurchlässiger Beton gehört nach DIN 1045 zur Gruppe der Betone mit besonderen Eigenschaften der Betongruppe II. Die Wassereindringtiefe soll aufgrund der Prüfung nach DIN 1048 unter 50 mm liegen. H. H.

3

4

5

Abb. 3 Im Ausschnittfoto werden Bereiche des zerstörten Bodenbelages gezeigt.
Keine zumutbare Erledigung des Baumangels. Nicht wasserdicht erstelltes Stahlbetonschwimmbecken.

Abb. 4 Im Detailfoto werden Einzelheiten der Plattenzerstörung in der Bruchlinie infolge starken Schwindens der Mörtelplatte vorgeführt.

Abb. 5 Nach Ausstemmen und Ausbau des Abflußgehäuses im Boden des Schwimmbeckens zeigt sich die Schwachstelle in der Stahlbetonsohle. Der Abfluß wurde, um ihn auf Höhe zu bringen, auf einem großformatigen Kalksandstein abgestellt.
Der Kalksandstein war direkt auf der Hartschaumplatte gelagert. Über diese Schwachstelle konnte Beckenwasser in die Dämmschicht sickern und so im weiteren Verlauf in den Umgang fließen.

Instandsetzung einer Fugenabdichtung auf einem Parkdeck

Befahrene Fugen sind schwer abzudichten. Es sind insbesondere Fugen auf Parkdecks, Auffahrrampen, Garagenböden etc., die sowohl abgedichtet werden müssen wie auch befahren werden. Überdeckungen mit Blechen oder Geweben bzw. Verfüllung mit Vergußmassen sind nur ein Notbehelf.
Hier soll ein Schadensfall geschildert werden, bei dem im Zuge der Neuabdichtung einer zerstörten Fugenabdichtung eine langfristig sichere Lösung gefunden wurde.

Schadensbild

Ein befahrenes Parkdeck ist durch Bewegungsfugen unterteilt. Solche Fugen werden in der Regel sehr schmal ausgelegt; einmal um den optischen Eindruck nicht zu stören, und dann, weil breitere Fugen, etwa ab 20 mm Breite, zu stark durch den Sog und Druck der Reifen bei Befahren in Mitleidenschaft gezogen werden.
Diese Fugen sind mit kunststoffvergüteten Schwarzmassen vergossen worden. Die Reifen hatten diesen Dichtstoff zwar nicht beschädigt, doch ist der Dichtstoff in der Fuge verhärtet. Er wurde überfordert, weil die Bewegung erheblich war, und er riß sowohl auf (Kohäsionsrisse) als auch an den Fugenrändern ab (Adhäsionsrisse).
Abb. 1 zeigt diese Fuge mit den Rissen. Diese Fuge ist vertikal über die Brüstungen und über die Seitenkanten in gleicher Weise gedichtet, und auch hier ist sie defekt, weil der Dichtstoff abgerissen ist. Wasser dringt durch die Decke. Jetzt ist eine technisch einwandfreie Neuabdichtung der Fuge dringend geboten. *Abb. 2* zeigt, nach Entfernen aller Randüberschmierungen, wie breit die Fuge wirklich ist, nämlich nur ca. 10 mm.

Schadensursache

Offenbar ist bei der Planung die Bewegung, welche in der Fuge wirksam wird, nicht richtig errechnet worden; möglicherweise hat man sich auch an Richtwerte angelehnt oder die Berechnung überhaupt vergessen. Jeder Dichtstoff hat seine Höchstgrenze für die Dauerbelastung. Die Hochleistungsdichtstoffe (Thiokolmassen mit hohem Bindemittelanteil) haben eine solche Belastbarkeitsgrenze von 25% der Fugenbreite; als Rechenwert benutzt man allerdings vernünftigerweise 20% der Fugenbreite.
Wenn, wie hier, die Bewegung in der Fuge, das Schieben der Betonplatten gegeneinander, errechenbar 8,3 mm beträgt, dann müßte theoretisch bei einem Hochleistungsdichtstoff die Fuge ca. 40 mm breit sein, das aber ist aus Konstruktionsgründen nicht möglich. Der Planer hätte daher eine andere Lösung suchen müssen.

1

Abb. 1 Die sehr schmale Dehnungsfuge eines Garagendecks ist mit bituminösen Massen gedichtet. Sie hat ihre Dichtungsfunktion völlig verloren.

Abb. 2 Die durch Schwarzmassen verseuchten Ränder werden abgeschliffen; dabei kommt die eigentliche Breite der Fuge zwischen den Betonplatten zum Vorschein.

Abb. 3 Das Bild zeigt den Zustand der Fugenränder nach dem Abschleifen der Schwarzmasse.

2

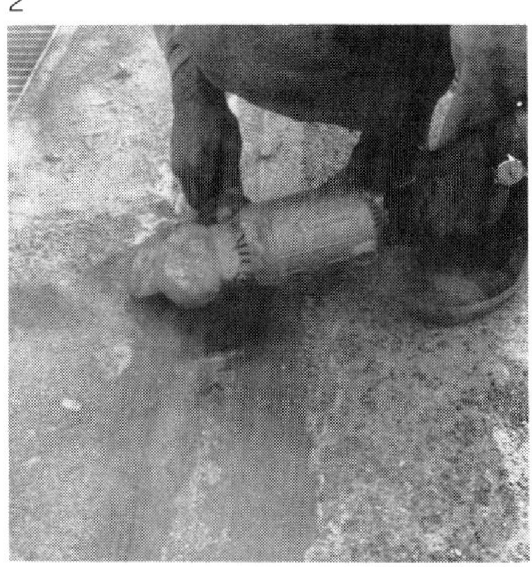

3

Es wurde hier ein Dichtstoff gewählt, den man keineswegs zu den Hochleistungsdichtstoffen zählen darf und der etwa 10% der Fugenbreite über die Zeit maximal an Bewegung aushalten kann. Der Hersteller gibt hier keine Belastbarkeitsdaten an.
Der Abriß des Dichtstoffes war damit sowohl durch die zu schmale Fuge als auch durch die zu geringe Dauerbelastbarkeit des Dichtstoffes vorprogrammiert, es mußte zu dem Schaden kommen.

Sanierung

Eine Neuabdichtung wieder konventioneller Art erschien unzweckmäßig und wäre teuer geworden. Es wäre notwendig gewesen, die Fuge wesentlich breiter aufzuschneiden, dann die Fugenflanken sehr sorgfältig zu reinigen und von allen Resten der Schwarzmasse zu befreien. Eine solche Vorbereitung einer Fuge ist zwar möglich, doch mit unverhältnismäßig hohen Kosten verbunden und deshalb nicht zu empfehlen. Außerdem wäre der Erfolg über längere Zeit doch fraglich geblieben, weil die notwendige Fugenbreite sich durch Schneiden kaum herstellen läßt.

Man entschloß sich daher, diese Fuge nicht zu sanieren, sondern einfach mit einem Fugenband zu überdecken. Es wurde dafür ein Thiokolband in der Breite von 150 mm gewählt. Dieses Band hat über 35 Gewichtsprozente an Bindemittel und ist hoch belastungsfähig.
Bei dieser Bandüberklebung war die technische Bewegungsbreite über der Fuge ca. 100 mm, das entspricht der Bandbreite zwischen den seitlichen Klebrändern. Damit wurde das Bandmaterial auch nur auf ca. 8 bis 8,5% seiner freien Breite beansprucht, obwohl es rechnerisch gut 20% hätte auffangen dürfen.
Die *Abbildungen 2* und *3* zeigen die Fuge nach der Reinigung der Oberfläche durch Abschleifen. Es war notwendig, die saubere Betonfläche als Klebuntergrund freizulegen.

Auf die sauberen Fugenränder wurde dann zunächst – wie auch konventionell üblich – ein Haftvoranstrich aufgebracht. Dann wurde auf den so vorbereiteten Untergrund mit einer Spritzpistole die Klebstoffraupe aufgelegt und mit der Flachdüse gleich plan gedrückt. *Abb. 4* zeigt dann bereits das Auflegen des Bandes auf diese Klebränder. *Abb. 5* stellt das Festlegen des Bandes und die Randabsicherung dar.
Abb. 6 zeigt das Befestigen (einseitig!) der Blechüberdeckung über einer solchen Fuge. Die hier gezeigte Fuge ist zugleich eine Gebäudetrennfuge, und sie ist auch größeren Bewegungen als die Trennfuge in dem Garagendeck ausgesetzt.
Das geschilderte sehr sichere Verfahren der Fugenabdichtung wendet man immer dann an, wenn es um die Überbrükkung großer Bewegungen geht und man mit vernünftigen Kosten noch zurechtkommen möchte.
Die Fotos von den Sanierungsarbeiten hat die Fa. Mecklenbeck, Essen, zur Verfügung gestellt. K. J. J.

4

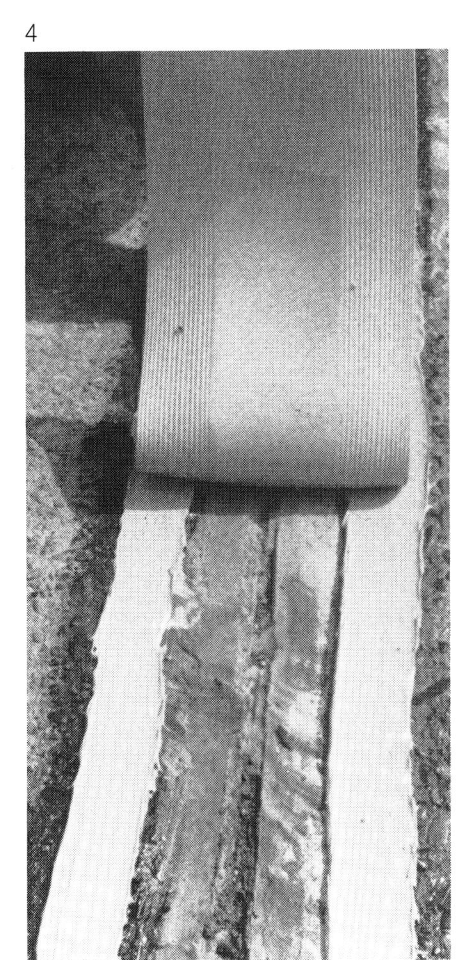

Abb. 4 Auf die vorbereiteten Fugenränder wird Thiokoldichtstoff (Kleber) aufgebracht und darauf ein 150 mm breites Thiokolband verlegt.

Abb. 5 Nach Auflegen des Thiokolbandes wird dieses festgedrückt, und die Kanten werden begradigt.

Abb. 6 Die jetzt sicher abgedichtete Fuge wird mit einem Blech abgedeckt, damit die Reifen den Dichtstoff nicht beschädigen.

5

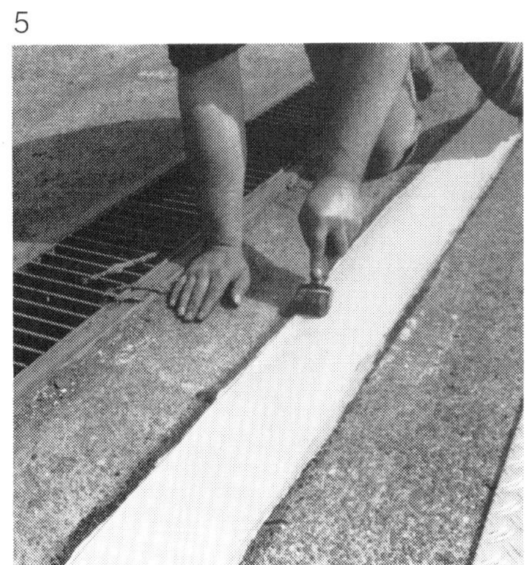

6

Undichtheiten in einer Tiefgarage im Anschluß vom Boden zur aufsteigenden Wand

Schadensbild

Im Anschluß der Bodenplatte zur Wand im untersten Geschoß (2. UG) eines Gebäudes tritt ständig Wasser aus. Es ist eine relativ kleine Wassermenge, doch sind in diesem Bereich ständig Wasserpfützen bis zu 50 cm von dem Wandanschluß entfernt. Der Wandanschluß ist an dieser Stelle ohne Hohlkehle ausgebildet. Wie er nach außen ausgebildet ist, läßt sich nicht feststellen, da dieser Bereich vollständig durch angrenzende Bauten überbaut ist.
Man hat versucht, diesen Bereich provisorisch abzudichten, Polyurethan wurde eingepreßt, es wurde durch einen Maler eine Epoxidharzschicht aufgebracht und überstrichen, doch brachten alle diese Maßnahmen keinen Erfolg, es trat ständig weiter eine kleine Menge Wasser aus.

Schadensursache

Die Ursache des Wasserdurchtritts mußte in dem Anschluß von Bodenplatte zu Wand liegen; beide sind aus einem guten B 25 hergestellt. Es wurde eine schräge Kernbohrung in diesen Anschluß getrieben, die zunächst mißlang. Schließlich gelang es, eine Probe der Übergangsstelle der beiden Betonschüttungen zu erhalten.
Dieser Bohrkern wurde dann in Scheiben gesägt, die diesen Übergangsbereich der Betonierfuge enthielten. Die kleinen Platten wurden dann angeschliffen und unter dem Mikroskop im Auflicht untersucht.
Man sah deutlich in dem Übergangsbereich zwischen dem Beton der Bodenplatte und dem darauf geschütteten Beton der Wand einen Spalt, der oft sehr schmal war und an vielen Stellen auch ganz verschwand, wie es *Abb. 1* zeigt. An anderen Stellen war der Spalt gut ausgeprägt und bis zu 0,4 mm breit. Er verlief dann weiter in Breiten von ca. 0,1 bis 0,2 mm. *Abb. 2* zeigt diesen Bereich gut erkennbar auch in 50-facher Vergrößerung.
Diese Erscheinung tritt sehr oft auf und immer dann, wenn auf schon angehärteten Beton, also nicht auf den grünen

1

2

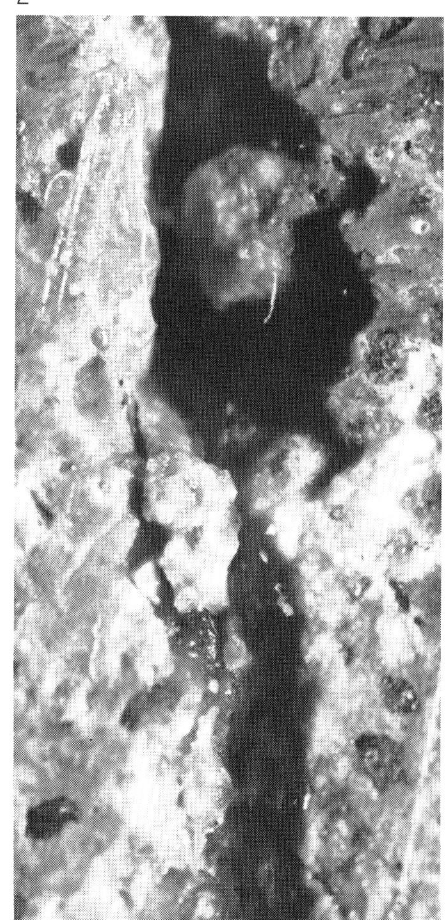

Beton der Bodenplatte, die Wand geschüttet wird. In den meisten Fällen wird es notwendig sein, zu schalen und dann die Wand zu schütten, so daß der Beton der Bodenplatte längst weitgehend ausgehärtet ist. Man hilft sich bei Ingenieurbauten und auch bei Tiefgaragen auf die Weise, daß man den Übergangsbereich vor dem Schütten der Wand mit einer tixotrop eingestellten Epoxidharz-Härter-Mischung bestreicht und darauf schüttet. Dann entstehen keine Spalten und der Verbund zwischen dem alten und neuen Beton ist regelmäßig besser als die Zugfestigkeit des Betons selber. Man erreicht dann Zugfestigkeiten an der Verbundstelle von mehr als 5 N/mm^2. Die Zugfestigkeit des Betons liegt im Bereich von 2,6 N/mm^2 und die Zugfestigkeit (die Bruchfestigkeit bei Zug) an der normal geschütteten Stelle erreicht 1,5 N/mm^2. Dadurch entstehen diese feinen Spalten, durch die Wasser hindurchdringen (kriechen und sickern) kann.
Das Verbundverfahren mit Hilfe von Epoxidharzen ist seit 1959 bekannt, wird aber zuweilen nicht angewandt und dann kommt es zu diesen Wasserdurchtritten im Bereich der Betonierfuge.

Sanierung

Diese Verbundstelle unterliegt normalerweise keinen Bewegungen. Lediglich das Ansteigen und Absenken des Grundwassers könnte möglicherweise eine geringe Bewegung an dieser Stelle auslösen. Das ist aber deshalb unwahrscheinlich, weil der Verbund insgesamt zwischen Bodenplatte und Wand starr ist.
Man darf daher diese Spalte kraftschlüssig verpressen. Als Verpreßmaterial wird konventionell dünnflüssiges Epoxidharz zu verwenden sein. Es sind Packer zu setzen, und zwar mit Vorteil solche Packer (z. B. Revolta Packer), die nach Verwendung in der Bohrstelle verbleiben dürfen. Man erkennt dann nur noch den Nippel, der ca. 3 mm herausragt, aber auch der Nippel kann, wenn es die Schönheit stört — herausgeschraubt werden.

Die Packer wird man in verschiedenen Tiefen und in Abständen von ca. 20 cm setzen müssen, denn es kommt darauf an, auch alle feinen Spalten zu erfassen. Man wird hier mit relativ hohem Druck arbeiten müssen. Diese Arbeiten kann man nur einer Fachfirma übertragen, die diese Arbeitstechnik beherrscht und die Epoxidharzmaterialien kennt. Ein Nachbehandeln dieses Bereichs, so z. B. durch einen Maler, ist nicht notwendig. Man sollte die Stellen, an denen die Packer sitzen, sogar sehen, um dann entscheiden zu können, wo noch einige Packer zu setzen sind und nachzupressen wären, wenn sich noch einige Leckstellen zeigen.

Abb. 3 zeigt eine erfolgreiche Verpressung im Beton einer Decke in 50-facher Vergrößerung. Man erkennt gut, wie vollständig dicht dieser Riß von ca. 0,4 mm Breite verpreßt worden ist. Das gelingt nur mit sehr flüssigen Verpreßharzen und mit richtigem Druckverlauf.

IBF

3

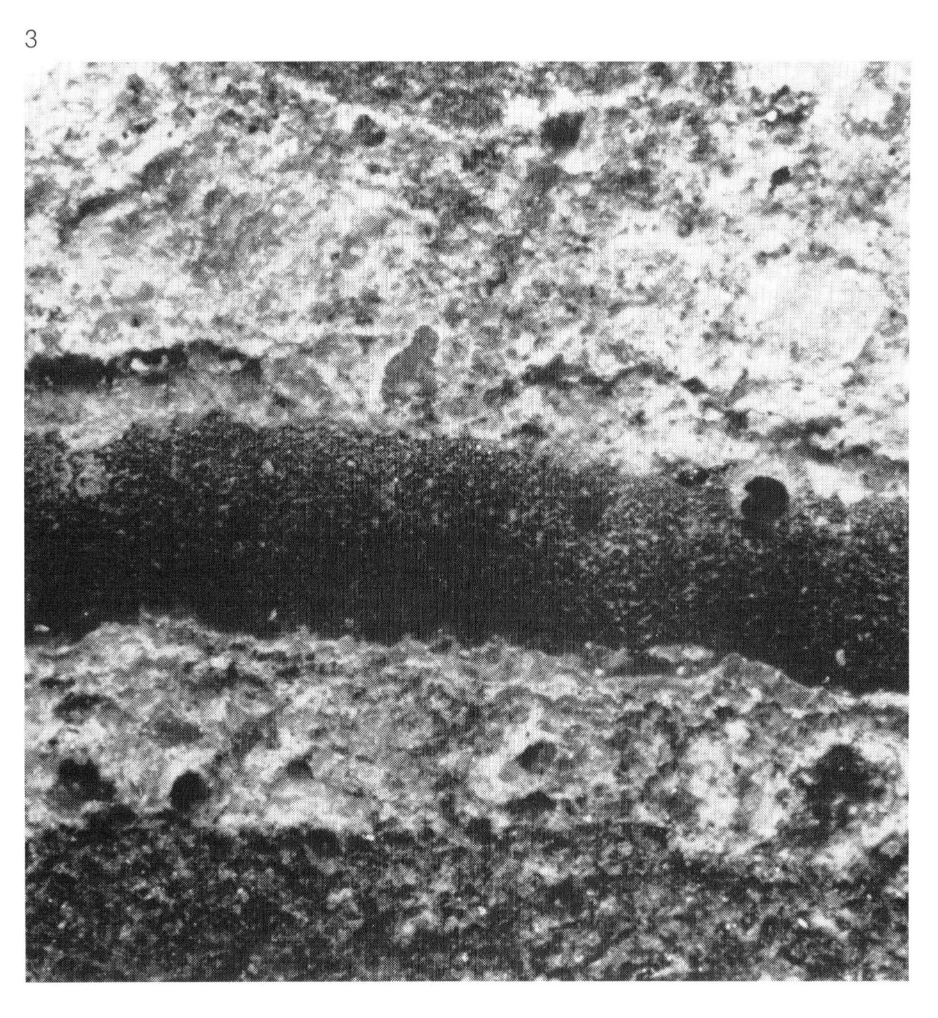

Abb. 1 Sehr feiner Spalt zwischen dem dichten Beton der Bodenplatte und dem dichten Beton der aufsteigenden Wand. Man sieht, daß die Betone etwas verschieden sind. Der Verbund ist voll kraftschlüssig und gut. Das Wasser kann nur durch zusammenhängende feine Spalten hindurchkriechen. Durch Vergrößerung wurden Spaltenbreiten von 0,05 bis 0,07 mm ermittelt.

Abb. 2 Breiter Spalt von 0,1 bis 0,4 mm Breite zwischen dem Beton der Bodenplatte und dem Beton der aufsteigenden Wand. Man sieht, daß beide Betonarten dicht sind und das Wasser nur durch den Spalt durchdringen kann (50-fache Vergrößerung).

Abb. 3 Dieser Riß in einer Betondecke in der Breite von 0,35 bis 0,4 mm ist mit Epoxidharz kraftschlüssig verpreßt worden. Man sieht, wie gut diese Verpressung gelungen ist (50-fache Vergrößerung).

Instandsetzung befahrbarer Tiefgaragenflächen

Decken und Wände von Tiefgaragen sind instandhaltungstechnisch fast immer ein schwieriges Problem. Die Instandsetzungsarbeiten solcher Bauvorhaben sind sehr vielfältig und oft auch schwierig. Diese Arbeitsvorgänge seien an einem Beispiel erläutert.

Anfang der 70er Jahre wurde in Frankfurt/Main ein Bürohochhaus mit Tiefgarage erstellt. Die befahrenen Tiefgaragendecken umfassen ca. 1100 m² und es zeigen sich nach Regenfällen schon nach kurzer Zeit Durchfeuchtungen an den Untersichten.

Die Rohbaufirma war aufgelöst worden, so daß auch alle technischen Unterlagen und Details nicht mehr greifbar waren und man sich die notwendigen technischen Informationen durch eigene Untersuchungen beschaffen mußte.

Schadensbild

Durch die Decke verliefen zahlreiche Risse, durch die bei Regenfällen Wasser auf die darunter abgestellten Fahrzeuge tropfte. Ebenfalls sickerte durch Fugen und Wandanschlüsse Wasser in die Tiefgarage. Die Deckeneinläufe selber zeigten zwar Wasserspuren, waren aber trocken.

Schadensursachen

Die beiden Parkdecks wurden bis auf die Betondecke abgeräumt *(s. Abb. 1)*. Dabei wurde festgestellt, daß kein Gefälleestrich für die untere Abdichtung hergestellt und keine senkrechte Aufkantung der Abdichtung an den Anschlüssen ausgeführt worden war. Die darauf verlegte Wärmedämmung war nicht ausreichend gegen von oben eindringende Feuchtigkeit gesichert und völlig durchnäßt. Auf einer Schutzschicht waren im Sandbett Verbundsteine verlegt. Bei Regenfällen konnte das Wasser über die Fugen der Verbundsteine ungehindert bis zum Rohbeton durchsickern und dort an Rissen, Fugen und Anschlüssen abtropfen. Resümieren wir: Ein fehlender Gefälleestrich, nicht gesicherte senkrechte Anschlüsse und eine mangelhafte Abdichtung, gefördert durch den übrigen Aufbau haben Oberflächenwasser in die Tiefgaragen eindringen lassen.

Sanierung

Da die Tiefgaragen im Winter beheizt werden und außerdem einige beheizte Arbeitsräume für die Hausmeister etc. in diesem Bereich abgeteilt sind, wurden wieder eine Dampfsperre und eine Wärmedämmung vorgesehen. Auf den Rohbetondecken wurde zuerst ein Gefälleestrich aus Asphaltbinder eingebracht. Darauf wurden Folien mit einer Alu-Einlage als Dampfsperre verklebt *(s. Abb. 2)*. Die in Heißbitumen verlegte Wärmedämmung aus Schaumglas *(Abb. 3)* wurde mit Abdichtungsfolien abgeklebt; auf den armierten Druckausgleichsbeton wurde als befahrbarer Belag Heißasphalt eingebaut *(Abb. 4)*.

Das Gefälle wurde bis zum Fahrbahnbelag übernommen, die Anschlüsse an die Deckeneinläufe zusätzlich gesichert und die einzelnen Lagen der Abdichtung, die seitlich bis über den Aufbau hochgezogen wurden, sind am Abschluß mit einer Alu-Klemmschiene verwahrt und an der Oberkante elastisch abgefugt worden. Nach Fertigstellung der befahrbaren Decken wurden Markierungen für die Standplätze hergestellt.

Die Durchfeuchtungen gingen in kurzer Zeit zurück und auch nach extremen Regenfällen blieben die Tiefgaragendecken absolut dicht. Zusätzlich sind die sichtbaren Risse in den Decken von der Unterseite her im Hochdruckverfahren mit Injektionsharz noch kraftschlüssiger verpreßt worden. W. W.

1

3

2

4

Abb. 1 Abräumen des vorhandenen Belages.

Abb. 2 Auf dem Rohbeton Gefälleestrich aus Asphaltbinder und Dampfsperre.

Abb. 3 Wärmedämmung aus Schaumglas.

Abb. 4 Einbringen des Fahrbahnbelages.

Verfall einer Epoxidharz-Teer-Beschichtung in einem Klärbecken

Die Schutzbeschichtungen von Bauten gegen aggressive Wasser bei Klärbekken, bei Ingenieurbauten, in Brackwasser- und Abwasseranlagen ist oft problematisch. Wir verfügen über Beschichtungsstoffe wie Epoxidharze, mit bestimmten Erdpechen (Teerpechen) verschnittene Epoxidharze, dann Polyurethane, vergütete bituminöse Beschichtungsstoffe und neuerdings auch sehr beständige Methacrylharze.

Bei allen diesen Schutzbeschichtungen kommt es darauf an, eine möglichst lange Schutzzeit zu erreichen, weil die Erneuerung der Schutzbeschichtung einmal den Betrieb längere Zeit unterbricht und dann auch kostspielig ist. Je länger eine solche Beschichtung ihre Funktion erfüllt und den Beton vor Angriffen schützt, um so billiger ist sie. Hier sei ein Frühschaden geschildert, wie er normalerweise nicht vorkommen darf.

Schadensbild

Zwei größere Klärbecken zeigen nach knapp zwei Jahren in der Oberfläche Verfallserscheinungen. Der Beton der Becken ist von einer großen Fachfirma mit einem Epoxidharz-Teer zweimal beschichtet worden. Der Boden und die aufsteigenden Beckenwände erhielten zusätzlich noch eine Epoxidharzdeckbeschichtung, um den Schutz zu erhöhen. Die Aufkantungen der Beckenwände oben wurden dann mit einem Epoxidharzanstrich geschützt.
Es zeigte sich, daß der Boden die Epoxidharzbeschichtung abzuwerfen begann. Es entstanden Blasen, die dann aufbrachen. Es wurde die Epoxidharz-Teer-Schicht freigelegt, diese auch stellenweise durchbrochen und der Beton freigelegt, so daß er dem Angriff der aggressiven Abwässer ausgesetzt wurde. Die *Abbildungen 1* und *2* zeigen solche Oberflächen auf dem Boden des Beckens.
Auch die Beckenwände zeigten vielfach Blasen. Einige der Blasen waren aufgebrochen und legten einen gelb verfärbten Beton frei. Es wurden Blasen geöffnet — das zeigt *Abb. 3* — und es trat aus den Blasen gelb gefärbtes Wasser heraus, das einen scharfen Geruch hatte.
Abb. 4 zeigt eine geöffnete Blase in der Mitte der Beckenwand. Auch hier war der Beton unter der Beschichtung gelb gefärbt bis zur Tiefe von ca. 2 bis 3 mm. Darunter war der Beton intakt, fest und unverfärbt. Diese Blasen waren offensichtlich nach dem Ablassen des Wassers aus dem Becken ausgetrocknet.
Der Sachverständige entnahm dann Proben der Beschichtung, um diese genau im Laboratorium zu untersuchen. Die Proben wurden so entnommen, daß noch der Beton des Untergrundes anhaftete. Zusätzlich wurden Kernbohrungen gemacht. Schon eine oberflächliche Beurteilung zeigte, daß unter der schwarzen Epoxid-Teer-Schicht eine weiche, bröcklige, dunkelgefärbte sandende Mörtelschicht lag. Es handelt sich

1

2

3

dabei ohne Zweifel um zerstörten Beton. Dieses war nicht durchweg überall der Fall, an einigen Stellen war der Beton unter der Beschichtung zwar gelb, aber nur etwas mürbe geworden.
Abb. 5 zeigt einen solchen Schnitt in 3-facher Vergrößerung. Man sieht die gelbgefärbte Zone unter der Beschichtung, die mit einem Pfeil gekennzeichnet ist. Man erkennt aber auch, daß unter der Beschichtung keine Grundierung im Beton ist. Diese Schicht ist nicht nur weich und gelb, sie enthält auch kein Harz. Dieses Harz wäre im Schnitt gut sichtbar gewesen. Eine solche Harzgrundierung oder Versiegelung zeigt z. B. *Abb. 6*. Hier ist der Beton einer Autobahnbrücke richtig grundiert worden.
Die *Abbildungen 7* und *8* zeigen einen anderen Ausschnitt von der Wand des Beckens in 10- und 30-facher Vergrößerung. Hier sieht man, daß die Beschichtung selber nicht ganz homogen und dicht ist, und es befinden sich auch Hohlräume zwischen Beton und der Beschichtung. Auch die Abwanderung von Inhaltsstoffen aus der Beschichtung in den Beton ist hier gut erkennbar (Pfeile).
Die *Abbildungen 9* und *10* zeigen Beton und Beschichtung von der oberen Aufkantung der Becken in 5- und in 20-facher Vergrößerung. Man sieht hier, wie die Epoxidharzdeckbeschichtung von oben her ausgelaugt wird, porös und ausgefranst ist. Die darunter liegende Schicht ist noch dunkel. Der Beton ist wiederum an der Grenzfläche verfärbt und die obere Betonschicht hat sich im Verbund gelöst.

Abb. 1 Abblättern der Epoxidharzdeckschicht vom Boden des Beckens. Es entstehen Blasen im Film, die dann aufbrechen. Nahaufnahme aus ca. 20 cm Entfernung.

Abb. 2 Nahaufnahme aus ca. 5 cm Entfernung.

Abb. 3 Wasserblase am Fußpunkt zur aufsteigenden Wand des Beckens nach Öffnen. Es fließt gelbes Wasser heraus.

Abb. 4 Eine Blase in der Wandbeschichtung ist geöffnet worden, man erkennt den Aufbau.

Abb. 5 Die Epoxidharz-Teer-Beschichtung auf dem Beton in 3-facher Vergrößerung. Man erkennt unter der schwarzen Schicht eine Gelbfärbung im Beton. Hier ist Teer eingewandert.

Abb. 6 Unter der Epoxidharzdeckschicht ist eine Untergrundvorbehandlung mit flüssigem Epoxidharz erfolgt. Das Harz ist in die oberen Betonschichten eingedrungen, hat sich mit ihnen verschmolzen und der Rest liegt als Versieglung auf dem Beton und unter der Deckschicht auf. Dieses ist dann der eigentliche Schutz, die Deckschicht deckt nur noch optisch ab.

4

5

6

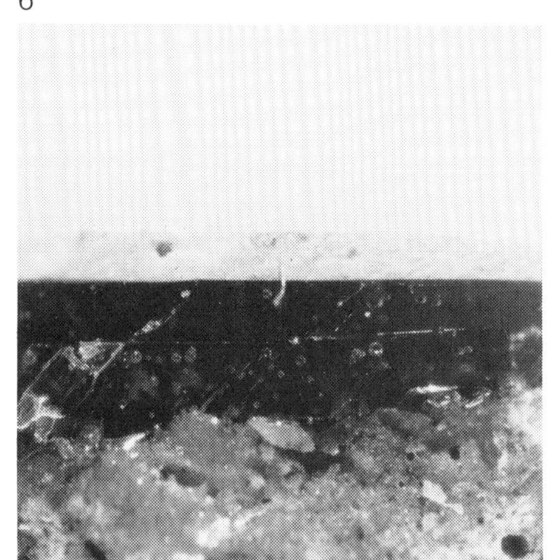

Schadensursache

1. Das vollständige Fehlen einer Untergrundvorbehandlung. Es fehlt die in den Beton eindringende Grundierung. Dadurch konnte die Beschichtung von der Betonseite her von Wasser unterlaufen werden und so entstehen die Blasen.

2. Die Beschichtung enthält auswanderndes Teer, welches den Untergrund belastet. Das ist bei Epoxidharz-Teer-Beschichtungen sehr selten der Fall und es muß vermutet werden, daß hier mit Lösungsmittelanteilen zu dem Beschichtungsmaterial gearbeitet worden ist. Auch die *Abbildungen 9* und *10* weisen darauf hin, daß diese Epoxidharz-Teer-Mischung nicht ausreichend resistent gegen Bewitterung und die aggressiven Wässer ist. Es war allerdings nicht möglich zu untersuchen, ob dieses Teer für eine Mischung mit Epoxidharzen ausreichend geeignet und verträglich ist. Auch hierin könnte ein Risiko verborgen sein.

Sanierung

Die gesamte Beschichtung von den Böden, den Wänden und den Aufkantungen muß durch Flammstrahlen entfernt werden. Die Betonwände sind dann anschließend durch Sandstrahlen auszugleichen und von allen noch losen Anteilen zu befreien. Anschließend ist der Beton in trockenem Zustand satt mit einer dünnflüssigen Epoxidharzgrundierung zu behandeln. Schließlich sind zwei Lagen einer Epoxidharz-Teer-Beschichtung aufzubringen, für deren Eignung der Hersteller die Gewährleistung übernehmen muß. IBF

Abb. 7 Schnitt durch den Aufbau der Beschichtung in 10-facher Vergrößerung. Man erkennt, daß keine Grundierung in den Beton eingedrungen ist, dagegen aber Teer nach unten abwanderte.

Abb. 8 Schnitt durch die Beschichtung in 30-facher Vergrößerung. Hier ist die Teerabwanderung gut zu sehen.

Abb. 9 Völlig unzureichende Epoxidharzdeckbeschichtung in 5-facher Vergrößerung gezeigt. Es sind die Aufkantungen der Beckenränder oben. Die obere Epoxidharz-Teerschicht ist ausgelaugt und hell, darunter liegt noch eine dunkle Schicht. Es ist viel Teer in den Beton abgewandert und hier hat sich der Verbund im Beton gelöst, was sehr selten ist.

Abb. 10 Die gleiche Stelle in 20-facher Vergrößerung.

7

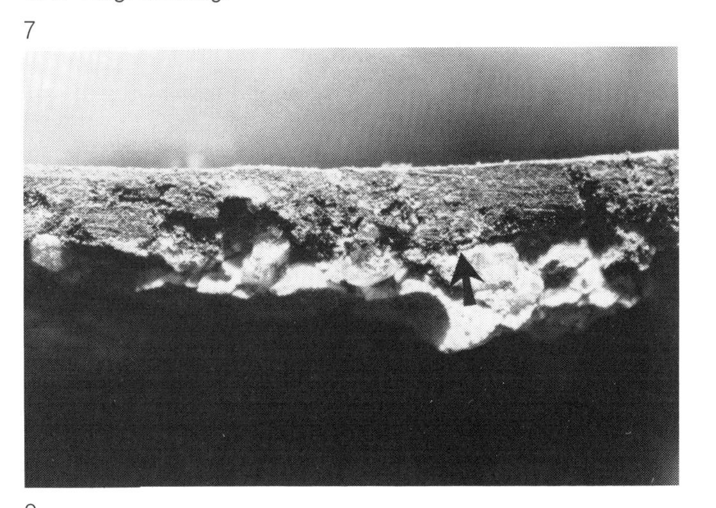

8

9

10

Tunnelabdichtung

In der österreichischen Hauptstadt Wien wird zur Zeit die die Stadt umschließende und sie mit den Vororten verbindende Nahverkehrseisenbahnlinie, die in der monarchistischen Zeit gebaut und nach dem Zweiten Weltkrieg stillgelegt wurde, wieder hergestellt, um sie für den Verkehr nutzen zu können.
Neben den erforderlichen Wege-, Stations-, Erd- und Gleisbauarbeiten sollen die vielen Unterführungstunnel wieder instandgesetzt werden *(Abb. 1)*.

Schadensbild

Die seit fast vier Jahrzehnten nicht mehr genutzten Tunnel zeigen nach der Reinigung erstaunlicherweise kaum Verfallserscheinungen. Dies liegt daran, daß erstens mit schweren und sehr großen Natursteinen gebaut wurde und zweitens keine extremen Witterungseinflüsse in dem Tunnelinneren auftreten.
Die gereinigten Flächen wurden im Spritzbetonverfahren mit einer neuen Betonschale versehen, ohne Rücksicht auf die vorhandenen starken Durchfeuchtungsschäden.
Abb. 2 zeigt den Teilbereich eines Tunnels mit sichtbaren Ausblühungen.
Wie auf *Abb. 3* zu sehen ist, wurden beim Bau im Abstand von 6 m Dehnungsfugen gelassen, die man seinerzeit wegen der geringeren Ansprüche nicht abdichtete. In diesen Bereichen zeigten sich natürlich sehr große Feuchtigkeitsschäden. Daran änderte sich auch nach dem Spritzbetonvorgang nichts, im Gegenteil zeigten sich hier recht bald Risse mit Feuchtigkeitsdurchtritt.

Schadensursache

Sie ist leicht zu ermitteln. Da die Fugen keine Außen- oder Innenabdichtung besitzen und nach wie vor, wenn auch sehr geringe, Bewegungen mit Rißbildungen im Fugenbereich auftreten, kann auch der nachträglich aufgebrachte Spritzbeton keine Abdichtung bewirken. Im Gegenteil werden die Durchfeuchtungsschäden im Bereich der Fugen verstärkt, da der Spritzbeton zumindest in Teilbereichen eine dichtende Wirkung zeigt und das Wasser zu den Fugen ableitet.

Abb. 1 Eingang eines Unterführungstunnels der die Stadt Wien umschließenden Nahverkehrseisenbahnlinie.

Abb. 2 Teilbereich des Tunnels mit erkennbaren undichten Flächen.

Abb. 3 An den Durchfeuchtungen erkennbare Dehnungsfuge.

Abb. 4 In den Beton eingestemmte Fuge.

1

2

3

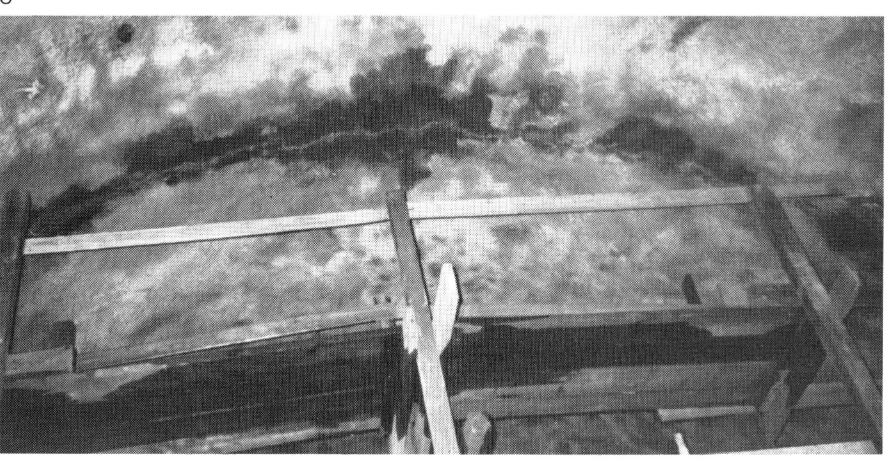

4

Sanierung

Zunächst wurden die Fugen, wie in *Abb. 4* zu sehen ist, durch das Ausstemmen des Betons bis auf den Stein wieder hergestellt. Die Breite der entstandenen Fuge beträgt etwa 5 bis 10 cm, die Tiefe ebenfalls.

Es ist vorgesehen, nicht nur die Fuge selbst, sondern auch einen Streifen von etwa 50 cm beidseitig der Fuge mit abzudichten.

Nach dem gründlichen Vornässen der Fuge und der Flächen erfolgt die Abdichtung mit einem Innenabdichtungsverfahren. Daß es sich hierbei um ein starres Verfahren handelt, wird in Kauf genommen, zumal eine elastische Flächeninnenabdichtung ohnehin undenkbar ist (s. *Abb. 5*).

Die *Abbildungen 6* und *7* zeigen den mit der Flächenabdichtung versehenen Beton im Bereich der Fuge. Durchfeuchtungen sind nach der Abdichtung nicht mehr festzustellen.

Nach einer Aushärtezeit von mindestens zwei Tagen werden die Flanken der Fuge mit einem Voranstrich zweimal satt gestrichen. Danach wird die gesamte Fuge mit einem zweikomponentigen Teer-PU-Fugenabdichtungsmaterial ausgefüllt. Es wird ein thixotropes Material verwendet, das fast schwundfrei aushärtet und danach eine gute Elastizität besitzt. Die zulässige Dauergesamtbewegung der Fugenmasse liegt bei 10% der Fugenbreite. Sie behält ihre Eigenschaften auch unter dauernder Wasserbelastung *(Abb. 8)*.

Bei Temperaturänderungen wird die Fuge Spannungen und Dehnungen aufnehmen müssen, so daß die starre Flächenabdichtung reißen wird. Das Wasser kann dann bis zur Fugenabdichtungsmasse dringen und wird dort aufgefangen. Die Masse nimmt die Bewegungen der Fuge ohne weiteres auf *(Abb. 9)*.

Dieses Fugenabdichtungsverfahren zur Anwendung gegen drückendes Wasser von innen ist gegenüber anderen bekannten Verfahren, z. B. das Injizieren oder das Ableiten des Wassers sehr kostengünstig. Es kann von Abdichtungsfacharbeitern ausgeführt werden.

Der Gerätebedarf ist gering. J. K.

5

6

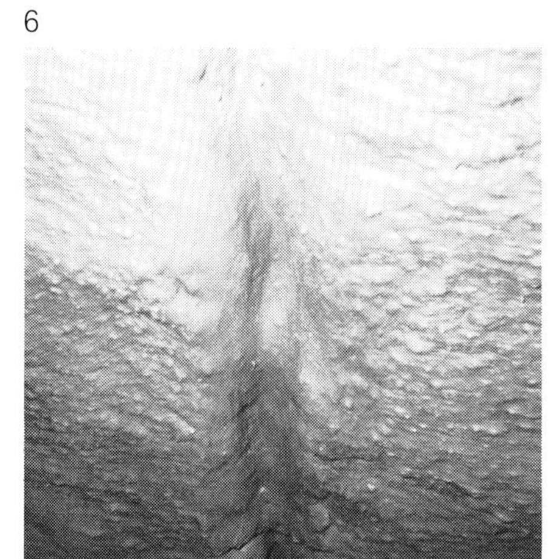

7

8

9

Abb. 5 Abdichtung der Fuge mit je 50 cm Überstand nach beiden Seiten.

Abb. 6 Abgedichtete Fuge.

Abb. 7 Abgedichtete Flächen im Bereich der Fuge.

Abb. 8 Fuge nach der Ausspachtelung mit dem dauerelastischen Teer-Polyurethan-Fugenabdichtungsmaterial.

Abb. 9 Fertiggestellte dauerhafte Fugenabdichtung.

Frühzeitiger Verfall einer Dichtungsmasse auf der Basis von Polyurethan

Fassadendichtstoffe haben eine Lebenserwartung und Funktionsdauer von mindestens 20 Jahren, wenn sie richtig hergestellt und verarbeitet werden. Das ist in dem Forschungsbericht: Lebenserwartung von Dichtstoffen im Hochbau (Forschungsbericht im Auftrage des Bundesministers für Raumordnung, Bauwesen und Städtebau, erschienen im Baugewerbe Heft 5/1976) festgestellt worden.
Schäden, die durch den Verfall der Dichtstoffe selber entstehen, sind selten, doch nicht unmöglich. Hier wird ein solcher Fall aus der Praxis geschildert.

1

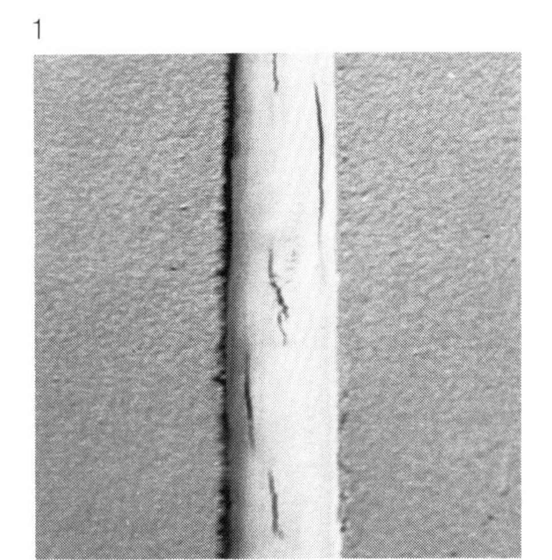

Schadensbild

An der Westseite von viergeschossigen Bauten sind die ca. 20 mm breiten Fugen zwischen den Betonfassadenelementen mit einem Polyurethan-Dichtstoff abgedichtet worden. Nach einem Jahr beginnend und nach zwei Jahren in erheblichem Umfang zeigten sich Längseinrisse in dem Dichtstoff, sogenannte Kohäsionsrisse. Nur vereinzelt setzt sich der Dichtstoff von den Betonflanken ab. *Abb. 1* zeigt diese Risse.
Es handelt sich dabei um einen Polyurethan-Dichtstoff, der ausdrücklich für Fassaden und Beton empfohlen wird und dem eine gute Beständigkeit vom Hersteller zugeschrieben wird.

Schadensursache

Es sind Proben des Dichtstoffes entnommen worden. Die Fugenbreite ist bei der Ausführung des Baues ungefähr eingehalten worden, die Fugen sind 20 bis 25 mm breit. Die Bewegung zwischen den nicht sehr breiten Fassadenelementen liegt maximal bei ca. 2 mm. Damit hätte der Dichtstoff mit einer Dauerbelastbarkeit von 10% der Fugenbreite ohne Schwierigkeiten alle Bewegungen abfangen können.
Der Hersteller des Dichtstoffes spricht von einem Gesamtformänderungsbereich von 20%. Unerklärlich bleibt, was er damit meint und worauf diese 20% bezogen sind. Weiter wird ausgeführt, daß dieser Dichtstoff eine ausgezeichnete Alterungsbeständigkeit aufweisen und dauerhaft elastisch bleiben soll.

Die an der Baustelle entnommenen Proben wurden zunächst unter dem Mikroskop untersucht. Dabei zeigte es sich, daß die Oberfläche des Dichtstoffes von einer Vielzahl von feinen und groben Einrissen überzogen war. Die *Abbildung* zeigt in 50-facher Vergrößerung dieses Rissenetz. Die Verwitterung und der Verfall gehen danach von der Oberfläche des Dichtstoffes aus.

Abb. 1 Längseinrisse in dem Polyurethan-Dichtstoff. Die Abb. zeigt den Zustand nach 25 Monaten. Diese Längseinrisse wurden fälschlich zunächst als Flankenabrisse angesehen. Die Flankenhaftung auf dem Beton ist aber fast durchweg gut.

Abb. 2 Die Oberfläche des Polyurethan-Dichtstoffes nach zweijähriger Bewitterung in einer Fuge auf der Westseite einer Fassade. Die Oberfläche ist mit einer Vielzahl von Einrissen übersät.

Abb. 3 Neben der Rißbildung zeigen Teile der Dichtstoffstränge Poren. Diese Poren sind sehr fein und sie stehen mit den Rissen nicht im Zusammenhang. Das Bild zeigt diese Poren in 50-facher Vergrößerung. Diese Porenbildung ist jedoch nur auf einige Fugen beschränkt geblieben.

Abb. 4 Schnitt durch den Polyurethan-Dichtstoff in 10-facher Vergrößerung. Man erkennt grobe und feinere Einrisse im Dichtstoffquerschnitt.

Abb. 5 u. 6 Einer dieser Einrisse in der Dichtstoffoberfläche in 30- und 100-facher Vergrößerung. Man erkennt am Rißrand die Verwitterungsprodukte des Dichtstoffes.

2

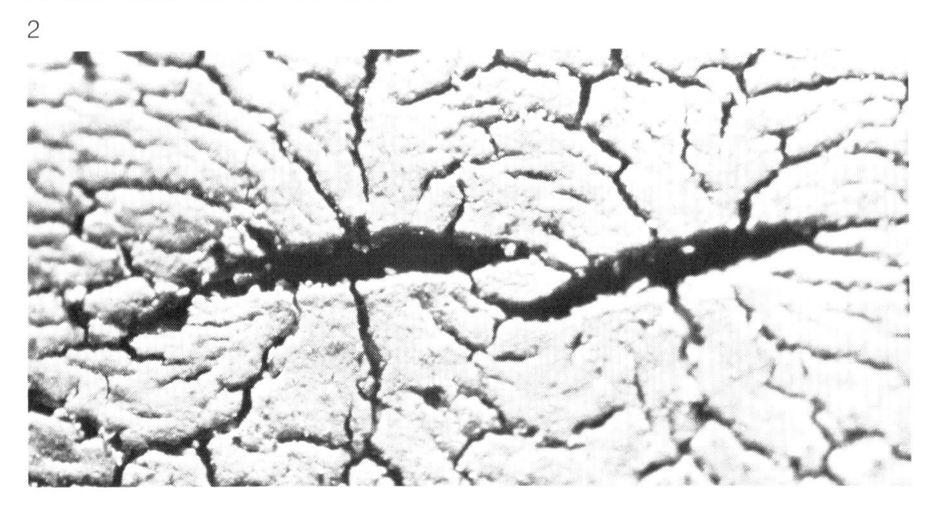

3

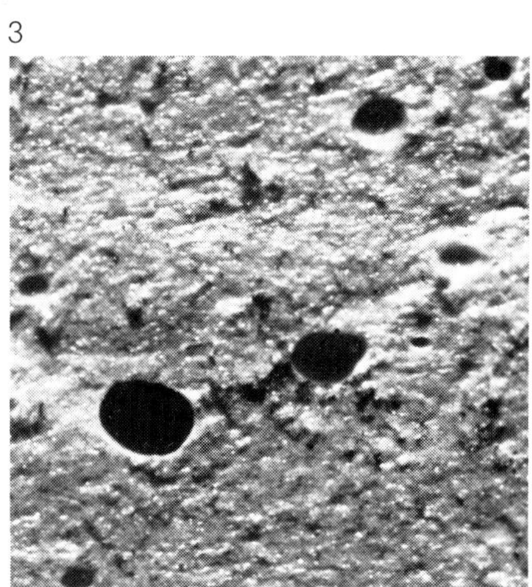

Eine Probe des Dichtstoffstranges wurde sauber geschnitten. Die *Abb. 1* zeigt diesen Schnitt in 10-facher Vergrößerung. Man erkennt einen groben Riß mitten im Querschnitt, darunter einen feinen Riß und zur Oberfläche des Dichtstoffes hin ein Rissenetz, welches den *Abbildungen 2* und *3* ähnlich sieht. Danach hat der Zerfall des Dichtstoffes nach zwei Jahren auch schon in der Tiefe begonnen.

Die *Abbildungen 5* und *6* zeigen einen dieser Risse in der Oberfläche in 30- und 100-facher Vergrößerung. Die Rißränder zeigen harte, bröcklige Zerfallsprodukte. Alle diese Bilder deuten darauf hin, daß sich der Dichtstoff im Laufe von zwei Jahren stark verändert hatte; er ist verhärtet und geschrumpft und zeigt die beobachteten Spannungsrisse. Hier ist es interessant, die vom Hersteller angegebenen Daten den Daten, die am zwei Jahre alten Dichtstoff gefunden wurden, gegenüberzustellen. Gleichzeitig soll der gleiche Dichtstoff nach einer Bewitterungszeit von 34 Monaten ebenfalls zum Vergleich angeführt werden. Die nachstehende Tabelle gibt diese Daten wieder.

Diese Zusammenstellung zeigt deutlich, wie der Polyurethan-Dichtstoff mit fortschreitender Zeit immer härter und weniger belastbar wird. Es geht daraus hervor, daß dieser Dichtstoff ganz offensichtlich nicht geeignet ist, eine Dauerbelastbarkeit über längere Zeit von 10% der Fugenbreite schadlos auszuhalten.

Die von der Oberfläche ausgehenden Risse dringen immer tiefer in den Dichtstoffstrang hinein, bis sie zunächst vereinzelt, wie am Objekt schon vorgefunden, den Dichtstoffstrang durchreißen. Im vorliegenden Falle hat der Dichtstoffstrang vereinzelt nur Dicken von 4 bis 5 mm, im Schnitt aber ca. 12 mm. An den dünnsten Stellen ist das Durchreißen zuerst aufgetreten, aber es ist vorherzusehen, daß der Dichtstoff überall durchreißen und auch aufgrund seiner Verhärtung von den Fugenflanken abreißen wird.

Sanierung

Der Dichtstoff wird nicht in der Lage sein, auch nur geringe Bewegungen in der Fuge dauerhaft abzufangen. Er wird eine Erlebenszeit von 20 Jahren mit Sicherheit nicht erreichen und es ist festzustellen, daß der Verfallszustand nach drei Jahren schon so groß ist, daß man von einer Funktionsunfähigkeit sprechen kann.

Deswegen wäre es wenig sinnvoll, diesen Dichtstoff in der Fuge zu lassen. Der Dichtstoffstrang muß herausgenommen werden, die Fugenflanken sind gut zu reinigen, notfalls abzuschleifen und dann ist die Fuge mit einem hochbelastbaren Qualitätsdichtstoff, welcher die Prüfungen nach Teil 2 der DIN 18 540 besteht, neu abzudichten. IBF

4

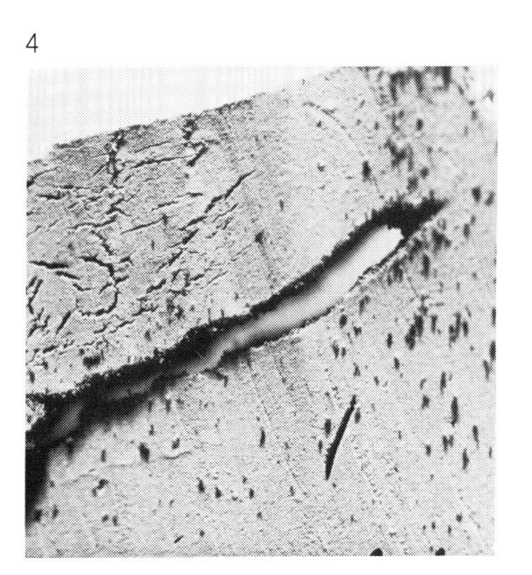

Vergleichende Zusammenstellung der physikalischen Daten des Polyurethan-Dichtstoffes nach Angaben des Herstellers und nach Bewitterung von 18, 25 und 34 Monaten.

	Hersteller-angaben	Daten nach 18 Monaten	Daten nach 25 Monaten	Daten nach 34 Monaten
Shorehärte Skala A	—	26°	32/30°	45/44°
E-Modul bei 100% Dehnung	0,25 N/mm²	0,50 N/mm²	0,52 N/mm²	1,05 N/mm²
E-Modul bei 200% Dehnung	0,35 N/mm²	Bruch	Bruch	Bruch
Rückstellvermögen	ca. 99%	ca. 70%	ca. 64%	ca. 37%
Bruchdehnung	ca. 500%	ca. 235%	ca. 160%	ca. 25%
Reißfestigkeit	—	0,7—0,8 N/mm²	0,7 N/mm²	1,04 N/mm²

5

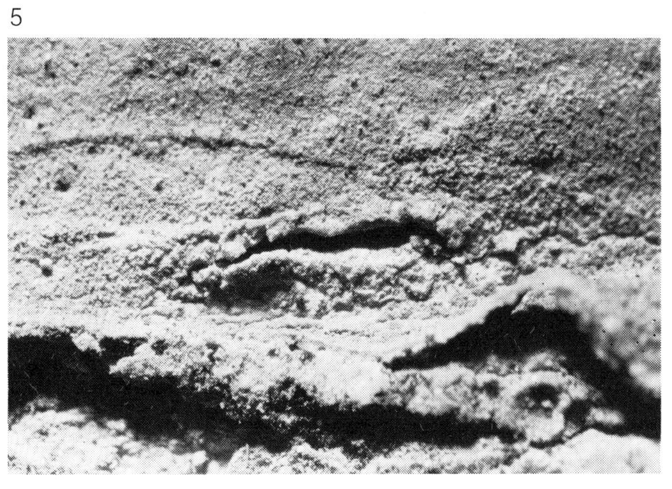

6

Falsch geplante und falsch abgedichtete Elementfugen

Fugen zwischen Fertigteilen auf der Fassade brachten etwa ab 1960 Abdichtungsprobleme. Obwohl man seit nunmehr 10 Jahren diese Probleme technisch im Griff hat, kommt es immer noch zu Schäden.

Zunächst erwiesen sich alle kaum belastbaren Dichtstoffe auf der Basis von Ölen (Secomastik, Selastik) und auf der Basis bituminöser Massen als unbrauchbar. Man begann dann, die damals neu auf den Markt gekommenen Thiokole (Polysulfidmassen) mit Erfolg einzusetzen. Nachdem man es gelernt hatte, diese neuen Dichtstoffe weniger stramm, sondern weicher einzustellen und auch die Fugen selber den auftretenden Bewegungen anzupassen, blieben diese Elementfugen dicht.

Schwierigkeiten gab es erst dann wieder, als die Montage nachlässig wurde und für 20 mm Breite geplante Fugen wegen schief montierter Platten Breiten von 3 bis 35 mm aufwiesen. Schwierigkeiten gab es auch, als man die hinterlüftete Fuge erfand, die dem Regenwasser Zutritt gewährte. Solche belüfteten Fugen sind dann später kilometerweise konventionell nachgedichtet worden.

Nachdem man nun seit mehr als 10 Jahren technisch auf sicherem Boden steht, ist es um so bedrückender, auf Abdichtungen von Elementfugen zu stoßen, die funktionsuntüchtig sind. Es scheint, als seien an manchen Stellen alte Erfahrungen verlorengegangen.

Schadensbild

Die Horizontal- und die Vertikalfugen an viergeschossigen Bauten sind undicht. Es handelt sich dabei um Fassaden, die auf vorgefertigten Betonplatten montiert worden sind. Der Aufbau der Platten spielt hierbei keine Rolle. Die Außenbekleidung besteht aus hellen Spaltklinkern.

Die Horizontalfuge ist durch die Montage recht schmal ausgefallen. Planzeichnungen, in denen diese Fugen gezeichnet und in der Breite festgelegt wären, gibt es nicht. Eine rund 8 bis 10 mm breite Fuge ist offen, in Form eines Risses, wie die *Abbildungen 1* und *2* zeigen. An einigen Stellen ist eine Mörtelabdichtung erkennbar.

1

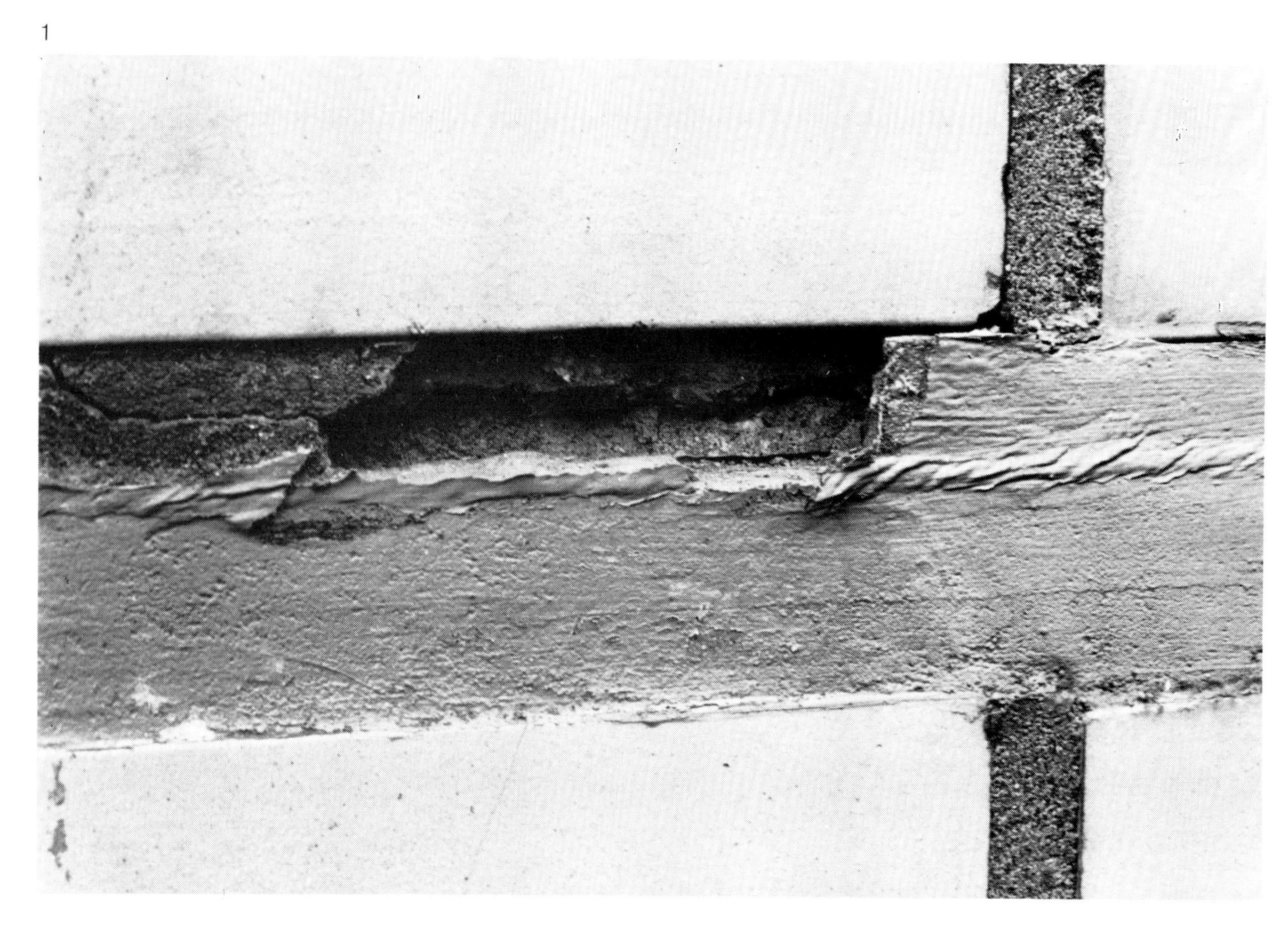

Über die flache Fuge ist dann später eine ebenfalls flache Abdichtung mit Polysulfiddichtstoff vorgenommen worden. Der Dichtstoff klebt auf dem Untergrund und reißt deshalb bei Bewegungen ein. Als dann an der Oberfläche der Fuge wieder Risse auftraten, überzog man den ganzen Bereich ca. 0,6 bis 1,0 mm dick mit Thiokolmasse, die dann über den alten Rissen gleichfalls aufriß.
Die Vertikalfugen waren zumeist nur mit Mörtel verschlossen und auch nur zum Teil ca. 1 mm breit von der Fugenkante abgerissen. Die Eckfugen waren offen, sie waren zwar zunächst zugemörtelt worden, doch war der Mörtel herausgefallen. In den Wohnungen sind verschiedentlich Durchfeuchtungen festzustellen.

Schadensursache

Diese Elementfugen sind nicht sauber geplant worden. Der Architekt hatte sich sicher darauf verlassen, daß die Fugen bei der Montage schon irgendwie richtig hergestellt werden. Das geschah aber nicht. Damit trifft das Verschulden zuerst den planenden und den bauleitenden Architekten.
Auch die Baufirma, welche die Platten montierte, trifft insofern ein Verschulden, als sie hätte wissen müssen, daß Elementfugen notwendig sind, diese breit genug sein müssen, damit man sie dichten kann und kein Wasser in die Innenräume eindringt. Wären bei der Ausführung Zweifel aufgetreten, hätte der Bauleiter befragt werden müssen. Dieser hätte notfalls den Statiker und den Planer befragen können. Das alles ist offenbar unterblieben. Später hatte man sich bemüht, die ständig wiederkehrenden Risse auf die verschiedensten Weisen zu überbrücken, durch Einbringen von Thiokoldichtstoff (aber handwerklich falsch), durch Einmörteln, durch Anstriche und durch eine dünne Thiokolbeschichtung.
Technisch ausgedrückt: Es war falsch, die Fugen zu schmal auszulegen und herzustellen; auch hätte man die Fuge mit einem leistungsfähigen Dichtstoff gemäß DIN 18 540 Teil 3 verfüllen müssen.

Sanierung

Die Neuabdichtung kann entweder konventionell oder durch eine Überklebung des ganzen Fugenbereiches erfolgen. Eine konventionelle Neuabdichtung setzt voraus, daß die Fuge neu geschnitten werden muß, wobei hier die Breite nicht unter 18 mm liegen darf, weil die gemessenen Rißbreiten Bewegungen widerspiegeln, die zwischen 4 und 5 mm liegen. Das ist eine schwierige und teure Arbeit.
Deshalb wurde untersucht, ob man den ganzen Bereich, beginnend über den keramischen Flächen, mit einem Polysulfidband (Thiokolband) überkleben kann. Das erwies sich nach einiger Überlegung als der technisch bessere Weg und auch als merklich kostengünstiger.
Die dafür notwendigen Bandbreiten, wenn man jeweils eine Klebfläche auf den Rändern (der Keramik) von 15 mm ansetzt, wären 80, 100 und 120 mm. Diese verschiedenen Breiten sind deshalb notwendig, weil auch diese Fugenbereiche durch die Montage verschieden breit ausgefallen sind. Allerdings ist es notwendig, eine durchlaufende Fuge in stets der gleichen Breite zu dichten. Die Eckfugen werden mit Bändern von 120 mm Breite über Eck überklebt.
Unter der Überklebung können dann gefahrlos alle Bewegungen ablaufen, und es ist hier auch die Möglichkeit zum Dampfausgleich gegeben, wenn man pro Fugenlänge von 13,5 m insgesamt ca. 60 cm als Schürze überklebt, so daß kein Wasser in die Fuge laufen kann, aber Dampf entweichen darf. IBF

2

Abb. 1 Diese Horizontalfuge zwischen vorgefertigten Betonplatten ist sehr schmal ausgelegt worden. Sie wurde dann mit Mörtel aufgefüllt und später, nachdem sich Risse zeigten, mit Polysulfid (Thiokol) dünn überzogen. Man erkennt in der Tiefe die Abrisse und an der Oberfläche die Faltungen.

Abb. 2 Die unvollständig abgedichtete Horizontalfuge geht in die senkrechte Fuge zwischen den Fertigteilen, den Fassadenelementen über. Auch diese Fuge ist eine Elementfuge, die aber nicht weich abgedichtet, sondern nur mit Mörtel verfüllt worden ist. Dadurch konnten die hier auftretenden kleinen Bewegungen nicht aufgefangen werden, und der Mörtel riß vom Fugenrand ab.

Angerissene Dichtungsmasse an Baudehnungsfugen gestrichener Betonfertigteile

Seit Jahren wird darüber diskutiert, ob Dichtungsmassen überstrichen werden sollen oder nicht, ohne daß man bis heute zu einer klaren Aussage gelangt ist. Daß jedoch auch Dichtungsmassen auf gestrichenen Bauteilen Schäden hervorrufen können, ist allgemein nur wenig bekannt.

Schadensbild

Noch vor Bezug der neu erstellten Wohneinheiten wurden Durchfeuchtungsschäden reklamiert, obwohl die Fertigteilfugen laut Ausschreibung des Architekten bereits von einem Bauabdichtungsunternehmen abgedichtet waren.
Es wurde festgestellt, daß sich die Neuverfugung an der Betonhaftstelle fast überall vom Untergrund abgelöst hatte, ohne vorerst die Ursache zu kennen. Beim Herausschneiden der Fugenmasse war deutlich zu erkennen, daß sowohl auf dem Dichtstoff als auch auf dem Betonfertigteil Farbe haftete. Lediglich auf dem Dichtstoff war dieser Farbfilm leicht gekräuselt.

Schadensursache

Für diese Reklamation gibt es eigentlich nur drei mögliche Ursachen, die aber ohne genauere Laboruntersuchungen nur aus gewonnenen Erfahrungen zu begründen sind.

1. Der Beton wurde mit zwei Anstrichen versehen, wobei der zweite Anstrich eine zu geringe Haftung auf dem ersten besitzt. Dieses scheidet aber in vorgefundenem so gut wie aus, da dieses sich bei Kratzversuchen auf nicht verfugtem Anstrich nicht feststellen ließ. Was jedoch nicht mehr festgestellt werden konnte, ist, ob der Verfuger zu früh arbeitete, d.h. daß der zweite Anstrich seine Endfestigkeit noch nicht erreicht hatte.

2. Die Fugenmasse, in diesem Fall ein Zweikomponenten-Thiokol, hatte einen zu hohen und ungeeigneten Weichmacheranteil, der die erste Farbschicht anlöste. Dieser Vorgang ist nichts neues, da Weichmacherwanderungen bei Zweikomponenten-Dichtungsmassen in Verbindung mit Anstrichen allgemein bekannt sind. Es kommt hier nur darauf an, welche Weichmacher und in welcher Menge verwendet wurden. Verwunderlich war nur, daß neuerdings angelegte Fugen diesen Schaden nicht aufwiesen. Hier müßte der Verfuger also eine andere Masse oder eine andere Chargennummer verwendet haben, welches aus dem Bauprotokoll des Verfugers hervorging.

3. Der Verarbeiter hat einen Primer verwendet, welcher die Oberschicht des Anstriches anlöste. Dies kann es geben und ist weiter nicht schlimm, sondern sehr oft erwünscht. Wenn aber der Verfuger nach dem Primern zu früh verfugt, können vorgefundene Erscheinungen auftreten.

Erkennbar ist also, daß verschiedene Ursachen für den eingetretenen Schaden in Frage kommen können.
Genauere Untersuchungen im Labor ergaben für diesen Fall eine Weichmacherwanderung aus dem Dichtstoff in den Anstrichfilm des Betons.
Nach VOB und DIN 18 540 hat der Bauverfuger vor Beginn der Abdichtungsarbeiten Haftversuche durchzuführen, wobei derartig krasse Weichmacherunverträglichkeiten sehr schnell sichtbar geworden wären.

Sanierung

Zur Behebung des Schadens ist das restlose Herausschneiden der vorhandenen Fugenmasse erforderlich. Um weitere Weichmacherschädigungen zu vermeiden, müssen alle Betonhaftstellen mit einem geeigneten Lösungsmittel abgewaschen und mit einer Schleifscheibe mechanisch aufgerauht werden.
Die Neuverfugung hat nun, um sicher zu gehen, vor dem Neuanstrich zu erfolgen. Außerdem kann sich der zuvor aufzubringende Primer hierbei besser im Beton verankern und die Oberfläche gleichzeitig verfestigen. K.N.

1

2

Abb. 1 Gestrichene Betonfertigteile mit angrenzenden Baudehnungsfugen.

Abb. 2 Die durch Weichmacherwanderungen abgelöste Dichtungsmasse der Baudehnungsfuge.

Gasbildung in einem Polyurethan-Dichtstoff

Schadensbild

Ein Polyurethan-Dichtstoff hatte sich zwischen Betonteilen in einem Klärbekken von den Fugenrändern abgelöst. Aufgrund einer Mängelrüge wurde dieser Schaden vom Hersteller des Dichtstoffes darauf zurückgeführt, daß das Isocyanat als Dichtstoffkomponente an den Fugenflanken unter Gasbildung mit dem Wasser reagiert, und damit den Verbund geschwächt hätte

Schadensursache

Der Fugenabdichter entnahm eine Dichtstoffprobe und sandte diese zur Materialuntersuchung ein. Es sollte festgestellt werden, ob wirklich diese Blasenbildung an dem Rand des Dichtstoffstranges allein stattgefunden hat und damit die Vermutung des Herstellers richtig ist. Mit dem Auge sind diese Blasen nicht oder kaum zu erkennen gewesen, so daß eine mikroskopische Untersuchung allein Aufschluß geben konnte. Im Mikroskop zeigte sich dann bei 50-facher Vergrößerung, daß das Innere des Dichtstoffes eine Vielzahl kleiner und auch größerer Poren aufweist. Die Poren wurden ausgemessen; sie haben Durchmesser von 0,036 bis 0,34 mm, wodurch verständlich wird, daß diese mit bloßem Auge nicht zu erkennen sind.

Die äußeren Bereiche zeigten nicht mehr Poren als das Innere des Dichtstoffstranges. Die Dichtstoffränder dagegen zeigten kaum Poren, hier war eine recht homogene Haut vorhanden.

Das nachstehende Bild zeigt in 50-facher Vergrößerung die Poren im Inneren — in der Mitte des Dichtstoffstranges. Damit ist nachgewiesen, daß der Dichtstoff selber Gas abspaltete und nicht eine Reaktion am Fugenrand mit Feuchtigkeit erfolgt war.

Sanierung

Der alte poröse Dichtstoff muß entfernt werden und die Fuge ist dann gemäß dem Teil 3 der DIN 18 540 neu abzudichten, wobei ein Dichtstoff zu wählen ist, der gegenüber den Einwirkungen chemischer und biologischer Art in einem Klärbecken beständig ist. Der Dichtstoff muß diese Anforderung erfüllen, wie auch der DIN 18 540 Teil 2 entsprechen. Solche speziellen Dichtstoffe sind im Handel und bei den Fachfirmen oder dem Fachhandel zu erfragen. IBF

1

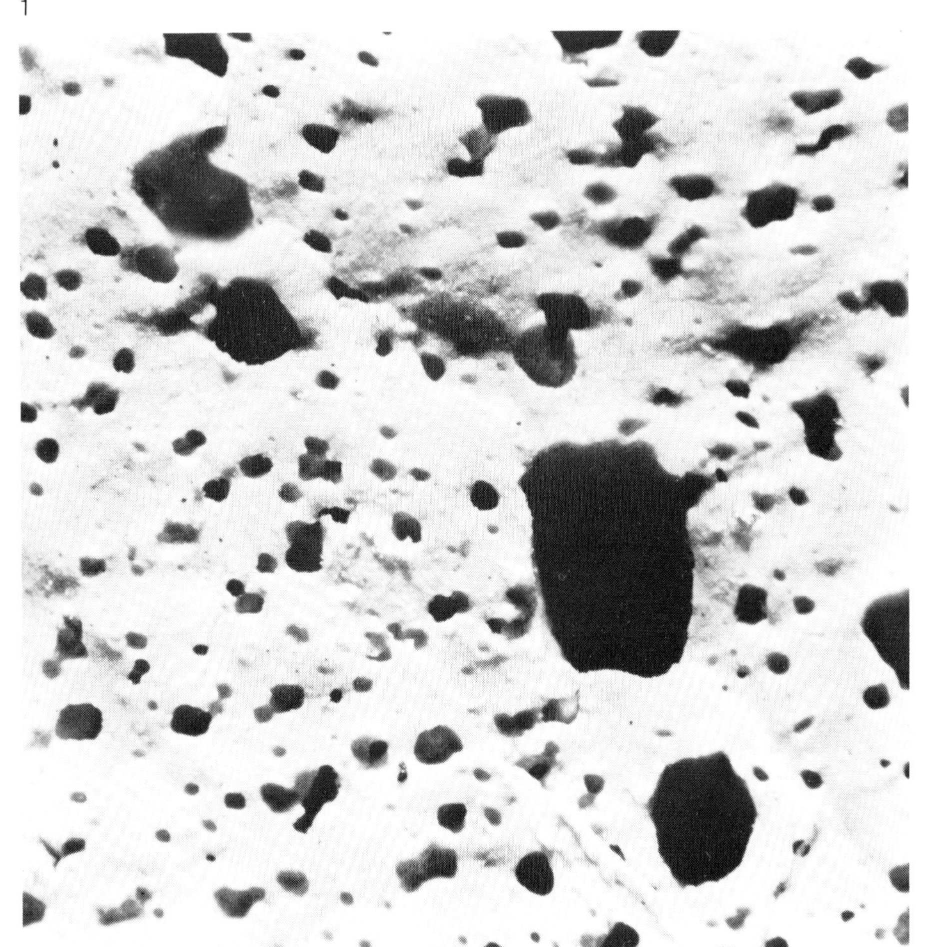

Abb. 1 Das Bild zeigt in 50-facher Vergrößerung die Poren in der Mitte des Dichtstoffstranges.

Abb. 2 Neben den Poren weist der Dichtstoff auch eine nur geringe Kohäsion auf. Das Bild zeigt typische Kohäsionsrisse, die bereits im Laufe eines Jahres aufgetreten sind.

Die Porenbildung und die mangelhafte Kohäsion stehen zwar ursächlich in keinem Zusammenhang, doch zusammen mindern sie beträchtlich die Eignung des Materials für die Abdichtung.

2